迷局中的大宋

揭秘大宋王朝的正面与侧面

赵文彤◎著

中國華僑出版社
·北 京·

图书在版编目（CIP）数据

迷局中的大宋 / 赵文彤著. — 北京：中国华侨出版社，2018.12

ISBN 978-7-5113-7795-1

Ⅰ. ①迷… Ⅱ. ①赵… Ⅲ. ①中国历史—宋代—通俗读物 Ⅳ. ①K244.09

中国版本图书馆 CIP 数据核字（2018）第 264118 号

● 迷局中的大宋

著　　者 / 赵文彤
责任编辑 / 高文喆　王　委
责任校对 / 孙　丽
装帧设计 / 环球互动
经　　销 / 新华书店
开　　本 / 710 毫米×1000 毫米 1/16 印张 /17.5　字数 /226 千字
印　　刷 / 香河利华文化发展有限公司
版　　次 / 2019 年 3 月第 1 版　2019 年 3 月第 1 次印刷
书　　号 / ISBN 978-7-5113-7795-1
定　　价 / 39.80 元

中国华侨出版社　北京市朝阳区静安里 26 号通成达大厦 3 层　邮编：100028
法律顾问：陈鹰律师事务所　编辑部：（010）64443056　64443979
发行部：（010）64443051　传　真：（010）64439708
网　址：www.oveaschin.com　E-mail：oveaschin@sina.com

前言

宋朝是中国继唐末五代之后出现的朝代，根据首都及疆域的变迁，主要分为“北宋”和“南宋”两个历史时期。这是一个美好与丑陋、开放与禁锢、舒达与离乱并存的时代。盛与衰在此交融，高尚与卑劣在这里磕碰，清高与欲望在这里纠缠。它虽经济富庶、文化繁荣、科技进步，但它对外却软弱不堪。

宋太祖赵匡胤原是后周皇帝认为最忠实的禁军将领，在先主尸骨未寒时轻易地夺取了江山，这在他心里投下了终生挥之不去的阴影，他在称帝后也时刻提防着赵氏皇权是否也面临同样的结局。于是不为别人积累叛变的资本，让所有官员都互相牵制，不让将领们拥有统兵打仗的权力。另外，还提倡官员贪污腐化，经营安乐窝和温柔乡，鼓励全军经商，将军人职业商业化，导致全军经商成为一套严密完整的制度，使这种自毁长城、扭曲人性的做法贯穿了宋王朝的始终。

另外，宋朝是一个“积贫积弱”的朝代，这主要得益于赵匡胤“重文抑武”的国策。但这么做却有一个很大的弊端，即军事不强，面对北方辽和西夏，常年处于劣势。“澶渊之盟”不过是缓解了北宋这方面的压力，但是军事上的松懈却又直接导致了“靖康之耻”。金国攻占汴梁，宋徽宗与宋钦宗双双被俘，宋室只好南迁至杭州建都，北宋也到此结束。

南宋政权建立后，虽然也进行了一系列的改革措施，但由于当时的当政者都在山温水暖的江南美景中沉迷，纵情于享乐，缺乏识人之术、用人之法，致使南宋政权几次落入奸佞小人手中，他们大肆玩弄权术，败坏朝纲，正义不伸，使朝廷上下处处弥漫着污浊的气息，南宋政权最终走向灭亡。

本书以宋代所发生的各大历史事件为脉络，以皇权的更迭为线索，为您勾勒出了一幅波澜壮阔、异彩纷呈的历史画卷，旨在揭示浮华乱世下的阴暗与丑陋，力图剥去所有的粉饰，还原一段不乏惊心动魄却又带有粗粝质感的真实历史。

内容涵盖了政治变幻、权力更迭、经济发展、文化与外交等领域的历史大事与兴亡嬗变，将宋政权统治中国以来的丑恶面孔、祸乱的渊薮与弊政一一道来。描述了在那样一个社会体制下，宋统治者的得与失、对与错。征战场上的腥风血雨，金銮殿内的勾心斗角，疆场之上的苟且偷生，谈判桌上的屈辱退让……交织在一个王朝的黄昏，在华夏历史上写下了沉重的悲情一笔。希望本书能带给您别样的体验与感悟！

目录

第三章　内忧未除，外患来袭：在穷兵黩武中渐衰

第四章　守内虚外，积贫积弱：在改革中挣扎的大宋王朝

第五章　国无宁日，走向衰落：在昏聩中走向覆灭

第六章　偏安南隅，走向衰败：中兴无力崖海沉沦

第七章 议和以图安逸，蒙古崛起：在退让中苟延残喘

第八章 奸佞误国，南宋灭亡：天子皇朝尘嚣尽散

第一章

英雄迭起，政权初建：赵匡胤的“窃”国之路

959年，后周政权的执政者周世宗病逝后，将孤儿寡母托付给赵匡胤。而赵匡胤表面上答应要誓死效忠周王室，但暗地里却密谋他的“窃”国之策。建隆元年（960年），赵匡胤谎称契丹联合北汉入侵后周，自己则以平乱之名率兵出城。待军队出城前，其编造了“点检为天子”的传言。赵匡胤命令军队驻扎于陈桥驿，自己则假装醉酒睡去，暗中指使赵匡义与赵普鼓动军队拥立自己为帝。于是，赵匡义与赵普便将事先准备好的黄袍披在其身上，这便是历史上著名的“陈桥兵变”。之后，赵匡胤夺取了后周政权，建立了宋朝，定都开封，史称北宋。

赵匡胤登基后，实施了一系列的措施，从军政、财权、法制方面恢复并加强了中央集权，为北宋之后的统一打下了基础。但是他实施的一系列措施也为北宋以后的发展埋下了隐患。比如他采用“杯酒释兵权”的方法，将军政大权全部揽入自己手中，但将一帮能征善战的将军的军权剥夺，这对大宋帝国来说，无异于自断手臂，作茧自缚，事实也证明宋朝后来饱受外族欺凌与蹂躏与此有很大的关系。

乱世英雄，顺遂人生“隐患”多

唐明宗天成二年（927 年），赵匡胤生于洛阳夹马营赵氏府邸。赵家几代为官，赵匡胤的父亲赵弘殷因精于骑射，以勇猛著称，成年后投靠镇州赵王王镕。赵弘殷曾经为王镕率领五百名骑兵在黄河沿岸增援后唐庄宗李存勖，并立下了战功。李存勖对他的有勇有谋极为赞赏，于是将他留在洛阳掌管禁军。后来，李存勖夺取后梁政权当了皇帝，赵弘殷也步步高升，官拜飞捷指挥使。

赵匡胤长大后继承了父亲的禀赋，不仅擅长舞枪弄棒，而且骑射的技艺也非同寻常。当时战事不止，生灵涂炭，中原大地屡遭契丹军队的侵扰。时晋开运三年（946 年），契丹再度南下，攻入开封，烧杀淫掠，民不聊生。赵弘殷因是石晋的禁军将领，其家室也随之从洛阳迁至开封。当时的赵弘殷仕途不顺，一直没有得到提升，家庭生计也受到了极大的影响。当时 19 岁的赵匡胤已经娶亲成家，他要承担起奉养父母与弟弟的责任。

但无论他如何努力，还是改变不了日渐贫困的现状，遂决定出去闯荡一番。于是 21 岁的赵匡胤便背起了简单的行囊，出了家门，出了后汉都城开封。从此，赵匡胤在外过着四海为家的流浪生活，在两三年的时间里，他的足迹遍及陕西、甘肃、湖北诸省，但仍旧没有寻找到发展的机遇。随后他又走遍南边的大半个中国，后来他经高人指点又到了北方。恰巧碰到后汉枢密使、留守邺城的郭威在招兵买马，扩充实力。赵匡胤凭借一身武艺和在朝中当官的父亲的势力，很快便成为郭威麾下的一名士兵。

郭威是后汉的重臣。当时他以枢官使的身份统帅大军平定李守贞的叛乱后汉隐帝对他厚加赏赐，加封他为检校太师兼侍中，地位非常高。朝廷倚重他抵御契丹入侵，任命他为邺都留守，以宰相兼方镇，掌管河北诸州一切军政事务。

郭威镇守河塑、主攻邺城，应当说颇有起色。他同他的助手天雄军节度使、养子柴荣在邺地推行改革，地方政务搞得井井有条，百姓安居乐业，赢得了良好的政治声誉。而这也引起了汉隐帝的猜忌。随后，汉隐帝为了召回郭威，便以其家人相威胁，并杀了其留在开封的妻小。郭威一怒之下，统率大军，自澶州、滑州一路过关斩将，招降纳叛，直抵京师，代汉而立，成为后周王朝的开国之君。

赵匡胤因为拥立郭威有功，被提升为东西班行首，做了一名禁军的小军官。不久又被提升为滑州驻军的副指挥使，这就为其后建立政权奠定了基础。郭威因为其妻子和儿子都被杀害，便只能提升他的养子柴荣。郭威是柴荣的姑父，郭威率大军南下攻打开封，柴荣被郭威留在邺都稳定后方。后周政权建立之后，柴荣以“皇子”的身份担任澶州节度使，后周广顺三年（953 年）又被任命为开封府尹。

赵匡胤深得柴荣的器重，在征得郭威的同意后，柴荣将赵匡胤调到自己的手下，担任了开封府马直军使。由地方军事副官改任京畿卫戍部队军事，并受到柴荣的器重，这便是赵匡胤发迹的关键一步。

953 年年末，郭威突然重病，便将治国的重担交给了柴荣。随后，柴荣便在郭威的灵前即位，称为世宗。赵匡胤便被调到中央禁军中任职，成为新皇帝手下一名皇家近卫军中级军官。

柴荣即位仅两个月，北汉刘崇趁后周国丧期间，联合辽国，发动四万余人，大举地进犯，企图将政权不稳的后周灭掉。赵匡胤率领两千名侍卫亲兵随同周世宗出征。

战争初期，后周因为援军未到而惨遭失败。这时赵匡胤审时度势，制定出一套以少胜多的计谋，即兵分两路，对敌军形成合围夹击之势。赵匡胤身带两千余人，跃马横刀，身先士卒，直冲敌阵，这使其属下的士兵勇气大增，将敌军杀得溃不成军。契丹军队望而生畏，遂引兵而返。一见刘崇退败，周军士气大增，再加上援军的到来，使汉兵尸横遍野。赵匡胤力挽危局，取得了极大的胜利。

这一场挽救危局的战争显示了赵匡胤的军事指挥才能。战后，柴荣对他是更宠信有加，并提升他为殿前散员都虞候兼严州刺史。

956 年，周世宗挥师又与南唐军队对峙于寿州，柴荣命令赵匡胤领兵出击。赵匡胤先派一百余名骑兵迫使唐军实施进攻，之后又佯装逃跑透敌，同时在涡口设下伏兵以待唐军。唐军上当中了埋伏，被后周军队团团围住，唐军大败。这一战役，解除了唐军来自寿州北面的威胁，撕开了唐军的包围圈，使寿州东面的滁州守军无法互相应援。涡口一役的胜利，更是彰显了赵匡胤的军事才能，大大地提升了赵匡胤在军中的威望，同时也获得了柴荣更多的信赖和偏爱。不久后，柴荣就又将滁州守敌的任务交给了赵匡胤。

当时驻守在滁州西南清流关的十万南唐军，由皇甫晖、姚凤统领，其军队倚山背水，凭借天险，严阵以待。赵匡胤见清流关易守难攻，皇甫晖又是南唐名将，如若强攻，是极难取得胜利的。如若胜利，付出的代价也是极为惨重的，于是赵匡胤便开始苦心地谋划智取之计。他听说附近有位叫赵普的教书先生，此人学识渊博，足智多谋，赵匡胤便前去拜访。赵普告诉赵匡胤说，清流山的背后有一条小路，此路崎岖难行，鲜为人知，若从这条小路绕道而出，出其不意，攻其不备，即可破敌。敌军失守清流关后，必然会逃入滁州，再趁涧水大涨，浮水而下，切断敌军后路，定能大获全胜。

赵匡胤听闻后，拍手叫好，便立即依赵普的计谋，沿水路布置奇兵直抵清流山后。此时的皇甫晖一心只想着与敌军交战，未曾料到敌军从山后上来了，一时惊慌失措，方寸大乱，不战而逃。皇甫晖马上撤回滁州后，再作备战的准备。可当时赵匡胤已经先发制人，其军队已渡水至滁州城下。皇甫晖又一次乱了阵脚。两军就在滁州进行了一次大的厮杀，赵匡胤勇猛无比，其军队也是士气大增，勇敢无比。而南唐军队因败于清流关，士气不振，见周军杀来，便陷入混乱中。赵匡胤只身骑马冲在前面，大声喊叫着要生擒皇甫晖。唐军的士兵不敢与杀气腾腾的赵匡胤交手，只顾四处躲闪以保全性命。赵匡胤则直奔皇甫晖，一剑刺中他，皇甫晖立即落马就擒。唐军大溃败，滁州即被后周攻下。随后，赵匡胤遣使将皇甫晖交给周世宗处置，皇甫晖伤势极重，见到周世宗后盛赞赵匡胤的勇猛，自叹不如。

皇甫晖本也是勇猛无比的将领，曾在与契丹的交战中，屡屡取胜，但在赵匡胤这里却栽了大跟头，倍感耻辱。周世宗没有杀皇甫晖，还非常大度地放了他，但皇甫晖因伤势过重，没几天便死去了。

滁州大胜，使赵匡胤无论是在军中还是朝中的威望都得以大幅度提升，其威名在军中更为响亮了。此后每战，赵匡胤“必以繁缨饰马，铠仗鲜明”，有人劝他说，这样目标太过明显，易被敌识破，但是赵匡胤却说：“我就是要让他们认识我！”言谈之中，流露出无敌于天下的自豪感与自信心。

人在得意时难免会“忘形”，从而惹出许多祸端来。而当时已经近 30 岁的赵匡胤深知此理。他深知自己的资历尚浅，必须要小心谨慎，对皇帝一定要表现出无比的忠诚，绝不能给小人留下口实，否则必定会功亏一篑！赵匡胤率军占领滁州后，严明军纪，严格约束士兵不准扰民，当地的民众安居乐业。赵匡胤的部下也各司其职，井然有序。他的这种自律性与超乎常人的军事才能，也为他日后成就大业奠定了基础。

赵匡胤出生于中国历史上最黑暗最动乱的唐末五代十国时期，家道中落迫使他早年投身行伍，从低级士兵一直做到后周王朝的殿前都点检一职，可以说，宋太祖是一名底层出身的乱世英雄，他固然有能力，但是这种太过顺遂的人生也为他日后统治大宋江山埋下了隐患。这种太过轻易的成功，使他对带兵的大将与掌权的重臣产生了防不胜防的错觉。为了防止故伎重演，他采取了不使他人积累叛变资本的措施：绝对不让大臣拥有权利，即使是万不得已时，也不让大臣长期地拥有权利。如果大臣们所掌握的权利都只是暂时性的，他们就不会有实施重大举措的能力。

另外，为扼杀官僚阶层篡权干政的能力，赵匡胤煞费苦心地策划出一套重叠架构，一盘散沙似的国家政权体制，从而造就延续出一代代互相扯皮，都不负责，昏庸到极点的官僚买办、贪官污吏。而且这种昏庸腐败不止上层官僚所独有，几乎弥漫于整个社会阶层而形成一种人文风尚。

威望渐盛，先主尸骨未寒夺江山

滁州大捷，去除了周世宗的一块心病。面对南唐的求和，柴荣丝毫不为所动。他此次举兵的目的在于尽收东南之地，区区一城一地，根本满足不了他的胃口。因此，周军在柴荣的督促下加紧了进攻。

柴荣一方面继续实施对寿州的包围，另一方面则在探知江北重镇扬州兵力空虚之后，乘机派韩令坤率兵攻打，迅速占领该城。韩令坤率兵乘胜追击，又攻克了泰州等地。柴荣令韩就地防守。南唐见江北的周军直接威胁其首都安全，便令齐王李景达为元帅，挑选六万精锐兵将，迎战周军。其大军一路进攻，收复了泰州等失地后，又挥师扬州。

在紧要关头，赵匡胤再次率军上前线。柴荣给的任务极为明确，那便是迅速扭转战局。临危受命的赵匡胤立即明白了柴荣的意图：一是迅速阻止周军的溃退，保住扬州城；二是要攻打唐军，遏制唐军的进攻势头。

赵匡胤悟透了周世宗的意图后，便屯兵于六合，严阵以待。赵匡胤这样做不是为了防敌，而是为了防自己。阵守扬州的韩令坤因为惧怕南唐大军，定会弃城逃跑，而六合是他们的必经之地。赵匡胤决定制止如此耻辱的逃亡。他给将士下了一道铁令："扬州军有过六合者，折其足!"听到这样的命令后，其下面的士兵不敢懈怠了。同时扬州的周军得知赵匡胤切断了自己的退路后，也不敢再有弃城的念头。最终，扬州得以保全。这让周世宗松了一口气，他清楚这场战役多亏了赵匡胤。这场战役是赵匡胤

“逼”出来的士气，“逼”出来的胜利。

在战争中几次失利的南唐执政者又派大将李景达统兵两万，由瓜步进逼六合，企图一举歼灭赵匡胤部周军。李景达行进至离六合 20 多里的地方后，便停止前进，安营扎寨。赵匡胤部将纷纷请战，赵匡胤说：“他们设栅自固，表明对我心生畏惧。我军仅有两千人，如若主动出击，被他们探知我军虚实，那就难以招架了。不如等他们先来进攻，我们再寻求时机击败他们。”过了几天，李景达进攻周军。赵匡胤下令奋起反击，结果南唐兵大败，俘虏五千多人。南唐残余的一万多兵溃退至江边，唯恐周军追来，争抢船只南渡，坠入江中淹死的不计其数。

赵匡胤虽然领军屡胜南唐军队，但因周军长期奔波于外，士卒疲惫，粮草不继，再加上夏季多雨，柴荣决定坐镇扬州，并派李重进继续围攻寿州，等自己返回都城后再做进一步的打算。

两个月后，赵匡胤率部从六合班师回朝，路过寿州。这时的周世宗已返都城，将围攻寿州的任务交给了李重进。赵匡胤看到周军久攻寿州不下，加上粮草不继，缺衣少粮，天气又酷热难耐，军心涣散。赵匡胤一看形势不妙，便决定暂时留驻寿州来协助李重进，十天之后，赵匡胤才安心地启程。

赵匡胤为周世宗平定江山打了无数的胜仗，返回京都，周世宗便提拔他为周州节度使兼殿前指挥使以示奖赏。节度使，位高权重，赵匡胤凭借自己卓越的军事才能为自己赢得了这样的地位，标志着他威望日隆，根基已固。

957 年，周世宗率领一部分的水军渡至寿州城外的紫金山南。紫金山在寿州的城南，地势极为险峻，是保卫寿州的军事要地。寿州被围之后，城中食尽，形势危急，南唐军主帅齐王李景达调遣永安节度使许文稹、都军使边镐、北面招讨使朱元等带兵数万，溯淮水前往救援，驻扎于紫金山，还建起了一条运粮夹道，直达寿州。后周大将李重进曾于此夹道即将通到寿州时发起进攻，大破唐军，斩杀五千人，攻取两座营寨。这次周世宗率军前来，继续将切断唐军运粮夹道视为当务之急。

赵匡胤临危受命。周世宗在向他下达命令时曾反复强调，运粮夹道如同寿州的血脉一般，如若不切断，寿州城便会不断地得以补给，刘仁赡坚守不出，便极难攻破。而紫金山诸寨，则是寿州的屏障，只有拔掉这些营寨方可扫除攻打寿州的障碍。赵匡胤自然明白这个道理。他当即表示，他一定会担起这一重任，效死一战，当好三军前锋。

经过仔细的观察，他认定，南唐军的十余座营寨中先锋寨和山北一寨易于攻破，此二寨既破，必将对其他的营寨产生极大的影响。于是，他集中兵力向这两座营寨发起猛攻。接着，赵匡胤又派兵切断了南唐军的运粮夹道，寿州城遂即陷入孤立的境地。

赵匡胤的凌厉攻势使南唐军难以招架，加之权衡何去何从之争导致南唐军内部发生了内讧。先是南唐的将领朱元、朱仁裕等率万人归降后周，周世宗为了阻止南唐军队南逃，命诸将向紫金山南唐军营寨发动全面的进攻，南唐军被杀得落花流水，十多座营寨均被攻破，南唐军万余人被歼灭，诸多将领都被俘，其余残军都沿淮河逃去。周世宗为了全歼逃军，便沿淮河追击敌人，又命其他将领追击沿陆路逃亡的敌军，最终，歼灭及俘获敌军近四万人，无数的战船、粮草被缴获。这次赵匡胤又为周世宗立下了赫赫战功，被封为义成军节度使，检校太保兼殿前都指挥使。

此次征战的胜利，并没有填满周世宗柴荣的野心。本年冬天，他又再次亲征淮南，主要是为了征服濠州和泗州。此次也是以赵匡胤为先锋，向濠州进发。此次战役赵匡胤再一次显示出他的作战才能，大获全胜，南唐水军主力被歼灭大半，淮南东部的地区也全部被后周所占领，后周的势力已经拓展到长江北岸，江南的安全受到了巨大的威胁。后周班师，赵匡胤又凭借赫赫的战功获封忠武军节度使。节度使位高权重，握有兵权，五代以来有不少人因此而飞黄腾达，甚至问鼎天子之位。赵匡胤即被授予此职，足以见周世宗对他的信任。

重金收买和挑拨离间是南唐的一贯做法。南唐在与后周的交战中屡屡受挫，这使南唐执政者极为焦虑，于是便想使用“反间计”并以“重金”对赵匡胤进行收买，但是赵匡胤此时有更大的志向，他将南唐送来的三千两白金全部交予了周世宗。

959 年，周世宗又一次挥师北伐，尽管出师顺利，但却不幸患上重病。周世宗是一个颇具开拓意识的皇帝，依照他的想法，此番北伐，是准备一举攻克幽州，完全扫除边患，但却没有人赞同他的计划，这对他精神上的打击甚大。此时躺在病床上奄奄一息的周世宗，对其身后事甚为担忧。当时他的儿子年仅七岁，无法执掌国政，只有依靠大臣辅佐。志向远大的周世宗将皇位的继承、辅臣的选择看得极为重要，他要让他的未竟事业得以继续下去，他要让其亲手缔造的强大步骑踏入幽州，打败契丹夷敌，让他们朝拜纳贡，俯首称臣！可是，要想完成这个宏伟大业，必须要倚仗一位有才智和具有开拓意识之人，当时的满朝文武也只有赵匡胤能担此重任。他希望赵匡胤不负厚望，尽忠所事，力保帝业永固。

赵匡胤当即向皇帝表示，他一定尽心辅佐皇子，将皇帝未竟的事业进行到底。不久，周世宗便驾崩。七岁的皇子梁王柴宗训即位，即为恭帝。

此时的赵匡胤表面上答应先主要效忠幼皇，尽力辅佐，但随着先主的离去，他内心的欲望和野心再一度疯涨起来。当时的他有威望有地位，并且手握重兵，只要制造一桩血案而后取幼主而代之是轻而易举的事情，但他并没有这么去做，而是在谋划着更大更高超的政治阴谋，他想兵不血刃地和平夺权，毕竟“弑君”的罪名并非是当时的他能担当和背负得起的。这种“狼子野心”式的苦心经营，也使他对人性的卑劣有了更为深刻的认识和体验。他原是后周皇帝认为最忠实的禁军将领，在先主尸骨未寒时轻易地夺取了江山，这在他心里投下了终生挥之不去的阴影，他在称帝后也时刻提防着赵氏皇权是否也面临同样的结局。于是不为别人积累叛变的资本，让所有官员都互相牵制，不让将领们拥有统兵打仗的权力。另外，还提倡官员贪污腐化，经营安乐窝和温柔乡，鼓励全军经商，将军人职业商业化，导致全军经商成为一套严密完整的制度，使这种自毁长城、扭曲人性的做法贯穿了宋王朝的始终。

狼子野心，苦心经营“被立皇帝”

周世宗英年早逝，新帝又年幼无知，这给了赵匡胤一个千载难逢的好机会。当时后周朝中殿前的四位实权人物分别是：殿前都点检赵匡胤，副都点检慕容延钊，都指挥使石守信，都虞候王审琦。石守信、王审琦是赵匡胤的拜把兄弟，慕容延钊与赵匡胤的关系也是极为要好。至此，朝中与殿前的权力都已经基本控制在赵匡胤手中。皇帝之位对他来说近在咫尺，唾手可得，唯一让他考虑的，就是采取什么样的手段取得传国玉玺了。

以当时赵匡胤的地位和威望，完全有能力直接发动一场暴力的政变，但是，用屠刀换来的政权会留下太多的“后遗症”。血腥只能换来血腥，而不是赵匡胤所期待的长久的和平。赵匡胤与智囊赵普思考了良久，终于想到了一良策，于是他们苦心经营了一场“被立皇帝”的阴谋，并且选择在建隆元年的正月下手。

在下手之前，赵匡胤在京城中散布了两个谣传：一个是契丹人和北汉人趁着周世宗去世，在正月大举进犯后周边境的镇州、定州等地；一个是“点检作天子”。第一个谣传让京城中的百姓官员人心惶惶，尤其是后周的那些掌权者们。当时，后周皇帝柴宗训只有八岁，由皇太后符氏垂帘听政。但是，早先仁德聪慧颇有权谋的符皇后已经去世，此时在位的乃是符皇后不足20岁的妹妹。周世宗的意思，当然是希望继位的符太后能够好好地照顾新皇。可当时的符太后入宫还不到一年，对朝中那些派系斗争尚且没有搞清楚，更不要说要处理这些突发事件了。符太后只想将一切都交托给宰相范质与王溥二人。

范质、王溥二人知道军情紧急，赶忙会合担任太尉、殿前都点检的赵匡胤议事。赵匡胤在周世宗继位之初就紧追随其左右，一路屡建军功，被提拔为殿前都点检，成为后周禁军的最高领导者。周世宗对赵匡胤如此信任，自然，范质和王溥对他也没有起疑心。赵匡胤提出，自己可以带兵出战，但强调此次敌军攻势凶猛，若要成功，必须调派更多的兵马，因此需要掌握全国兵马的指挥权，对此要求，两位宰相也没有多想，便答应了赵匡胤。这也意味着，他所造的第一个谣传，目的已经达到。

第二个传言，赵匡胤对传播的范围控制得比较好。据史料记载“将以出军之日，策点检为天子。士民恐怖，争为逃匿之计，惟内庭宴然不知”。意思是说，都城百姓人人都在议论，大军出发之日就会作乱，策动点检做天子。百姓很是恐慌，纷纷远走他方，躲避战乱，可唯独皇宫中人不知此事。当然，这也是赵匡胤凭借其强大的影响力，使消息难以传到皇宫中去。

赵匡胤借这两个传言成功地夺取了兵权，控制了舆论。后来赵匡胤称帝做了天子，老百姓觉得这是天命所归，对赵匡胤废帝也少了许多非议。

赵匡胤率兵出发后，先让担任副都点检的慕容延钊率领前军快速地赶往镇州，自己则在第二天率领大军前进。慕容延钊与赵匡胤的关系比较微妙，作为军中的二把手，慕容延钊在整个陈桥兵变事件中几乎没有参与，当赵匡胤称帝的消息传到他耳中时，慕容延钊也没有很高兴，只是被动地听从命令而已。或许是因为这个原因，赵匡胤将慕容延钊先调走，而留下来的都是自己的心腹。

第二天大军出发，走得极为缓慢，到了晚上才走到陈桥驿。随即大军当晚驻扎在此，不走了。据史料记载，当天晚上，赵匡胤在呼呼大睡，什么事也没有做。可事实是，赵匡胤早就与赵普等人策划和安排好了，如何策动兵变，如何安排，如何处理突发事件等。

一开始只是有个叫苗训的军官在士兵当中散布流言。此人在军中惯有神算之名，他说，仔细看看今天的太阳下仿佛还有另一个太阳，这预示着什么呢？自古大家都知道“天无二日，国无二主”，现在天上有两个太阳，就是人间要有新的帝王了。这种带有神秘色彩的话，一下子在军中和民间传开了。那么，这位新皇帝是谁呢？于是，人们就联想到之前大家所谣传的“点检作天子”的谣传，原来新皇帝就是我们的太尉、点检赵匡胤啊！

当然，那些普通士兵自然不知道，这些其实是赵匡胤心腹赵普的安排。军中那些将领自然不同，他们知道所谓的天命、所谓的异相，不过都是用来糊弄人的。要想说服这些将领们，赵匡胤用的是另一种高招。

当晚，赵匡胤的亲信都押衙李处耘将将领们都召集起来，告诉大家，现在皇帝年幼，皇太后听政，我们这样辛辛苦苦给国家卖命，有谁知道呢？但是太尉就不同了，他带兵多年，对大家都像兄弟一般。如果我们能拥立他做皇帝，那我们就可以在一起荣享富贵了。在推举太尉做天子之后，我等再北征，那也为时不晚。大家一听，纷纷赞同。这些人都是赵匡胤一手提拔的将领，无论是从个人情感，还是从大局考虑，都该起来拥护。于是大家一起去找赵匡胤的弟弟赵光义，由赵光义带着去找赵普。大家都明白，赵匡胤最听赵普的话，只要他一出面，赵匡胤一定会听从。

众将领见到赵普说了他们的想法后，却遭到赵普的训斥：大家怎么能做这种大逆不道的事呢？要是被点检大人知道了一定不会放过你们的。一些人听到此话，便吓得退了出去。可李处耘却知道赵普不过是在做样子而已，于是再次怂恿大家来见赵普。李处耘还拔出刀来说，以往，军中只要有人稍微有举事作乱的言语，就会被满门抄斩。现在我们已经聚集在此要点检做天子，如果点检不肯出头，那我们只有等死了。李处耘如此一说，所有将领都立刻领会其中的意思。于是大家都开始嚷嚷着要一起举事，拥立新皇帝。

看着军中将领和士兵们的情绪调动得差不多了，赵普说话也有所大胆了。赵普表示，事情也不是不可能，但是这种夺取政权、建立新朝的事情，不仅要天命，还需要有人心。为了赢取人心，恳请诸位将领严格地约束部下，不得枉杀百姓。一旦都城发生动乱，不但不能成功，外敌也会入侵，那大家就都死无葬身之地了。众将领一听赵普答应去劝说赵匡胤了，便开心了起来。

当时的赵匡胤还在睡觉，忽然听到外面有人喊“点检作天子”。这时，赵普也率众将领进入大帐，告诉赵匡胤，大家要立太尉做天子。赵匡胤当时还眯着眼睛，看到大家一起拥进来，很是吃惊，完全来不及反应，就被大家拥到议事厅，被人披上了一件象征皇帝的黄袍。众将都全部跪下，高呼“万岁”。赵匡胤坚决予以推辞，说自已无才无德，怎能做天子，大家都再三恳请。看赵匡胤有拒绝之意，赵普马上示意，大家又将赵匡胤扶上马，逼着前行到军前。大军已经集结完毕，所有士兵都已经被告知，必须要拥立赵匡胤为天子。见到赵匡胤一出来，大家便一起跪下，高呼“万岁”。

赵匡胤看到推辞不掉，便告知众将说：“你们因为贪恋富贵，就将我推上天子的位置。你们如果能听从我的命令我会答应你们做皇帝，否则，这个皇帝我宁可不做。”众将听后，都异口同声地说道：“将誓死效命!”这时候，赵匡胤就交代，现在的柴宗训，乃是我们的少主，那些公卿大臣，都是自己的同僚，这些人可不能欺侮。最近几十年战乱不断，每次王朝更迭，都会纵容军队劫掠官员，我绝对不允许你们做这样的事情。如果可以做到，事后我必定重赏；如若做不到，别怪我事后翻脸无情，诛灭满门。众将听后，都再次表态，坚决服从。

看到自己的戏已经演得差不多了，赵匡胤便下令，大军掉头，夺取京城。就在当天，赵匡胤率军回京。在这场政变中，除了后周大臣韩通因为抵抗被杀之外，其余的官员都得到了优待。赵匡胤的军队果然军纪严明，没有侵扰到百姓，政变后的第二天街道就恢复了集市。

赵匡胤苦心经营“被立皇帝”，一方面暴露了他的“狼子野心”，另一方面也展示了他高超的政治手腕。在陈桥兵变的整个过程中，他一再强调自己是被逼无奈才做皇帝的，因为只有这样才能够勉强洗刷自己背信弃义、以下犯上的污名。

纵观中国历史上的开国帝王，或为平民凭借大智大勇，自拔于农民起义的烽火之中，比如刘邦、朱元璋等；或是贵族甲胄趁势而起，夺得玉玺，比如商汤、周武，杨坚、李渊等；或是官僚，借势造势风云际会，比如曹操、孙权等；或为部落领袖，经过吞并战争而君临天下，比如成吉思汗、努尔哈赤。他们都是经过长期艰苦绝卓、残酷的战场厮杀打出来的天下。唯有赵匡胤是个职业军人，利用统帅重兵的军权，从孤儿寡母手中夺得了江山。这是中国历史上最轻松的江山易手。新兴朝代的开国者，都具有强烈的战争意志和横扫千军如卷席的强悍打击力量。然而宋朝却从一开始就呈现出极其疲软的状态，华夏汉唐时期激越高亢的民族精神，撼动山河，生龙活虎般的朝气在宋朝却变成了逢战即败、处处挨打的窝囊局面，最终其成为女真、元蒙屡屡灭亡的对象。

笼络人心，非常时期的驭心之法

赵匡胤率师回京，就是为了向后周的朝臣们宣告自己称帝的消息。后周的宰相们听到此消息，都一时手足无措，没了主意。而只有韩通一人，从朝中飞奔回家，企图组织抵抗。行至途中，就被赵匡胤的部将发觉，人头随即落地。宰相范质，紧紧地抓住另一宰相王溥的手，后悔不迭。

这时，诸将簇拥着赵匡胤上了明德门，准备登基。赵匡胤身处此地，俯瞰京城，踌躇满志，他意识到，自己获得了成功。他准备兵不血刃、和平地从恭帝手中接过皇权，于是故作姿态地说：“我受世宗厚恩，怎敢忘怀？今日之事，全因六军所迫，深觉有愧先皇重托，你看如何是好？”

范质冷笑一声，正想对其行为进行斥责，可站在身边的将领罗彦环拔剑上前，厉声呵斥：“我辈无主，今日须得天子!”赵匡胤佯怒，令其退下。范质并非是不识时务的愚臣，他调整了自己的状态，向赵匡胤献策说：“自古帝王有禅让之礼，今日可以仿照行之。”赵匡胤追问详细，范质说：“太尉若以礼受禅，则事太后如母，养少主如子，便不会辜负先帝的旧恩。”赵匡胤假意流泪允诺了此建议，然后率百官成礼，正式登基称帝。

赵匡胤登基后改元建隆。因赵匡胤即位前任归德军节度使，镇府治宋州，所以，诏定国号为宋，赵匡胤从此成了大宋朝的开国之君。自此，延续了 300 多年的大宋王朝粉墨登场。

其实，从陈桥兵变到崇元殿受禅让之礼，仅有三天时间。这三天是赵匡胤一生中最为辉煌的三天，也是唐末以来从分裂走向统一的开端。赵匡胤称帝后没有让这场不流血的兵变染上鲜血的颜色。他封后周小皇帝为郡王，符太后为周太后，迁居西宫，依旧让他们过着养尊处优的生活。又大赦天下，对将领士兵都大加封赏。而这一切对于后周小皇帝来说，更像是一场梦。禅让本是古代明君的让贤之举，可他却根本不知道禅让究竟是怎么一回事。他莫名其妙地被人从皇帝的位子上赶下来，进入西宫当了大宋的郡王，这都使他处于混沌之中。可是，赵匡胤却是清醒的。他敏锐地观察着时局的变化，稳稳地掌控着政局，他要依照他的意志，一扫前朝的弊政，振兴天下，改善民生！而要实现这一切，首先需要做的一点就是笼络人心，稳固帝位。

赵匡胤自知自己的帝冕是从幼主头上夺得的，要收拢人心，必须运用非常的“驭心”之法。他首先做的一点，就是对后周宗室人员采取宽容和保护措施，对柴荣的家眷都一一给予了优渥的安排，封了爵位，并特许他们承袭封爵。这一方面是为了报答世宗之恩，更重要的是让朝中的大臣们心悦诚服地支持自己。后周的宗室既得了保全，他们这些前朝旧臣也不会遭到厄运。他们也希望得到信任与录用，心甘情愿地为新王朝效劳。

赵匡胤即位后，也没有令这些大臣们失望。他先是下诏，录用前朝的所有官员，还给一些重臣权相加了官职。其中，范质、王溥、魏仁浦三人所受的恩泽最大，其三人都被调至枢密院任要职。

另外，对张永德的妥善安置是赵匡胤在实施怀柔政策中最为得意的一笔。张永德也是早年跟随周世宗打天下的功臣，又是前朝的驸马爷，也是赵匡胤的前任都检点。刚开始张永德还担心赵匡胤一定会因为之前与其争名夺利的事情而对他耿耿于怀，也难免会被无端地怀疑和猜忌，但赵匡胤并没有那么做。一天，赵匡胤将张永德召至后苑，设宴款待，对他和颜悦色，促膝谈心。最终，还封了他胜军节度使的官职，这让张永德颇为满意。

后周的其他文武百官，只要不是顽固与新王朝对抗的，一律都被录用。这样，后周朝廷的原班人马几乎全部成了大宋王朝的官员。他们对于赵匡胤给予的优厚待遇，感恩戴德。所谓一朝天子一朝臣的恐惧与担忧已在他们心中烟消云散。他们脱去了旧朝制服，换上了新朝服，喜气洋洋地上朝议事，无忧无虑地享受着赵匡胤赐予他们的尊荣与富贵，先前效命于后周的事也渐渐地被淡忘，他们拥戴的是大宋王朝的新皇帝。

赵匡胤对自己的笼络人心之法颇为得意，因为妥善地安置了这一批后周的旧官，便成功地化解了新朝廷与旧臣子之间的矛盾，平息了两股势力激烈的对抗，这使他的皇帝位置坐得更为稳固了。

赵匡胤不仅妥善安置和重用旧臣，而且更重用拥立自己当帝王的元勋故旧们。赵普、刘熙古、吕馀庆、沈伦等五人首批被提拔，被安排到极为重要的位置上供职。同时赵匡胤又对禁军中的各位将领给予了大大的封赏，一时间人人欢喜。

同时，为了获取民众的支持，赵匡胤进行了一系列的笼络民心之法。首先，他下令废除每年开浚河渠需民工自备粮食的规定，改由政府发放粮食。又令在京城大规模搜捕兵变时趁火打劫的“闾巷奸民，全部斩杀”，并由政府出面赔偿受害人的损失。对于知识分子的怀周情绪，赵匡胤也表现出了极为宽容的态度。比如后周时的翰林学士李昉，因为周世宗对他有知遇之恩，其对周世宗的情感也极深，对于赵匡胤的“窃国”行为很是鄙视，对赵匡胤的新政权始终持敌视态度。而赵匡胤并没有因此而治他的罪，反而让他在朝中任职。

翰林学士王著也曾受到周世宗的赏识，对于赵匡胤的“篡权”行为颇为反感。一次，他在赵匡胤的宴会上趁醉喧哗。对此，赵匡胤没有表示出不快，而是很客气地让人将他搀扶离席。但王著不但不要人扶，反而失声痛哭起来，以示自己思念旧主。次日，御史台上奏说，王著此举该治大不敬之罪。而赵匡胤则只是淡淡一笑说，此人只不过是酒徒一个，他一介书生借醉念旧主，又有什么罪？

赵匡胤的宽容态度对于争取到当时知识分子的支持和稳固自己的帝位是十分有利的，这种高明的“驭心”之法，并不是每位帝王都能做到的。

为了成功地收买和笼络后周旧臣的人心，赵匡胤还对那些仗势欺凌旧臣的新贵给予严肃地处置，丝毫不讲情面。京城的巡检彦升，是当时陈桥兵变的先锋，又是赵匡胤的心腹。按理说他应该得到赵匡胤的重用，但这个人自恃功劳，胡作非为。先是以巡检之名，杀了韩通一家，后又以巡检为名，私自闯入王溥的家中，进行敲诈勒索。在接到王溥的状告后，赵匡胤极为愤怒，扬言要对彦升军法处置。在众人的劝说下，他才勉强从轻处置，将彦升降为唐州团练使，并终身不受节钺。可见初登帝位的赵匡胤对旧臣的维护是不惜一切代价的。

当然了，这种宽厚、仁和的怀柔政策只是表面文章，也是为笼络人心做给天下人看的，其内心的丑陋想法不会轻易示人。962 年，刚十岁的郑王柴宗训离开都城，定居房州，随后就不明不白地死于房州。964 年，范质、王溥、魏仁浦三位宰相曾两次要求辞官，显然是面对功臣们咄咄逼人的势态而难以在朝中立足，后来赵匡胤也答应了他们的请求。而且在韩通的问题上，赵匡胤的用心可谓人尽皆知。赵匡胤虽然对韩通父子以礼葬之，表面上表现出尊重韩通的为人，但有次出巡开宝寺，见墙上面赫然地挂着韩通父子的肖像，顿时勃然大怒，立即下令捣毁，可见其内心对韩通的厌恶。

从此处也可以看出，赵匡胤是个颇有政治手腕和心计颇深的人，前期他为了加强自身的统治，对前朝的所有官员都实施怀柔政策以笼络人心，但随着时间的推移，便暴露出了其个性中凶残、丑陋的一面。这种从心底爆发的本能会使他对忤逆自己的人施以酷刑，这是粗野强暴的本性，是长年累月纵横沙场的"后遗症"。

杀鸡儆猴，顺我者昌逆我者亡

初掌政权，赵匡胤实施的怀柔政策在京城中取得了极大的成效，但要想后周地方上的政权归顺自己，绝不单是靠怀柔政策便能奏效的。

赵匡胤登上帝位后，他便派出许多的使节前往各地，传达新朝廷的旨意。但要让那些拥有实力的节度使俯首帖耳，恭顺地接受新王朝的统治，要比驯服朝内那些手无寸铁的文官们困难得多。

在这些强藩中，情况不尽相同。原来与赵匡胤关系不错的，比如当时正在北方巡边的镇安节度使韩令坤、重兵驻屯真定的镇宁军节度使慕容延钊，他们接到新皇帝的诏书后，全都接受了既定的事实，归顺新朝。但还有一些强藩重臣，因为与后周有着多方面的联系，自己又拥有重兵，自然不甘心向赵匡胤俯首称臣。于是他们明里暗里都与赵匡胤作对，甚至还走上了公开反抗的道路，企图推翻赵匡胤的统治。其中李筠和李重进就是他们中间的代表。对这些以卵击石的死硬分子，赵匡胤毫不留情，断然起兵靠武力予以解决。

其中李筠是比赵匡胤资格还老的后周的开国功臣，曾扶植郭威代汉，因此被任命为昭义军节度使，加检校太溥。到周世宗柴荣即位后，加兼侍中。恭帝即位时，加检校太尉。可以说，在李筠做节度使时，赵匡胤还是个军中士兵，这种经历让李筠很是看不起赵匡胤。所以，在赵匡胤代周称帝后李筠没像其他藩镇使那般迅速地表明归顺之意，而是傲慢地坐待赵匡胤对他的任命，他十分自信这位大宋天子一定会对他礼遇有加。

赵匡胤早知道李筠的骄横傲慢是出了名的，所以对李筠的态度一如后周重臣，对其予以重任，官至中书令，希望他能够站在新政权的一边，与其和睦相处。哪知李筠自认实力雄厚，对区区一个虚衔根本不屑一顾。他也梦想着能够逐鹿中原，坐上龙椅。

这一天，赵匡胤派出的专使来到潞州，李筠竟将其拒之门外。后来经过幕僚的竭力相劝，才勉强将使者迎入屋内，在跪接新皇帝的诏书时，李筠表现出极不情愿的样子。随后，照例举行酒宴，庆贺新帝登基。此时的李筠心情烦闷，无心喝酒，正当大家欢声笑语举杯畅饮的时候，李筠突然吩咐手下拿出郭威的画像，高挂在堂前，哭个不停。此事很快传到后汉统治者刘均的耳朵中。北汉意识到李筠与大宋新帝之间的矛盾是不可调和的，便给李筠写了一封信，要与李筠联兵攻宋。李筠接到信后颇为高兴。他怕阴谋泄露，被新帝发现，便索性将此书信送到赵匡胤那里。赵匡胤立即便识破了李筠的阴谋，没有揭露他，只是回了一封信给予安慰。同时任命他的儿子李守节为皇城使。

赵匡胤此举的意图是：麻痹李筠，使其在战备上有所松懈，同时将李守节调离，以削弱李筠的力量。心怀不轨的李筠也感到有机可乘，便将计就计地接受了朝廷给他的恩赐，让守节入朝，以借机窥视朝中的动静。赵匡胤精明机智，早就识破了李筠父子的阴谋，便在李守节入朝后，给予了警示。赵匡胤在接见李守节时，开口便问：“太子，你远离朝廷到此来做什么呢？”李守节大惊失色，急忙叩头道：“陛下何出此言？想必是有人从中离间。”赵匡胤故意说：“你父命你前来，无非是命你将我杀掉，他便以此为借口举兵反叛。你回去告诉他，在我未做天子时，随便他怎么做，但如今我已是天子，还希望他安守本分。”李守节马上将赵匡胤的话转达给了李筠。但是李筠却没有悬崖勒马，他见阴谋已被揭穿，干脆公开举起反宋的大旗，并发布宣战檄文，历数赵匡胤的罪行，拘捕宋廷派来的使臣，并向北汉称臣纳贡，请求派兵支援。后汉刘均听闻消息后欣喜不已，便亲自出马与李筠商议联兵的事宜。李筠见了刘均后，大失所望，认为刘均没有帝王之气，心中懊悔不已。李筠念念不忘周氏的恩情，也使得刘均心中极不高兴。随后，刘均派出的监军使李筠极为反感。于是，双方还未联合时，便生出了许多间隙，开始不断地上演钩心斗角的戏码。这种离心离德的行为，注定了李筠的失败。

李筠先是攻下了泽州，赵匡胤御驾亲征，这无疑打击了李筠部的士气，双方在泽州附近展开了激战，李筠的三万主力很快便被击溃。李筠见大势已去，便只好躲进泽州城中。赵匡胤率军在泽州城外围攻半月仍没有进展。赵匡胤知道，拖的时间越长，对宋军越是不利。但赵匡胤必须要不惜一切代价攻下泽州，杀死李筠。经过一次次惨重的硬攻，泽州城终于被拿下。当赵匡胤进城时，李筠已投身于一片火海之中，他宁死也不向赵匡胤俯首称臣。这把大火是赵匡胤称帝后的第一个胜利，接下来，他又要重整旗鼓，对付另一个心腹大患李重进。

与李筠一样，李重进也是后周的开国功臣，也是周世宗柴荣即位时的顾命大臣。当年他在为后周王朝的建立而指挥千军万马浴血沙场的时候，赵匡胤还是一名任人拨弄的兵卒。基于这一点，李重进从骨子里也是瞧不起赵匡胤的。所以，对于赵匡胤后来代周而自立的行为十分鄙视。

在柴荣当政时，李重进曾经在战场上屡建奇功，但他却没有居功自傲，对柴荣极为忠诚。周恭帝即位时，李重进兼任宿卫军指挥之权，而且出任淮南的节度使。

赵匡胤其实对李重进早就有了防范，登上皇帝的宝座后，他首先是解除了李重进对禁军的指挥权，并给他加封了一个中书令的虚职。但是李重进并不像李筠那样锋芒毕露，他善于韬光养晦，从不与人硬碰硬，发生表面冲突。周世宗时，李重进与当时的大将张永德有矛盾。张永德一次趁酒醉时说李重进有阴谋，还派亲信禀奏周世宗，但周世宗没有相信，李重进这才免去了杀身之祸。李重进得知这一情况后，唯恐因二人的矛盾对自己造成不利的影响，他表面上没有对张永德怀恨在心、实施报复，反而亲自到张永德的帐中，亲自斟酒与张永德修复关系。张永德见此人宽宏大量，和气容人，便对自己的行为产生了愧疚之心，也放下嫌隙与他拥抱言好。

李重进这种谦恭知礼、与人为善的言行与他的身形外貌大不一样。他身形高大，皮肤黝黑，人送绰号“黑大王”，非常粗鲁直率，完全看不出他的大度胸怀和颇深的心计。

在赵匡胤登基后，他表面上极力表现出一种拥护的样子。在他接受新王朝的任命后，便立即派人向赵匡胤致意，请求以节度使的身份进京，朝贺太祖登基，同时也想试探一下赵匡胤对自己的态度，可否暂缓赴外地任职。

赵匡胤自然不愿看到这个怀有敌意的危险分子进京见自己，便在信中委婉地拒绝。李重进从信中也读到了赵匡胤对自己的怀疑与不信任，于是便开始在扬州招兵买马，增强自身的实力，伺机谋反。

也就在此时，李筠举起了反宋的大旗，李重进听到这个消息，心中甚是欣喜，便立即派自己的心腹翟守珣与李筠进行联系。可他万万没有想到，翟守珣是个见风使舵的家伙，他表面上接受了李重进的重托，私下里却前往开封，将二李密谋反叛的事情告诉了赵匡胤。

赵匡胤接到密信时，正在泽州与李筠交战。此时的他十分担心二李南北夹击对他形成围攻之势，于是决定先对李重进施以缓兵之计，先稳定南方。他很快给李重进写了一封信，言明对他的信任，以打消他的疑虑。后来，等赵匡胤消灭李筠后，便腾出手来举兵南下扬州，开始对付李重进。

当时赵匡胤的大军从开封出发，百官六军分乘多艘战船，浩浩荡荡，直奔扬州城。大兵压境的扬州城顿时陷入一片混乱之中。李重进做梦也未曾想到宋军会来得如此快。他本想先发制人，却因其决断不力而行动迟缓，李重进尝到了优柔寡断的苦果。

进城之后，赵匡胤大开杀戒，李重进的同谋者数百人都被杀，其兄长李重兴，当初听说弟弟违抗诏命时便自杀了，其弟弟李重赞和儿子李延福，被拉至街头斩首示众。除恶务尽，对于手足引起祸患的乱臣贼子，赵匡胤丝毫不讲情面，给予了残酷的镇压。

李筠和李重进叛乱的相继平定，对于刚刚建立的赵宋王朝有着极为重要的意义，它等于是杀鸡儆猴，明明白白地告诉那些手握重兵而又对宋持怀疑观望态度的节度使们，必须要老老实实地接受赵宋王朝的统治，拜服赵匡胤。另外，赵匡胤也通过这种又打又拉的两手政策，在他即位的头一两年内，将后周的旧臣一一分化瓦解，使他们老老实实地成为了大宋王朝的顺从臣民。从这一点来看，赵匡胤的政治手腕可谓高明。

杯酒释兵权，予以富贵求心安

在镇压二李的反叛后，赵匡胤的政权逐渐地趋于稳固。但他深知自己是从孤儿寡母手中夺取来的江山，为了防止自己的“经历”再次上演，他决定先削弱朝中各位将军的军权，将军权牢牢地握在自己手中，这样他的龙椅才能真正坐得踏实安稳。

961年，赵匡胤开始了自己的集权计划。三月，宋朝最强的军事人物慕容延钊与韩令坤一同进京，赵匡胤随即罢免了慕容延钊禁军殿前都点检一职，命他出任山南东道节度使，同时罢免韩令坤军侍卫司马步军都指挥使，命他出任成德节度使。韩令坤的职位由石守信接任。

在削弱慕容延钊和韩令坤的权力后，赵匡胤对于石守信等人还是比较信任的。但是赵普却又屡次建议他削去石的兵权，起初赵匡胤对此无法理解，说这些人是不会背叛的，不明白赵普为何对他们不放心。赵普说他们不是将才，不会驾驭部下，一旦部下作乱，会身不由己。赵匡胤听罢，决定收回禁军的兵权。

到七月，晚朝后，赵匡胤特地留下石守信等人宴饮，宴饮间，赵匡胤忽然长叹，闷闷不乐。石守信等人问他何故如此。他说道：“若不是你们全力扶持，我如今也难做皇帝。我一生也难忘你们的好处。可是，做皇帝却不是件易事，我时常寝食难安。比较起来，我还是做节度使更为快乐一些。”石守信等人不解道：“如今天下太平，征服汉唐也只是早晚的事，皇帝为何这等忧心呢？”赵匡胤说：“汉唐都是垂尽之国，倒是不必担忧。其实我所忧者你们也不难理解，你们想，做皇帝在众人眼中是极为荣耀的事情，这个宝座有不少人惦记。稍有不慎，不但皇权丢失，只怕性命也难保，叫我如何不忧心呢？”石守信等人听罢吓得目瞪口呆，齐跪在地，连声说道：“陛下为何要这样想，如今天命已归，天下皆知，没有人敢做违抗天命的事了。”赵匡胤听罢，说道：“你们当然对我没有异心，但如若你们的属下的将领有人图富贵，你们怎么办？一旦他们把黄袍披到你们身上，拥立你们做皇帝，你们固然不想做皇帝，可又能有什么办法呢？”这明明是将石守信等人做过的事来挤兑他们。石守信听罢这话，也是无言以对，于是哭诉道：“我们都太愚笨了，未曾想到这些。陛下可怜可怜我们，给我们留条活路吧！”

赵匡胤等的就是这句话，于是直说道：“人生在世，转瞬即逝，奔波忙碌一生，无非是为‘富贵’二字。何谓富贵？还不是拥有用不尽的钱财，以致终身享用不尽，而且还能使后世子孙永不贫乏。既然如此，你们不如解除兵权，选择一个繁华富庶的地方，去做藩镇。在那里，你们尽可购置土地园庄，为子孙后代建立殷实的家业，安享晚年，难道不是一桩美事吗？我今天也和你们约定：世代通婚。我从此也不用担心你们被黄袍加身，你们也可以完全信赖我，咱们君臣之间再无猜忌，上下两安，岂不是美事一桩?”石守信等人一听，说道：“陛下为臣等想得如此周到，臣等感激不尽!”第二天，这几位官员便宣称自己身体抱恙，不能胜任繁重的军务，请求解除在朝廷中的军权。

随后，手中握有兵权的几位主要将领都被削去了兵权改封节度使，石守信被封天平节度使（治宋州，今河南商丘）；王审琦被封忠正节度使（治所为东平府，今山东东平）；高怀德为归德节度使（治所寿春，今安徽寿县）；张令铎改封镇宁节度使（治澶渊郡，今河南濮阳），赵匡胤让他们离开都城，仅保留节度使名号，削去其禁军的职务，到藩镇就任，还给了他们许多的赏赐。至此，大部分兵权都归到赵匡胤的手中。

随后，赵匡胤又想将禁军的军权交给符彦卿，但却遭到了赵普的反对，理由是符彦卿年岁已高，不能再掌兵。其实，符彦卿是周王朝绝对的重臣。此人 13 岁就上阵杀敌，20 来岁就出任刺史。曾经率领数百人从数万契丹大军中救出自己的主帅，在 30 岁出头便成为名震天下的将领。进入后周，周太祖郭威曾对符彦卿十分器重，封他为王，并且让养子柴荣娶了符彦卿守寡的女儿。符彦卿已经成为后周时代仅次于周世宗的第二号人物。在周世宗去世前不久，皇后符氏去世，为了拉拢符彦卿，保全幼子柴宗训，周世宗又娶了符彦卿的另一个女儿为皇后。由此可见符彦卿在朝中的地位。

可惜周世宗一世谨慎，将朝中凡有可能篡位的反对者一一逐出朝廷，却忽视了赵匡胤。当然，也并非周世宗忽视，实在是赵匡胤掩饰得太好了，以至周世宗到死也丝毫不怀疑赵匡胤的忠诚。

赵匡胤与符彦卿还是亲家，其弟弟赵光义的妻子就是符彦卿的小女儿。于是，符彦卿不仅是后周的国丈，还是大宋的亲家。于是当赵匡胤登上帝位后，符彦卿选择了顺从。这也使赵匡胤对他信任有加。在赵匡胤削去朝中各大将领的兵权后，他一度要让符彦卿担任禁军将领之职，尽管遭到了赵普的强烈反对。他曾经把批准符彦卿统领禁军的文件强发了下去。赵普便将这份文件揣在怀中去见赵匡胤。赵匡胤已猜出其用意，说道：“如若还是为符彦卿的事，就别再提了！”赵普说道：“有其他的事。”在见到赵匡胤并奏完其他事后，赵普又拿出了那份文件。赵匡胤说：“果然是为了此事。你难道要违抗我的命令吗？”赵普不慌不忙地说道：“陛下既命臣来处理政事，我便有理由与陛下说个清楚。唯愿陛下衡量清楚此事的利害，以免以后后悔。”赵匡胤问道：“你究竟为何要怀疑符彦卿呢？”赵普说：“你确信符彦卿绝对不会辜负你吗？当初周世宗不是也确信你不会辜负他吗？结果如何呢？世上许多事情都是无法预料的，为防止遇到措手不及的打击，应该现在就要提早预防。”这席话说得赵匡胤哑口无言，只好作罢。

赵匡胤虽然是武将出身，却深知马上可以得天下，却不能马上治天下。于是，他在当政后没有在朝中上演“狡兔死，走狗烹”的历史悲剧，而是以杯酒释兵权，和平地将兵权夺了过来，加强了中央集权制。虽然这种做法能够防止内乱，但是因为他对他人极强的防范心，导致大宋江山武力与兵力衰败，为以后的“弱宋”处处挨打的局面，埋下了极深的“隐患”。

另外，那些拥戴他当皇帝的武官，虽然失去了手中的“兵权”，但却换来了皇帝赵匡胤许诺与赏赐的奢侈与享乐，对国家来说平白滋生了一些新的腐败与贪婪阶层，对百姓来说则是无形增加了更多更大的负担与伤害。

据史料记载，太祖的武将们被夺兵权后，几乎清一色地都成为“贪财好色之徒”。比如石守信“累任节镇，专务聚敛，积财巨万”；王全斌“破蜀日，夺民家子女玉帛”，纵兵大掠蜀中；王仁赡破蜀之日，“纳李廷珪妓女，开丰德库取金宝”……这一切的一切，皆由“杯酒释兵权”而来。

当然，很多时候，一些武将其实并不想跻身贪污腐败之列，但因为害怕自己过于洁身自好而被赵匡胤所猜忌，只好以“作秀”的方式应付，故意装得自甘堕落的样子。比如石守信原本是一员仁将，不仅作战勇猛，且一向重义轻利，可自从“杯酒释兵权”事件发生后，他忽然顿悟，从此开始追求声色犬马，疯狂聚敛财物。对他的这一异常“表现”，《宋史》如此评价道：“岂非亦因以自晦者邪?!”话说得很透彻，原来他不过是像当年秦朝大将王翦那样，在出征灭楚途中为了消除秦始皇的疑虑，故意“自污”罢了。

如上所述，赵匡胤“杯酒释兵权”的做法弊大于利，因为当时的国家毕竟国力尚不充足、民生尚不富裕、社会尚不安定之际，这种做法无异于在积贫积弱的基础上雪上加霜，无异于在国弱民贫的现状下釜底抽薪。

强干弱枝，以文替武“后患”多

将朝中各大将领的兵权收回后，摆在赵匡胤面前的又一个大难题便是地方上势力强大的藩镇。因为五代时期，藩镇强横，地方势力强大，节度使的职位都是子承父业，皇帝的诏令经常受到地方的抵制。朝廷如果要调动节度使，总是先派出军队予以防备，然后才能下诏书。赵匡胤即位后，大宋沿袭了五代的这种惯例，当时大宋统治下，带有王爵和宰相称号的节度使有几十人之多。他们拥兵自重，都是地方上的“皇帝”。赵普曾给赵匡胤建议说，现在仍逢乱世，我们不过是占据了后周的江山，而如今谁家的江山也不稳固。此时，赵普开始发挥他的治国才能，这也意味着大宋治国理念自此开始，百年的富足与千年的衰落也从此开始了。

赵普对赵匡胤说，要想稳固政权，先要削弱藩镇的兵权，制约钱谷、收敛精兵，消除所有人反叛的妄想。这其实就是强干弱枝的治国策略。这让赵匡胤幡然醒悟，他深知，唐朝的覆亡就是因为藩镇割据的日积月累、积重难返带来的。而唐朝的能臣明君不计其数，却依然容忍了藩镇的存在，这不仅仅有客观原因，更有隋唐帝王主观上的自信和强大。一直在沙场上征战的赵匡胤，已经养成了谨慎、忧虑的个性，他不允许藩镇以任何方式威胁到他的政权。于是，他开始出手削弱藩镇的力量了。

要削弱藩镇最重要的就是剥夺节度使的财政大权。这一次，赵匡胤再次听从赵普的意见，于965年三次下诏，要求各州的赋税收入，除留下必要的开支外，其余全部都调送到京都，各地的场院关市，由朝廷委派文臣管理。又在州以上行政区域设置了转运使，掌管财政税收及水陆转运事务，转运使一般都是京官。所有的地方官员，包括节度使、防御节度使、观察使、州刺史等，都无权干预钱粮之事，如此一来，节度使聚敛财富的源流被切断，国家的财政收入也得以增加。

第二步就要从司法方面入手了。五代时，地方的司法也是被节度使掌控。节度使任用将校担任马步都虞候和判官，兼管刑法狱讼，称马步院，朝廷不能干预，赵匡胤说：“五代的潘镇跋扈，无视法纪，甚至随意杀人，草菅人命，朝廷也无法加以处置。人命关天，对节度使也绝不姑息。”为此，他颁布诏书，各州凡是审理的杀头案件，一律将案卷抄送刑部，由刑部复查批复，以此来杜绝地方官吏随意杀人。973年，赵匡胤下诏罢免所有由地方任命的马步都虞候和判官，改马步院为司寇院，担任司寇参军的是新及第的进士、九经、五经等文官，由他们掌管各州的刑法。

赵匡胤一方面解除节度使对禁军的控制权，另一方面又让文官任武职，即以文驭武，以此来削减节度使的数量。对此举，赵匡胤有自己的高见，他说：“五代时，方镇暴虐残酷，百姓苦不堪言，我要任用干练的文臣，去治理那些大节度使的藩镇。这些人即便是贪污，其产生的祸患也会远远地少于那些武将。”于是，赵匡胤抓住一切机会，以文臣来代替武将。比如，当地方的节度使去世，不许其子弟世袭其职位，而是让文官继任，并将那些年老要退休的武官从其职位上撤下来，让文官顶替其职位。这也是赵匡胤以文治国理念的重要体现之一。

其实，赵匡胤在建国之初，就极为重视以文治国，他虽然是武将出身，但却十分重视读书。就在他跟随周世宗柴荣领兵打仗的日子里，他利用业余时间，收集了许多图书，随时阅读。这对于笃信武力的赵匡胤来说极为难能可贵，当时的他就认为，勇武只可为将帅，得天下还必须要文武兼备。对此，周世宗还问他："既为将帅，应以治戎装、磨刀剑为正事，怎么读起诗书来了呢?"他忙回答道："臣受陛下厚恩，常感力不从心，所以想博学多闻以增长见识，以不负圣望。"

赵匡胤深知凭借武力起家的五代的统治者，之所以不能长久地维护自己的统治，就在于轻视文化和文人，他们勇武有力，只知打江山、抢地盘，却不懂得如何用智慧和文化去治理国家。比如当时后汉的大将史弘肇说："削平叛乱，安定朝廷，要的是长枪大剑，而不是毛笔。"他也最喜欢批评文人，说道："文人太难相处，崇尚暴力统治，无论罪行多大，抓住全部都杀头。"颇有智慧的赵匡胤在大宋建立之初便意识到这种重武轻文的勇武成就了五代十国，也是导致他们迅速走向覆亡的主要原因。他一反五代时盛行的重武轻文的陋习，重视文化，重用文人。在削藩时，以文驭武是一方面，另一方面，他在即位不久，就聘请了饱学之士郭无为，到崇政殿给他讲授经书和史籍，并且将这件事作为一种制度订立下来，后任皇帝都必须有专门的讲官，史称崇政殿说书。他在读书的过程中，感触和启发甚大。在读《尚书》中的《尧典》和《舜典》时，他感慨地说："尧和舜对四个坏人（四凶）的处理，只是把他们流放到边地了事，与之相比，现在的刑法太过严酷了。"于是，他便授命制定新的刑律——《宋刑统》，将自己的有关诏令编辑成书，使刑罚在一定程度上有所减轻。

同时，他不仅自己用心读书，还要求子孙后代努力读书，说："帝王的子孙，要饱读经书，明白治乱兴衰的道理。"另外，他还向开国功臣们发出号召，说道："武将应该读书，以便了解更多好的方法来治理国家。"正是出于对文化和文人的重视，赵匡胤采取了用文官代替武官治理天下的治国策略，同时，又大力地削弱各地节度使的权力，以从根本上将“起兵叛变”的可能性彻底扼杀。

经过一系列的削藩措施，969 年，凤翔节度使王彦超以及其他的节度使到京都朝见，赵匡胤宴请了他们。在酒足饮饱之后，赵匡胤假装说道：“各位都是国家的旧臣元勋，长期在各重要的兵镇任职，日理万机，事务繁重，无法体现为体恤贤能的治国思想啊！”王彦超立即听出了话外之音，跪奏道：“为臣没有什么功劳，却长期得到如此多的荣誉和宠信，实在是有愧皇恩。臣年事已高，身体大不如之前，请皇上准我回家安享晚年！”同在宴席上的安远节度使武行德、定国节度使白重质、保大节度使杨廷璋等人对王彦超的话立即表现出不满的情绪来，纷纷开始表功，各自罗列出自己曾经的赫赫战功以及镇守边防的辛苦。赵匡胤对此丝毫不为所动，只是冷冷地说道：“这些事情已经过去了，说了又有何用呢？”于是，在第二天便下诏罢免了王彦超、武行德等人的节度使之职，给他们每个人一个虚职。此后，每个地方的节度使只要去世，就不再任命新的节度使，如此一来，大宋王朝的文官数量激增，而节度使则是在不断地减少，权力也在下降。

经过努力，赵匡胤如愿以偿地限制和削弱了节度使们的权力，由朝廷直接控制了州县官的任免，将地方上的行政权、财政权和司法权全部归到皇帝手中，这也使政府的政令得以顺畅通行。但是削弱藩镇的兵权，收粮谷、敛精兵固然是加强了君权，防止了内乱，但是最后也将国家的活力与民族精神压抑到奄奄一息。

另外，他采取的“以文治国”的思想，将大批的文人安排在政府机构工作，“冗官”“冗兵”和“冗费”的局势与日俱增，使宋朝逐渐陷入积贫积弱的局势之中难以自拔，这也是导致大宋朝最终走向灭亡的根本原因。

强化皇权，以文治国“积弊”多

赵匡胤不仅是个出色的武将，在治国方面也很有一套。从他在建国初期所创造的权力机构便可以看出。

宋朝的权力机构分为中央和地方两部分，中央又分三省、六部、二十四司。三省分别为中书省、枢密院、三司。六部为吏、户、礼、兵、刑、工。二十四司是将六部的每部下分为四个部门，分管不同的事务。

地方的政府机构分为三级：路、州（府、军、监）、县，赵匡胤时期，路还叫“道”。全国分为十三道，道级单位又有“漕司、宪司、仓司、帅司”。其他的府、州、军、监、县也有各自的正副之称，级别清楚。这其中的大部分设置都与唐代的相似，但也有着不同的地方。

首先是三省，在唐代之前，只设丞相，其权力极大，统管权、财、兵。三省之中，中书省是最高的行政机构，枢密院是最高的军事机构，三司是最高的财政机构。赵匡胤采纳了赵普的建议，要对付天下的藩镇，防止藩镇割据的叛乱，必须要“削夺其权、制其钱谷、收其精兵”，而赵匡胤现在也拿这样的思路来对付位高权重的宰相赵普。为了不让宰相独揽大权，赵匡胤先将其兵权、财权、政权分下去，然后再往下层层地分割，所有部门的官员配置都必须要依此进行。于是，中央的权力就分散到了各自的职位上，自此宰相再也不会因为权倾天下而对皇权造成威胁了。

另外，到了地方上，“道”的主管是“转运使”，主要用来负责财富的运转，开始是用他来收夺藩镇的钱谷，时间久了，他也被怀疑了，因为他确实行使着唐朝藩镇的权力。于是，赵匡胤就在转运使下又设了漕司、宪司、仓司、帅司，再往下的府、州、县都派了通判，名义上是副手，实际上却是监军。

即使分权到了这个地步，赵匡胤还是不放心，于是他又设置了另一道

“防”线。每个职能部分的制度都设置妥当了，但是该如何监督这些官员行使这些权力呢？赵匡胤设计了官、职、差三分离。官位仅仅代表级别，职位代表荣誉头衔，而差则代表的只是临时的差遣。

除此之外，还有考核国家官员的审官院与考课院。审官院主要考察在京的为官人员，而考课院主要考察地方上的官员和幕职，也就是指地方上的官员。这种考核称为磨勘，一年一考，三考为一任。此番考察，并不是考察官员的政绩，而只考察官员是否犯错，只要没犯错，一般都会得到升迁。

赵匡胤这种对国家政权的独具匠心的设计，影响了后来许多的朝代。

另外，他还设立了御史台，也就是言官，唐朝的言官是直接对着皇上说话，专门给皇帝挑错的，而宋代的言官则是在背对着皇帝，面对同僚，并且还有各种的硬性规定。比如，在“月课”即百余天之内，言官没有弹劾任何人，就要面临被罢免或降职的风险。也就是说，言官在朝堂上必须要唱“黑脸”，不能做老好人，只要敢于奏请弹劾，无论其是否属实，一律会受赏。中国历史上，宋朝的官员最敢直接向皇帝进言，也是因为这样的激励机制。

经过赵匡胤的深思熟虑，国家权力机构体系已见雏形，剩下的就是要知人善用了，用人才将各个权力机构填满，让整个政权机构活起来，为皇帝的统治服务。要做到这点，并不容易。在赵匡胤眼中，最难揣测的莫过于人了，一个人对你是否真的忠心，是否真有才华，是否能担重任，都是极难断定的。

隋炀帝虽然好大喜功，却也敢为天下先，他认为人人都有做官的资格，考试需要公平竞争，于是他开始实行科举制度，但因为其统治的王朝太过短命，所以这项制度便不了了之。虽然唐朝也实行科举，但其状元郎大都出自官宦人家，布衣平民想要出人头地也是极为困难的。到了宋代，普通百姓出身的赵匡胤也想改变历史，给普通人提供出人头地的机会。于是，他规定不许任何的皇家宗室、官宦之后参加考试，并且还废除了公荐制度，杜绝了官员联合舞弊的可能。

大宋王朝的科举考试分两级，第一级要通过各州的资格性考试，然后到京城的礼部报到，进行省试。后来，赵匡胤又增加了殿试，即由皇帝亲自主持的考试，殿试第一名称状元，凡殿试成功者，就能直接加官晋爵，自称天子门生。

科举考试三年一考，考试的主要科目为明经与进士。明经就是古文经书填空，考生只需要死记硬背，便很容易考过。进士科是所有考试中的重中之重，宋朝大部分的宰相都是进士科的优秀者。而考进士则需要在一定时间内完成一篇文章，这考的是考生的真才实学。

对文人的重用和对文化的重视，使宋朝的社会风气发生了变化，当时无论是朝中大臣还是布衣平民都以读书为荣。每个王朝的每项政策，都会影响一个社会。赵匡胤显然做到了这一点。他之所以设计这样的权力体系，与自身的经历和个性是有着密切的关系的。

赵匡胤出生于一个平民之家，他 21 岁外出只为了能够养家糊口。他从一个军队中的无名小卒到做上将军再到如今的天子，靠的不仅仅是智慧、勇气，还有骨子里的谨慎。无论是陈桥兵变，还是在登上帝位后处理国家大事，他都是考虑再三，他对待手下的官员、武将，都是极为谨慎，从不过分地自信，也不过分地阴狠。

从他精心设计的权力机构中也可以看出他对属下的防范心理。每位官员都被层层分权，互相牵制，就是为了防止大宋王朝出现第二个赵匡胤。他所设计的官僚体系，烦琐冗杂，就是为了让所有的官员都不可能长久地罗织自己的关系网。同时，官员的流动性也较强，每个官员在某个地区任职都会有期限，不给他们勾结地方势力的机会。而且没有哪个官员能够终身守职，一旦犯错，立即被罢免。这也造成了一些无能无才的官员浑水摸鱼，混吃皇粮。但在赵匡胤的眼中，这些官员即便什么政绩也没有，也要比那些犯上作乱的武官省心得多。国家顶多出些钱粮，养活他们就是了。这些治国理念体现出赵匡胤极度缺乏安全感的心理状态。可他也未曾想到，正是他的这种个性弱点，给大宋王朝后世的子孙带去了诸多的祸乱和灾害。

第二章

南征北战，统一江山：卧榻之侧岂容他人鼾睡

赵匡胤在夺取皇位、稳定内部局势后，接下来就是要统一全国了。北宋在建国初期，天下四分五裂。北方有契丹族所建的辽和辽支持的北汉政权；西北部为党项族所控制；南方则遍布着后蜀、荆南、南唐、南汉、吴越、福建陈洪进与湖南周行逢政权。面对如此复杂的局面，赵匡胤在广泛地征集大臣的意见后，终于定下了先南后北、先易后难的统一策略。自此，赵氏政权开始了穷兵黩武式的征战之路，正是因为北宋绝大部分的疆域都是靠诸位将士的鲜血换来的，所以这也注定了宋王朝与大唐帝国的不同，宋朝一直没有唐朝时期的霸气和开放，只是小心谨慎地守护着生死追随的将士们用鲜血浇灌来的疆土，小心翼翼地维护着头顶的晴朗宁静。

统一大计，精兵神速破荆、湖

赵匡胤从邺都投军到开封称帝的十余年中，他侍奉过两代君王，经历过多次战争。在他的推动下，郭威建立后周王朝，但也因为他的“反叛”，后周政权被颠覆。但在赵匡胤的心中，他对郭威和柴荣都是极为敬服的，这不仅仅是因为二主对赵匡胤宠信有加，而且因为二帝的雄才大略和文治武功都令他肃然起敬。尤其是柴荣，在当政后对内政进行了一系列的改革和整顿，促使后周迅速地崛起。另一方面，他又冒着生命危险，四处征战，致力于统一大业，可惜他英年早逝，壮志未酬。赵匡胤自登位后，便下定决心要继承柴荣未竟的事业，平定天下，完成统一。这不仅是为了实现自身的抱负，更是稳定新政权的需要。

自唐以来，天下分裂割据，多年的战火已经烧尽了一切的财富，如今的大宋虽然外表强干，但是每次出兵的背后掩藏的却是财力的虚空。环顾四周，群狼环视：北有契丹族所建立的辽，控制了燕云十六州与长城以北的广大地区，早有入主中原之雄心，是宋王朝的劲敌；在西北，党项族正在崛起，威胁中原的端倪也显露出来；横在两者之间的北汉政权，以太原为中心，占据河北、山西和陕西部分地区，长期以来，有契丹辽国做后盾，与宋王朝公然作对；在西南，有后蜀政权，占据着四川全境，一度将势力范围扩展到汉中盆地与甘肃东南，一直与大宋为敌；江淮以南的吴越政权以杭州为中心，控制了浙江与苏南的太湖流域，而南唐控制着以金陵为中心的长江流域；此外，荆南、湖南、南汉、漳泉等割据政权，虽然没有立国，但也是“国中之国”，这让赵匡胤极为纠心，夜不能寐。

962 年的冬天，在一个大雪纷飞的夜晚，赵匡胤和弟弟赵光义突然出现在赵普的院子里，他对赵普说：“吾睡不着觉，一榻之外，皆他人家也。”于是三人席地而坐，商量统一大计。赵匡胤原本打算先攻打驻在太原的北汉政权，但却遭到了赵普的反对。后来，经再三商议，三人共同制订了统一全国的计划。

赵匡胤根据诸政权北强南弱，而且江南富庶的情况，制定了“先南后北”的统一方略。这一计划的核心是先平定南方，以南方丰饶的物质财富做基础，解决国家财政匮乏的问题。同时，避免与辽决战，以积蓄力量，等待时机再攻打辽国。事实证明，这是一个极为明智的策略。

赵匡胤最初的用兵是从荆南开始的，荆是指荆南的高氏政权。后唐时的高季兴，被封为荆南节度使、南平王，辖治荆（今湖北江陵）、归（今湖北秭归）、峡（今湖北宜昌）三州，地方狭小，兵力薄弱。宋初高保融任荆南节度使。据史书记载，此人比较迂腐迟钝，所以，将其管辖区的大小事务全部推给他的胞弟高保勖。建隆元年（960 年）八月高保融去世，高保勖便掌握了政权，并接受了宋朝节度使的封号。高保勖有两大毛病：一是荒淫无度，因此体弱多病，过度荒淫的生活使他没有多大“能耐”。二是大兴土木，建造亭台楼阁无休无止，这两点使当时的民众赋税沉重，百姓怨声载道。直到建隆三年（962 年），高保勖去世，传位于侄子高继冲。当时的荆、归、峡三州老百姓对高氏政权极为不满，宋朝出兵灭高氏也是民心所向。

再说当时的湖南地区。该地区原本只有潭、邵两州，经过慢慢发展到了七州。后来经过几番周折，湖南最终落入周行逢的手中，建隆三年（962 年），周行逢去世，此时的湖南政权如同柴荣死后的后周一般，只有 11 岁的幼主周保权当政，张文表扶政。在周行逢去世后，张文表马上起兵谋反，想学赵匡胤一般篡权当政。当时的周家一直是向大宋称臣的，周保权身边的大臣一边用兵平定叛乱，一边向赵匡胤求助。在这样的形势下，宋朝必须要出兵相助，否则南唐、后蜀、荆南等都会借此机会趁火打劫。

赵匡胤不能迟疑，他马上派出在荆湖一带的慕容延钊负责出征，时任枢密院副使的李处耘监军，以备必需的军用物资。这是大宋建国以来，第一次走出国门，赵匡胤集结了十州的精锐兵力，力求威震八方。

远在湖南的张文表万万没想到，自己值得宋兵千里奔走，兴师动众。而这场看似不起眼的地方政权争夺之战也揭开了乱世中又一次大一统的序幕。

北宋乾德元年（963 年），讨伐叛贼张文表的宋兵启程，他们要对付的第一个敌人便是执政荆南的高继冲。可面对突如其来的北宋雄兵，他哪里招架得住。这位荆南小朝廷的掌权人准备了一个半软半硬的对策：多准备犒军的物资，主动迎接宋军，但前提条件是，宋军不得入城，免得惊扰城内的百姓。高继冲希望慕容延钊不会赶尽杀绝。

在宋军经过荆南之地时，高继冲的叔叔高保寅早就带着酒肉物资在荆门等候他们，以迎接宋军。李处耘赴宴，他们面带微笑，一团和气的样子，说宋军只是借道而已。可到了深夜时分，慕容延钊又设宴招待一行人，监军李处耘却借机奇袭了江陵城。此时，荆南的小朝廷才明白，宋军途经荆南根本不是借道。眼看着李处耘全面接管了江陵城的大小事务，高继冲也无力反抗。

随后，李处耘和慕容延钊两人又一道奔赴湖南。此时却传来另一个消息，湖南的叛军张文表已被剿灭，周保全拒绝宋军前来援助。对此，赵匡胤给出的答复是“大军既拯尔难，何为反拒王师，自取涂炭!”请神容易送神难，宋军接到赵匡胤的这个答复，加快了行军速度，顺便又带上了荆南原有的军队。至此宋军的目的已经昭然若揭了。

面对这样的大军，湖南政权依旧负隅顽抗。他们在陆地上毁桥断路，在水路上堵死了关键的水路码头。李处耘作为先锋率先攻取了湖南的朗州，这时悲剧发生了，李处耘处取得了胜利，但是他们不仅杀人，还将战俘煮熟后给自己的士兵吃。

杀戮战俘，攻城略地在乱世之中并不少见，但如李处耘如此的暴行引发了更大的反叛，当时的湖南领地兵民齐愤，而且在杀人之后的李处耘性情大变，对自己的部队也实行严酷的刑法，对不听令者直接砍头处决，完全不将主帅慕容延钊放在眼里，而慕容延钊因带病出征，又累又气，便从此一病不起，回去后不久便死了。

对于李处耘的暴行，赵匡胤极为愤怒。在赵匡胤眼中，李处耘一直是个柔弱、做事严谨的人。没想到，原来他一直在压抑着自己。为了善后，赵匡胤下诏大赦荆南和湖南所有的叛乱者，免去当年的各种赋税，并且对李处耘做出了惩罚，将他降为淄州刺史。三年后，这位面善心狠的李处耘便去世了。

征讨后蜀，百姓血泪谁人知

大宋第一次出兵，以两天收荆南、十天破湖南的神速取得了极大的胜利，这让宋军士气大增。赵匡胤想借机再次征战，可是该先攻后蜀还是先拿下南唐呢？南唐已称臣，新任国君李煜对赵匡胤也算是恭敬。而后蜀皇帝孟昶则表现强硬，不仅不主动臣服，还扬言要攻打北宋。

孟昶是后蜀高祖孟知祥的第三个儿子，后蜀在蜀道天险的掩护下，已经成为当时最为安全的地带。这一带土地富饶，孟昶在这乱世中做了 31 年皇帝。这在五代十国中，简直就是奇迹，而孟昶所倚仗的就是蜀地的天险。

孟昶是个圣明天子的形象，他衣着朴素，兴修水利，重视农业，在他实行的一系列的兴国富民的措施下，蜀国的国力日渐强盛。他志向高远，将北线的疆域扩展到了长安，只是后来败给了周世宗柴荣。但随着时间的流逝，孟昶也开始意识到人生苦短，及时行乐才是最主要的。于是他开始纸醉金迷，大修宫殿，网罗美女，过着奢靡的生活。可与孟昶一起长大的王昭远，却是个志向远大的人。他跟在孟昶身边，经常为其出谋划策。此人自比诸葛亮，其最大的梦想也是做当世真正的诸葛亮，出川征战，定鼎中原!

急于建功立业的王昭远，与孟昶一商量，便派人带着写好的蜡丸密信穿越整个宋朝疆域去见北汉皇帝，想与其联手，一起灭宋。未曾意料到的是，送信者赵彦超直接将信送给了赵匡胤。这给了赵匡胤一个出兵征蜀的正当理由。

乾德二年（964年），赵匡胤以孟昶勾结北汉共谋犯宋为名，发兵六万，出师后蜀。宋兵主要分为两路，北路由忠武节度使王全斌为主帅，沿嘉陵江南下；东路以赵光义为主帅，顺长江西上，两军分进合击，约定会师成都。

此次出兵，赵匡胤在选人方面颇有讲究。他选王全斌当主帅，是因为他是个忠勇之士。王全斌在12岁时，父亲便因为私养兵将而被后唐皇帝李存勖发现。王全斌主动当人质，才避免了灭门之祸，后来还当上了李存勖的近身侍卫。在兴教门之变时，王全斌与符彦卿一直保护着李存勖，他们顽强抵抗，直到李存勖死去。这样的忠贞与勇猛，正是赵匡胤所赏识的。此次攻蜀，为了防止入川的将领留恋那里的富庶而拥兵自重，自立为王，只有派王全斌去，才能让赵匡胤放心。在临行前，赵匡胤还给予了王全斌极大的决定权。为了鼓舞士气，他甚至承诺，朝廷只要蜀地，若军队攻下蜀地后，其粮食、钱财都归将士们所有。

对这次战争，后蜀也表现得极为兴奋，这既是挑战，又是机遇。王昭远一展抱负的时刻到了。他怀着征讨天下的豪情奉命抵抗宋军。当年十二月，战争正式开始，宋军士气极浓，一举攻破了后蜀苦心经营的防线，缴获了40多万斛粮食，这让宋军信心大增。王全斌急速狂飙，而后蜀的主帅韩保正只是坐拥精兵在兴元城下不寒而栗，数日之后，他竟然直接弃城而逃。王全斌很快便将战线推进到后蜀的境内。

破蜀最难的应该是入剑门关，当时的后蜀军烧毁了从剑门关入蜀的栈道。宋军无法行进，便商议分兵而行：一路绕行罗川险隘，一路修复栈道，双方会兵于深渡。然后一路破敌，到大漫天寨，寨主义州刺史王审超、监军赵崇渥以及三泉监军全部被俘。罗军都统王昭远引兵来战，但屡战屡败。王昭远只得率军逃回剑门。随后，王全斌率领宋军进入利州城。后宋军又破了“一夫当关，万夫莫开”的剑门关。听到这个消息的王昭远胆战心惊。宋军很快追到汉源坡下，摆开阵势，王昭远见宋军气势雄壮，布阵严整，料到无法战胜宋军，于是落荒而逃。王昭远手下的将领赵崇韬倒是毫不畏惧，英勇迎敌，兵败被俘。王全斌率军一路追击，顺利地拿下了剑州城。王昭远逃到东川后，不久便被宋军俘虏了。

后蜀太子元喆也被其父派去支援王昭远守卫剑门。但军队刚到绵州，便传来剑门关被破的消息。众人都惊慌失措，打算退保东川。到第二天，听说宋军已到东川，便弃军逃回成都。

后蜀皇帝孟昶听说剑门关已破，太子逃归，吓得六神无主，便急召群臣商议对策。所有大臣都意识到宋军的威武，后蜀将领根本不是其对手。如果硬撑下去，恐怕所有人都会性命不保。最终经过商议，孟昶决定降宋。于是命宰相李昊起草降表，派使者将降表送到宋军营中。

前线王全斌的捷报频频传来，赵匡胤终于松了一口气。而领军东进的赵光义也是一路凯旋，一路收复四川境内的万、施、开、忠等州，到达遂州，知州陈愈开城投降。赵光义打开府库，将里面的金银财宝全部都分给将士。时任都监曹彬严令禁止士兵烧杀抢掠，才免去了川中百姓的一场血光之灾。赵匡胤得知东路兵秋毫不犯，纪律严明，极为高兴，重赏了曹彬。

乾德三年（965 年）年初，王全斌率军来到成都郊外的升仙桥。孟昶依照亡国之君的礼仪，脱光上衣，用绳子绑住双手，背负荆条，向宋军请罪。王全斌以朝廷的名义给他松绑，免去罪过。待赵匡胤收到孟昶的降表后，对他提出的关照其祖坟及老母的要求，予以应允，并命原西川的兵将、官吏与百姓像以前一样平静度日。

自王全斌入成都后，赵光义也率东路军到达成都。王全斌好不容易带兵拿下后蜀，为了庆贺，整日在蜀饮酒作乐，将所有的军政事务全部都抛到脑后。其部下在城中烧杀抢掠，令蜀中百姓叫苦连天。曹彬屡次请求宋军撤回到京都，可王全斌都没有答应。

随着时间的推移，王全斌的将领和士兵，都凭借各自的战功，在蜀地骄横跋扈，为非作歹。并且王全斌所领的宋军还与已降的蜀军产生摩擦。起初，那些投降的蜀军入京都前，会发给他们每人衣装钱，作为他们入京都的路费。后来这些衣装钱全部被王全斌等私下里克扣，他们还怂勇士兵抢掠已经发出的衣装钱。蜀兵异常愤怒，揭竿而起，自此蜀中大乱。

其实，对于王全斌的恶劣行径，赵匡胤早已知晓。但他深知，如果这时因为他的胡作非为而让他撤军，他定会疑惧朝廷而铤而走险，发动兵变。如果朝廷不闻不问，他必然也会平定叛乱，以求将功抵过。但是，当时的王全斌在蜀地已经离心离德，百姓对他已经产生了极深的怨恨，靠他平定叛乱已不可能。在这样的情况下，赵匡胤只能采取仁政来瓦解叛军了。他随即颁布了三条措施：一，继续留王全斌在蜀；二，委任原征蜀将领康延泽为东川七州招巡检使，安河使丁德裕为西川都巡检，充当平定蜀乱的领导人物；三，委派精干的州县官使入川，推行善政，以瓦解叛军的社会基础。这些政策，果然对平叛蜀乱起到了作用。同时，又颁布了一系列的惠及蜀民的政策，这也使宋军赢得了民心，蜀中的叛乱很快被平定。

至此，后蜀便被大宋收入囊中。这固然与赵匡胤的英明决策及宋军的英勇善战有关，但是宋军在平定蜀中后，并没有严明军纪，给当时的百姓带去了沉重的灾难。

王全斌虽然是智勇双全的将军，但其在取得胜利后，不懂得节欲自律，只顾寻欢作乐。当时他的内心已经发生了极大的扭曲，他的占有欲已经发挥到了极致。山高皇帝远，他早已经将赵匡胤的嘱托抛于脑后。只记得那个所有战利品都归西征战士的承诺，他丧失了作为一名统帅应有的冷静，所以才使宋军丧失了民心。

其实，在任何时候，人的忍耐都是有限度的，当无限制地触及底线时，即使身为弱者，也能掀起颠覆江山的万丈巨浪。王全斌的不理智将他的赫赫战功给抹掉了，最后换来的却是朝廷的罪当诛杀。虽然赵匡胤因念其战功而留下了他的性命，但他却从历史舞台上彻底退出，白白地断送了自己一身的才华，实在可悲可叹！

两征北汉，无功而返失利多

攻下并统一西蜀后，依赵匡胤计划，应继续南下拿下吴越、南唐等地，但是突如其来的一件事情使他不得不临时调整计划。北汉原皇帝为刘钧，死后其继子刘继恩上位。刘钧原本有十个亲生儿子，而皇位却落到了养子的手中。为了出师有名，赵匡胤打出了为刘钧讨回公道的旗号，进军北汉。

968 年，赵匡胤命李继勋火速攻下太原，虽然李继勋率众部将领不负众望，仅一个月的工夫便拿下了太原，但他们还是慢了一步。当时的北汉皇帝又换人了。刘继恩死了，此时北汉国内一片混乱，本来刘继恩想要杀掉朝中把持朝政的宰相郭无为，但是郭无为早已经做好计划，准备先发制人了。他与赵匡胤暗中联络，只要宋军能够兵临城下，他们就迫使刘继恩出降，不然就发动政变，将刘继恩推翻。郭无为因为抢先下手，使后汉皇位又空缺了。他们依照自己的意愿，推举了刘继恩的弟弟刘继元。但令郭无为未曾想到的是，刘继元并非像表面上那般乖巧听话，他是个比其哥哥还要狠的角色，生性阴戾，暴虐不堪。他登基后，立即诛杀了刘钧所有的亲生儿子，朝中的大臣，对他稍有不顺的，也随时被斩杀，搞得朝中人人自危，敢怒不敢言。

郭无为也意识到，这是赶走了虎，却又引来了狼。为了通过郭无为收复北汉政权，赵匡胤加重了对郭无为的承诺，亲自拟定了40多份委任书交给他。赵匡胤许诺给他的是安国节度使，给刘继元的是平卢节度使，还有对其余人的安排。但是个性自私的郭无为将剩下30多份委托书统统毁掉了。当他拿着赵匡胤给刘继元的委任书来到刘继元的面前时，这位新皇帝问他："你觉得，秦国公、检校太师兼中书令，这类的头衔如何呢?"郭无为以为这是新皇帝在与自己讨价还价，而新皇帝继续说道："或者说楚王，谥号恭孝呢?"郭无为这才意识到，这位新皇帝根本没有投降大宋王朝的意思。原来，他想借兵契丹铁骑来对付宋军。这让赵匡胤大失所望，这一次他不但没有拿下太原，还遭到了戏弄，这次出征北汉以失败告终。

回去之后，赵匡胤彻夜不眠，他很不甘心。于是便不顾所有人的反对，决定再次出兵北汉。当朝中所有人都持反对意见时，赵匡胤却有自己的打算，他觉得这是个机会。因为此时的北汉，朝中一片混乱。新皇帝暴虐无助，滥杀无辜，人心动荡。同时，契丹皇帝耶律述律也死了，契丹政局也不稳。而且没有人曾想到，吃了败仗的宋军此时会火速出兵。所以，此时前往北汉征讨的将军不是李继勋，也不是朝中的其他将领，而是北宋皇帝赵匡胤。

他命曹彬、党进为先锋，李继勋为河东行营前军都部署，赵赞为步军都虞候，而他本人则率领全军的主力。刚出师便遇到了不利因素，在开封与太原的北方平原上，宋军的主力还在宋朝国土上便被暴雨拖住了。而此时的李继勋已经率军到达了北汉的境内，此时镇守北汉的是大将刘继业，他在北汉被人称为"无敌将军"，但此次与宋军的交战中，他却败下阵来。刘继业是北汉的忠勇之士，他英勇善战，但他却接到后汉皇帝"不断偷袭"的军令，让他不断地后退。

赵匡胤率军到达太原后，命令大军四面围困，各自负责，李继勋在城东，赵赞在城西，曹彬在城北，党进在城南。但即日攻城的命令没有执行下去，他的将士们都在砌筑营房。于是在一个月黑风高的晚上，城门悄悄地打开了，西门出来了一群偷袭的人，刘继业的队伍成功地制造了混乱，甚至主帅刘赞也被乱箭射中。就在刘继业以为胜券在握的时候，宋军的援军到了，于是一群负责盖房子的杂牌军就这样把他赶出了营地。忠心不二的刘继业接到后汉皇帝的命令是不断地偷袭，一次不成，就再来一次。这次他偷袭的是行事粗糙的党进，但党进在关键时刻保持了冷静和清醒，直到将刘继业赶回到了护城河中。

这时北汉的信心也足了，因为契丹的援军也到了。这时赵匡胤宣来了深沉严肃的建武节度使何继筠，他镇守戍边20年，契丹的必经之路便是他的管辖区。两人商议对策后，何继筠便带着几千人马出发了。对方是契丹铁骑，面对以剽悍而闻名的部队，何继筠究竟有几成胜算，赵匡胤并不知道。

经历了一夜漫长的等待，赵匡胤时时登高望远，期待着来自何继筠的消息。第二天中午，何继筠的儿子果真传来捷报，契丹大败。何继筠缴获了大量的马匹和铠甲。赵匡胤命人将契丹军的铠甲首级挂起来给北汉的将士看，这彻底击破了北汉寄希望于契丹援助的美梦，北汉军心开始动摇。

赵匡胤与北汉军在太原相持几天，自围城以来，宋军也是死伤无数，损失惨重，而太原城却仍旧攻不下。赵匡胤意识到，倘若如此强攻下去，要付出的代价会极大。这时，有人向他献出一计，即用汾河水灌城，水攻太原，可以不伤一兵一卒。于是，全军就按此计划开始行动。

几天之后，汾水开始流入城中，城中大乱。北汉军见水口越冲越大，便纷纷用竹笆、木桩前去挡水。城外的宋军弓箭对准水口，万箭齐发，使得北汉军民无法用东西去堵水口。正值危急时分，却见一草垛自水上漂过来，北汉人大喜，十几个人将草垛推向水口，任由宋兵万箭齐发也毫无用处。如此一来，水口即被堵死。此时水深已经快要漫过城头，宋军也是无可奈何。

再说刘继业，其铤而走险，选择以赵匡胤为目标，夜里诈降，但也落得个失败而归。刘继业行骗的事真正激怒了赵匡胤，他决定急攻太原，拿下刘继业的人头。但换来的却是更多将士的死亡，愤怒过后的赵匡胤也真正地清醒了。他不能让将士跟着自己白白断送性命，决定班师回朝。

当时所有人都说宋朝战败了，但唯独赵匡胤明白，留着北汉不过是挡住契丹的一个铁蚕豆，如果拿下北汉，大宋与契丹就是接壤国了，就算能够与契丹和平相处，也要布设大量兵力。一旦征战，倾尽国家财力、兵力也不会有十分的胜算。

果真，自此之后，北汉的日子也很不好过，有了这样一个使得大家人人自危的皇帝，人心开始向背。契丹的援助也不会是无偿的，大批的进贡已经让北汉百姓穷困潦倒。如此下去，拿下北汉也是迟早的事。

两次出征失利，损失惨重，这让赵匡胤意识到了开疆扩土的不易之处。也正是这个原因，注定了大宋王朝与大唐帝国不同，宋朝一直没有唐朝时期的霸气和开放，只是小心谨慎地守护着生死追随的将士们用鲜血浇灌来的疆土，小心翼翼地维护着头顶的晴朗宁静。

出兵南汉，民心所向俘淫主

两征北汉，无功而返，让赵匡胤有点失落。此时的他急需打一场胜仗来激发自己的斗志，他将目标对准了南汉。

开宝三年（970年），南汉昏君刘鋹昏庸无能，奢侈残酷，南汉政权在腐败中摇摇欲坠。赵匡胤决定出兵征战，夺取南岭。其实，南汉的第一任皇帝为刘陟，其每年都修建宫殿，奢华无度，过着骄奢淫逸的生活。另外，此人还甚好酷刑，他曾命人将古代留下的所有酷刑用具都备齐全，还增加了水狱，当时的岭南人称他为“真蛟蜃”。他的后代每次登基都会将其他的兄弟赶尽杀绝。在刘鋹继位后，更是奢靡无度，他将朝中绝大多数的高官都变成了太监，他对一个波斯女人甚是宠爱，赐号为“媚猪”。此次赵匡胤出兵再也不用费尽心思地寻找理由了，他这次攻打南汉完全是替天行道：救黎民于水深火热之中。

这一次征战南汉，他派出的是有“大宋第一名将”之称的潘美。潘美本是河北人，父亲是一名普通的将领，他起步极低，但却胸怀大志，从后周开始便崭露头角，到陈桥兵变时，他敢于一个人先回开封。在宋朝确立后，他又单骑入陕，带回了赵匡胤的宿敌袁彦，其胆谋可见一斑。

据史记载，陈桥兵变后，赵匡胤看到周世宗柴荣的儿子，赵普认为要斩草除根，以绝后患，而潘美却沉默不语。这让赵匡胤当时动了恻隐之心，留下了两个孩子的性命。后来，潘美还将周世宗的一个孩子抱回家，当作自己的至亲抚养，可见潘美是位有良知的将领。

身为大宋王朝的名将，潘美此次被赵匡胤点将，他正跃跃欲试。但赵匡胤给他下的第一条命令不是去征战沙场，而是让他南下让李煜给刘鋹写一封信，劝他归降。李煜果真照做，刘鋹看到劝降信后，顿时暴跳如雷，随即下令扣押了南唐的使者，并且回了信，李煜看过后，又将信转交给了赵匡胤。此时的刘鋹已经开始做与宋兵交战的准备，他先是派兵进攻宋朝的道州。

这时，潘美方才接到了赵匡胤出兵的命令，他进兵的第一目标是贺州。当时南汉的许多良臣猛将都被昏聩的刘鋹诬陷而死，其宗室也被杀戮殆尽，国库也被挥霍一空，船只与器甲丝毫未修缮，军备极差。等到宋军压境时，刘鋹方寸大乱。当时朝中唯一能用的便是大将潘崇彻。潘崇彻原是南汉的旧将，战功赫赫，刘鋹即位是任南北面都统。后来，刘鋹因听信谗言，对他极度不信任。再后来，多疑的刘鋹又命人彻查潘崇彻的“罪行”，并且暗中吩咐崇岳：“一旦发现可疑形迹，就将其处死。”由于潘崇彻的严加防范才免遭毒手。但刘鋹还是夺了他的兵权，可在宋兵压境之时，刘鋹却又想让潘崇彻出兵救难，对方自然要摆架子。刘鋹见他不肯受命，一气之下便命伍彦柔率兵前往救援。

可伍彦柔哪里是潘美的对手，刚一出兵，就被潘美的伏兵活捉，之后他也被砍头示众了。但是后来真正拿下贺州的并非是潘美，而是负责调用军用物资的文官转运使王明。潘美认为，攻城不仅消耗时间和财物，而且对人员的损耗也极大。于是，他命王明带着其手下的千名兵丁，拿着锹、铲以及其他农具，填平了护城的壕沟，攻下了贺州。

很快，潘美带兵冲进番禺。这时刘鋹启用了潘崇彻，命他守住贺州。然而真正的关塞是韶关，那是兵家必争之地，但是刘鋹却根本不懂。刘鋹采用大象阵法，不仅没有挡住潘美的进攻，而且正是这种大象带着宋军冲过了韶关，刘鋹派出马迳做最后的反抗，马迳修葺了他们心中的最后屏障，但那充其量不过是一道栅栏，一把火之后，兴王府就在潘美眼前了。

此时的刘鋹本想携带着金银珠宝及妻妾逃走，但他平时却不懂得体恤下人，手下的宦官将十几船的珠宝都私自运走。刘鋹已经众叛亲离，于是只好选择投降赵匡胤。他命人写好降书，送往开封，可迟迟等不到回音。

刘鋹无处可逃，连投降都没有回应，在绝望之余，他决绝地烧毁了宫殿中所有的宝物。另外，这也是为了激发南汉兵将的士气，想让他们置之死地而后生，能在最后关头与宋兵决一死战。但最终还是未能如愿，南汉的覆灭已经成为不可阻挡的大势。

开宝三年（970 年），刘鋹被潘美押回开封交给赵匡胤。赵匡胤赦免了他的罪责，将他安排在京郊的玉津园居住，赵匡胤曾派参知政事问过他这样的问题："为何烧毁府库中的财物？"而刘鋹将罪过全部都推到了大臣龚澄枢、李托的身上，以此来证明自己的"清白"和"无辜"。

971 年，赵匡胤用布帛拴着刘鋹的脖子，拉他去太庙献俘，然后又赦免了他，封他为左千牛卫大将军，爵位是恩赦侯，从此过上了舒适安逸的侯爷的生活，只是还在监控的范围内。

赵匡胤征服南汉固然是民心所向，大道所归，但在其征战过程中，宋兵对南汉百姓的侵扰和掠夺，使其声名大幅降低。刘鋹这个荒淫无度、狂傲自大的南汉国主，最后只能落得个降王的结局。虽然他晚年在开封过着侯爷的生活，但不到40岁就死去，可悲可叹。当年他在金银珠宝装饰的宫殿大杀战将的时候，是否曾想过自己会有如此悲惨的命运呢？

罢黜赵普，过分嚣张便是自取灭亡

赵匡胤在平定南汉后，众人都认为他该向南唐下手了。当初他拿下南汉，其主要也是为了威慑南唐后主李煜。但是，这位深藏不露的大宋帝王却有着自己的打算，他立即命人在长江上游，也就是汉阳地段屯积重兵，而此时的南唐就在长江的下游，如此看来赵匡胤是要一鼓作气，攻下南唐了。

但是宋军却没有挥师再下，当时的李煜听到此消息后，也是极为害怕的。他主动写信给赵匡胤要求自降一级，并且给他们送来大批的贡品以示效忠，而此时的赵匡胤似乎也找不出理由来对付南唐后主，他收回了在汉阳的部队，对南唐后主表现出了难得的宽容，这种宽容政策足足持续了三年的时间。

在这三年时间里，赵匡胤将注意力转到朝堂内部。当时的他为了使大宋王朝未来得以繁荣发展，在国内大设科举，为朝廷收罗人才。他开创了中国的殿试，将皇帝的面试变成了终极面试，天子门生的说法也至此开始。而对周边的国家，他也没有大兴武力，除了偶尔给南唐的君臣使下小小的绊子。值得一提的是，他与契丹正式开始互通贸易。

另外，对于大宋王朝的政治体系，也因为赵普的落马而重新洗牌，赵匡胤加封了其弟赵光义为开封府尹外加晋王，再有就是朝内大大小小的烦琐事情让赵匡胤继续开疆扩土的政治野心在三年时间内都没能得以施展。如果长江对面的不是李煜，而是另一位力求自保的君主，那么，在三年时间内，足以让他加固工事，发展经济，壮大自身的军事实力，虽然不能够真正地抵抗大宋王朝的攻击，但至少也可以让赵匡胤大伤脑筋。但南唐的这位后主李煜却是毫无忧患意识的君主，明知道在不远的将来会成为大宋攻击的目标，他还是在山温水暖中继续着自己的美梦。

在大宋朝廷，赵普一直是个正直的、令人尊敬的丞相，他志存高远，深谋远虑，随时随地为赵匡胤分忧解难，他是赵匡胤身边不可或缺的人才。生性谨慎的赵匡胤，对这位辅佐自己的大臣有着极为特殊的依赖，即便是犯了错误，他也只能是睁一只眼，闭一只眼。但是有一件事情却触碰了赵匡胤的底线。

971年，北宋还未彻底将南汉征服之时，三司使弹劾赵普，说他目无国家法纪，贩运木料，大兴土木。赵匡胤大怒，一向正直清明的人做出如等事情，赵匡胤无论如何也无法接受这样的事实。他觉得赵普隐藏得太深，这样心思缜密、心计颇深之人在自己的眼皮子下面要把戏是赵匡胤无论如何也无法接受的。他直接找来另一位宰相王溥，商量该如何处置赵普。王溥笑着回答说，这一定是三司使故意诬陷赵普，最终那位三司使被下放汝州。这件事情是赵匡胤在力保赵普，他太爱惜有才之人，对赵普的这些越矩行为睁一只眼闭一只眼。虽然这件事情平和地过去了，但赵普在赵匡胤心中正直、高大的形象被破坏了。

第二次，南唐后主李煜给赵普送来了五万两白银，但是自从有了上次的事情后，赵普没有敢收李煜的贿赂，便直接给了赵匡胤。赵匡胤没说什么，只是示意让他收下，并记得向李煜写致谢信。此次是赵普奉命收受贿赂。而当李煜再次朝见赵匡胤时，赵匡胤又多赏了他些金子，这些金子的数目折合成银两，恰恰是他上次送给赵普的银两数。赵匡胤之所以这样做，就是要给李煜和赵普一些警示。自此之后，李煜再也不敢做任何僭越的事情，对于赵匡胤的宽厚也感恩戴德。

第三次，赵匡胤突然到赵普家里，看见他的墙边摆着十个瓶子。赵普说瓶子里面是吴越王送给他的海鲜。可是打开一看，里面装的全部都是金子。这一次吓得赵普连忙跪下，声称自己根本不知道里面装的是金子，而此时赵匡胤却哈哈大笑，一句“国家大事怎么是一介书生能做主的”就将此事略过。如按当时大宋的法律，此可算得上是私通敌国的证据，足以置赵普于死地了。

赵普在赵匡胤身边做宰相十年，即便是犯了上述罪过，赵匡胤也会网开一面，那么最终又如何落得个被罢免的下场呢?

这里就要从枢密使李崇矩说起。李崇矩当时手握兵权，而赵普则身居高位，这两人本来相安无事，但两人却联姻了。这次联姻堪称是两人此生最大的一次败笔。这不仅触动了皇权，而且还刺激了赵匡胤那始终处于不安状态的神经，并让他久久无法释怀。

当然，这次联姻并非赵普和李崇矩有心安排，而是赵普的儿子和李崇矩的女儿两情相悦的结果。本来两个年轻人门当户对，喜结连理是件好事，但他们犯了一个大错，即专权。枢密使李崇矩手握军权，与赵普合起来就等于将宋朝的军政大权揽在手中。这是赵匡胤绝对无法容忍的。于是，李崇矩被降职，理由是收受贿赂，虽然最终查明是被诬陷，但仍不能改变他被降职的命运。

为了削弱赵普的权力，赵匡胤随即下令重选堂后官，并且要求三年一换，这就等于在翦去赵普的羽翼。此事两个月后，赵普便又被一个到京城告御状的人告到了赵匡胤那里。这次，赵匡胤对告状之人给予了奖励，这也意味着赵匡胤对赵普的偏爱荡然无存。

最后，压垮赵普最后一根稻草的是卢多逊，他一又一次地告赵普的状，说赵普贪赃枉法，说他纵容手下。如果换作之前，赵匡胤会对此视而不见，不了了之。但这次，赵普被赶出了开封，赵匡胤给了他河阳三城节度使，同平章事，这意味着让他挂着宰相的头衔去休假了。同样也意味着，赵普失宠了。

赵普从赵匡胤的心腹，到被降职，都是因为他在权倾朝野的时候，不够谨慎，太过得意的结果。有人说，赵普是被小人所诬陷，但如若他能做到洁身自好，自己没有一点毛病的话，如何能被人抓到把柄呢？

赵普为了独揽大权、独断朝纲，最终强势疯狂到了何等地步呢？据史料记载，赵普曾在自己的政事堂里，明目张胆地放了一个壶，凡是大臣送来的奏章，甭管轻的、重的、缓的、急的，只要赵普看不顺眼，他就往壶里一扔，等这个壶满了，他便命人将这些文件拿出去，放一把大火全部烧毁了事。可见，如此行事，赵普也算是嚣张到头了。这也说明，权力可以让人失去理智，甚至丧失人性。

宋灭南唐，卧榻之侧岂容他人鼾睡

南唐后主李煜尽管对赵匡胤表现得温顺服贴，但赵匡胤还是要对南唐下手。这是赵匡胤身为一个野心勃勃的雄主该做的事情，无论他是一个怎样仁义的君主，其战略部署都不会因为李煜而温和，或者因为自己的宽厚而停下扩张的脚步。

其实，冰冻三尺，非一日之寒。自后周显德五年（958 年）后，南唐便不修内政，君王醉生梦死，寻欢作乐，其与中原大宋的国力日趋悬殊，即便赵匡胤不出兵，南唐的灭亡也是早晚的事。

赵匡胤登基不久，南唐国主李璟便派使者带着绢布、银两等贡品到汴京朝见赵匡胤。那时宋朝为了镇压叛军李重进，在全力操练水军，李璟心中极为害怕，不敢直面赵匡胤，便派儿子李从镒与户部尚书到扬州去慰问宋军。后来，李璟为了防止宋军南下，更是对赵匡胤礼遇有加，不敢有丝毫的怠慢之意。直到建隆二年（961 年）病逝，他对赵匡胤还是胆战心惊。

后来，李煜继位，南唐的都城由金陵迁往南都豫章城（今江西南昌）。李煜本是李璟的第六子，聪敏好学，作得一手好诗词，尤其擅长书画，通晓音律，是个才子皇帝，但在政治上却毫无建树。即位之后，他曾想励精图治，振兴南唐，下令国中四品以下、九品以上的官员，每天轮流等候召见，商议强国之策。然而，尽管许多才高位卑的人给他提出诸多的建议，他却不去实施，这让所有大臣都备感失望。

看到南唐后主不作为，诸多将领便有了投降大宋的想法。建隆三年(962年)，一些南唐将士投降宋朝，但其家眷仍旧留在南唐，赵匡胤命诏李煜，将这些人的家属全部都送到江北来。这时的南唐政权已经摇摇欲坠，南唐后主不闻政事，天天沉湎于佛法，在宫中大建寺院，与诸多的尼姑、和尚天天诵读佛经。他的这种对政事漠不关心，对守卫疆土不上心的做法，给了赵匡胤以可乘之机。

为了“师出有名”，赵匡胤只是说自己非常想念李煜，请他来开封陪伴自己。可胆小怕事的李煜根本不敢去，他派自己的亲弟弟李从善带着贡品前去拜见，但却被扣押，一直未归。李煜知道，他一旦过长江北上，就可能再也回不来了。于是他不断地称“病”。后来，赵匡胤对他的邀请越来越强势，李煜到了无法容忍的地步，于是他告诉宋朝的使者：臣事大宋恭敬，原为保全祖宗社稷，如此逼迫，不如一死。他说着就在自己的朝堂之上向一根柱子撞去，但却被文武百官阻拦了下来。但是，他的这种做法已经被大宋王朝知道了。

其实，李煜虽然不务政事，但也有自己的底线。自宋灭南汉的三年来，他不是没有机会。当年宋朝绕过南唐攻打南汉时，他的水军大将林仁肇曾经来找他，告诉他宋朝必先灭后蜀，后灭南汉，往返数千里路，现如今如果去攻打他们兵力最为薄弱的淮南地段，一定能将失去的江北地区夺回来。李煜对此毫无反应。林仁肇又说道：“当我起兵去攻打南宋兵力薄弱的地方时，你可以对外宣称我叛变了，如果我能够胜利，那就是国家的胜利，如果我失败了，你就说我是叛军，诛杀我的全族，这样大宋也不会怀疑你了。”李煜思忖良久后，却未答应林仁肇的请求。

后来，南唐枢密院卢绛奉旨沿江巡检，他提出了联合吴越抗击大宋的方案，但却没得到李煜的回应。他又向李煜报告了自己的实施方案：即放出假消息说南唐的宣议处、歙州等地叛乱，然后邀请吴越援兵，只要他们进入南唐，南唐就发兵截断他们的后路，卢绛再领兵偷袭杭州，这样便能一举拿下吴越等地。

可卢绛的妙计也没有得到李煜的答复，他每天只是沉迷于佛法，对现实中的一切已经表现得漠不关心。卢绛见此长吁了一声便离开了。最后来的是一位位低言轻的内史舍人，名为潘佑，见李煜如此沉溺于佛事，将国主比作了“夏桀、商纣、孙皓”等。其实，很多臣子都在皇帝们面前说过前两个昏君，但是第三个名字却惹怒了李煜，因为孙皓是一个降王，也是一个亡国之君。

对此，李煜逮捕了潘佑，潘佑便在狱中自杀，潘佑的好友户部侍郎李平也被株连，理由是潘佑之行为都是李平的挑唆，李煜在狱中赐死了李平。这给李煜的名声带来了恶劣的影响，但南唐的子民已经不再震惊了，因为李煜一年前就赐死了忠君之将领林仁肇。那位忠心不二、立誓要保家卫国的将军，因为赵匡胤的一个小小计谋，李煜就上了当，将其诛杀了。

现在，听到大宋王朝要起兵南下，李煜终于坐不住了。他给吴越王钱俶写了一封信，信中邀请他一起对抗大宋。但钱俶却把信直接转交给了赵匡胤。赵匡胤立即怒了，他通知吴越，要他们直接出兵配合宋军攻打南唐，吴越朝中上下一片沸腾。大家都在议论如若南唐覆亡了，那谁来挡住宋军。可钱俶却答应了赵匡胤的请求，全力支持宋兵攻打南唐。吴越宰相大怒，质问吴越王钱俶说，怎么如此的懦弱，钱俶立即撤了宰相的职。其实，他有自己的忧虑，如若他不配合，宋兵就会先发兵吴越，那时候南唐也不会出兵支援，最终只落得个国破人亡的下场。

赵匡胤在攻打南唐之前，先跟李煜要了一户樊姓的人家，然后以修葺天下方志为由，要了南唐诸州的州志，将南唐的山川地形、户籍多寡等尽收眼底。然后才以李煜“倔强不朝”为名，进攻南唐。此次的主帅是曹彬，先锋是潘美。宋军兵分五路，胜利在望。

南唐军本以为宋军又是来长江边操练水军的，突然就打到了眼前，南唐的部队还为宋兵准备了大量犒劳的酒肉及物资，以前宋军都是拿了东西，吃喝完毕后便离开，而这次却是来攻城略地的。

当时南唐的水军大将林仁肇已被李煜杀掉，如今没有人能够挡住宋朝水军的步伐了。李煜眼看着南唐四壁受敌，却无能为力，这个时候，曹彬的军队已经攻到了采石矶下面。那群北方人在采石矶上修建了一座南唐人看起来非常不可靠的浮桥，然后就这样冲过了采石矶。选择此地的就是那位樊姓人家中的一个落地举人，那个举人曾一度想要议论国事，希望李煜能够励精图治，但总是失望而归。然后便隐居于采石矶一带，以打鱼为生，也为设计浮桥埋下了伏笔。

大将曹彬和潘美，都是有勇有谋的大宋名将，此次攻打南唐可谓是手到擒来，很快便攻下了金陵城。南唐的李煜也启用了皇甫继勋，这位将军采取的是“死守”战术。他不出去迎敌，也不让那些早已经准备好突袭的士兵们出城。就这样，金陵在宋军的连绵攻势中僵持了五个多月。这期间，李煜派出了江南有名的辩才徐铉北上与宋太祖求和。这位江南才子站在大宋的朝堂上，质问江南何罪之有，恼羞成怒的赵匡胤吼出了一句传世之言：天下一家，卧榻之侧，岂容他人鼾睡。

此时，南唐的十万水军已经败下阵来。金陵城边，南唐的将帅们上演了悲壮的一幕：所有的将帅组成敢死队，决定与宋军决一死战。最终却被宋军全部灭掉。曹彬带军入金陵城，并与军队约法三章：不妄杀一人，不抢掠民众。这为大宋收复南唐赢得了民心。

976 年，李煜投降北宋，一个月后，吴越王也到开封朝贺，并表示要臣服大宋。江南各省自此都归到宋王朝的统治之下。

兄仁弟不恭，身边豺狼羽翼丰

攻下南唐后，赵匡胤已经50岁了，在这样一个“知天命”的年纪，赵匡胤感慨颇多。他时常回忆起自己年轻时的光辉岁月。他21岁离家出走，从一个无名小士兵，一步步地靠着自己的智慧和勇敢成为一个君临天下的帝王，上天给他的足够多，但也从他身边拿走了许多重要的东西，比如父母亲情。当年他跟随周世宗攻下滁州时，他的父亲半夜叫门，当时他为了严明军纪，没有开门，结果使父亲病死他乡。每每想及此，他都痛惜不已！当年陈桥兵变，他黄袍加身，从此统治天下，而这一年光景刚过，他的母亲也随之病逝。丧母之痛，冲淡了他的称帝之喜。

后来，他攻下湖南、后蜀、南汉，如今他又荡平了南唐，天下眼看要被他尽收囊中，但他怎么也高兴不起来。他建立了浩荡的功业，却在此过程中，感受到世间无尽的凄凉和哀伤。当他发现自己的至亲弟弟背着他争权夺利、培植党羽、与皇权相抗衡的时候，他的心更为悲凉。赵普落马，赵光义夺权，权力成就了他，但权力也使他失去了太多的至亲好友。

赵光义是赵匡胤的弟弟，自小聪颖而不群，与别的孩子游戏，都畏服于他。960年，赵光义参与陈桥兵变，拥立哥哥为帝。赵匡胤即位后，封赵光义为殿前都虞候，领睦州防御使，不久领泰宁军节度使。征讨李重进之后，赵光义被封为大内都部署，加同平章事、行开封府尹，再加兼中书令。进占太原之后，赵光义又被改封为东都留守，别赐门戟，封晋王，位列宰相之上。

此时的赵光义是开封的府尹，他的权力范围一直很是模糊，当赵匡胤在开封时，他主要处理的是开封的事务，当赵匡胤御驾亲征时，他掌控着朝中所有的事务。他是哥哥的亲信，也是帝国稳定的基石，赵匡胤对他给予了莫大的信任，也给了他极大的权力。同时还不忘培养他，为了让赵光义建功立业，力压群臣，不惜遥授君命。

赵光义也没有让哥哥失望，黄河决堤，在财力不足的情况下，最好的处理办法就是裁撤禁军，而这势必不利于朝局的稳定。但是赵光义在不动禁军的情况下，顺利地解决了这个难题，这不仅让赵匡胤大吃一惊，还让当时身为宰相的赵普甚为汗颜，也助长了赵普的戒心。可如今的赵光义已经不是在哥哥的呵护下，羽翼未丰的雏鸟，他已经在大宋帝国的各行各业、朝堂之上，都渗入了自己的力量。

赵光义不仅与京城中的高官交往甚为亲密，甚至还开始贿赂西川的知州，赵匡胤知道了，即便是自己的兄弟他也无法容忍，他怒斥了赵光义，制止了他的这种行为。然而，赵光义却没有停手，他甚至还贿赂禁军殿前司控鹤指挥使田重进，这个日夜守卫京都，保护赵匡胤安全的人。

赵匡胤对弟弟的这些行为，都看在眼里，但他甚感无奈，兄弟的情谊在权力面前竟也变得如此不堪一击，他深感寒心。弟弟的势力已经渗透到了大宋的各个支脉，随时都可能让大宋王朝乾坤扭转。当时身为宰相的赵普势力也极大，一国三主，他已经无心到江南去打仗，开疆扩土了。后来，赵普被罢黜，闲居洛阳。赵光义没有了赵普的压制，更加肆意妄为了，赵匡胤看在眼里，可却无能为力。

攻下南唐后，赵匡胤便带着晋王赵光义和文武百官一起涌向洛阳。按照惯例，每次赵匡胤外出，都是让晋王守城，而此次他却让自己的次子赵德昭和三弟廷美守护开封，这也表明了他对赵光义已经起了疑心。

此次洛阳之行，赵匡胤先是在父母的陵前悲伤痛哭，然后又巡视洛阳，拜望赵普。此时的赵普虽然位任河南三城节度使，但是一直闲居在洛阳，不理政事。此次与老友叙旧，勾起了他诸多美好的回忆。回到开封城后，赵匡胤突然宣布要迁都，将皇城从开封迁到洛阳。此时群臣听罢此提议后，都不敢劝谏。这时，突然有一个人站出来表达了自己的看法。这个人便是铁骑左右厢都指挥使李怀忠，他说开封有漕运，洛阳没有，无法运粮，府库和重兵全都在开封，不能轻易动摇。

赵匡胤听罢，完全没有理会李怀忠，但这次真正着急的人站出来了，那就是赵光义。这些年，他大力地在朝中培植自己的党羽，集结自己的力量，此时若要迁都，就等于在削弱自己的力量，那么之前所做的努力全部白费了。

于是，他列举出各方面的理由，说明迁都的种种弊端，认定开封才适合大宋的发展。开封的地利其实确实不适合做都城，因为其四面都是开阔的平原，比起洛阳与赵匡胤规划中的西安，都要差许多。但是，赵光义一句话便噎住了哥哥：在德不在险。他此话的意思是说，身为帝王，要守护天下，坚固国都，靠的不是天险地势，而是人心。在沙场中征战多年的赵匡胤此时完全可以抛开弟弟，拿出李煜的例子佐证自己的想法是正确的。或者他可以将弟弟直接发配边疆，让他体验人心和天险孰轻孰重。

但是赵光义的话，让他哑口无言。并不是说那几个字的分量有多重，而是当时的赵光义已经羽翼丰满，赵匡胤虽为帝王，但这时也不得不顾及权倾朝野的弟弟的言论。依照赵匡胤的本意，他迁都后，一方面可以避免开封四面都是平原的地理劣势，另一方面，他迁都后可以削弱赵光义的权力，进而名正言顺地推举自己的儿子为太子。但这一切却因为赵光义的一句话而作罢了。

果不其然，赵匡胤在征讨北汉的途中，突然身亡，赵光义便替代赵匡胤的儿子接替了皇位，足可见其豺狼之心。

三征北汉，出师未捷身先死

宋太祖赵匡胤在征讨天下，屡屡取得胜利后，天下大部分领土已是尽收囊中。他曾两征北汉，都无功而返，其中一次还是御驾亲征，但都没能啃下北汉这块硬骨头。在他征服南唐后，北汉已经成了他的一块心病，他觉得要统一全国，一定要拿下北汉。

976年，赵匡胤终于下达了北征的命令，这是他第三次挥师北上，这一次赵匡胤命令侍卫马军都指挥使党进为河东道行营马步军都部署，此次北伐兵分五路：第一路由郝崇信、王政忠出兵汾州；第二路是阎彦进、齐超等部出兵沁州；第三路是孙晏宣、安守忠出兵辽州；第四路是齐彦琛、穆彦璋出兵石州；第五路是郭进出兵代州。五路军队齐头并进，进攻太原。

这一次北伐出兵与前两次相比，大宋的国力更为强盛，战将更为轻车熟路，宋朝用的都是百战精兵，承接着平定江南的虎狼之力，打算一举攻下太原城，彻底攻占北汉。当时北汉的刘继恩已经无法振作兵力了，他集结了为数不多的守城部队，向契丹发出了求救的信号。

但是，当下的契丹已与当年火速支援的契丹不同了。一方面它已经与宋朝互通了贸易，两国之间往来极为频繁。另一方面是刘继恩的北汉，近年来已经没能给契丹进贡什么东西了，北汉对于契丹而言，也算是油尽灯枯了。刘继恩抱着一线希望向新任的契丹皇帝求助，希望他能够看清楚大宋皇帝赵匡胤的真面目，帮助自己击退宋兵。

再看看大宋的出场大将，都是驻守西北边疆良久的老将，他们对进攻太原轻车熟路，有的甚至不止一次带兵杀到了太原城下，这样的任务对他们来说再合适不过了。另外，潘美、党进等将领，都是能以一当百的猛将。当年九月，契丹也给北汉的刘继恩以回应，契丹皇帝派出了南院宰相耶律沙，冀王耶律敌烈带领契丹重兵前去救援，这才使北汉从水火之中脱离出来。

所有的信号都表明，一场血腥的战斗即将上演，处于巅峰时刻的宋朝军队与刚刚从辽穆宗的昏庸中解放和苏醒过来的契丹铁骑将直接交锋，两军对垒，生死难卜，北汉花落谁家也极难预料，这场战场的结局可能会直接改变历史的发展方向。那些在战场上厮杀得红了眼的士兵甚至能感到身上血脉的膨胀，那是大战前的兴奋与激动，那是对胜利的渴望，与对恶战的恐惧，每个人都处于一种被激化的状态，人人都在期待两个北方强国的终极对战。

就在所有人都感到危机重重的时候，一个消息如同晴天霹雳一般，掀起了千层浪。这个消息足以震天动地，足以让数万宋朝将士在瞬间僵住：他们的皇帝死了。那位英明神武、雄才伟略的帝王，本该在开封城内等着他们凯旋的皇帝，竟然离奇地去世了。晋王赵光义即位，为宋太宗。其中的缘由，亦成为千古谜案。

宋太祖赵匡胤在即位后，尊其母杜氏为皇太后，而杜氏十分偏爱赵光义，并于建隆三年（962 年），在自己弥留之际以赵普为证人留下“兄终弟及”的遗言，这便是历史上“金匮之盟”一说的由来。但是在杜氏死后，赵匡胤却不愿意遵从母亲的遗嘱，他本想让自己的儿子继位，但赵光义却在暗中培植自己的力量，为自己以后登基做准备，为此两人积下了极深的矛盾。

开宝九年（976 年）十月，赵匡胤突然病重。起初，位于陕西周至县的县民张守真家突然有神降临，自称是玉皇大帝的辅佐，号黑杀将军，从此只要张守真焚香祭请，黑杀将军就会降临，并伴有呼呼的风声，能够预测人的吉凶祸福。自那以后，张守真请神，对赵匡胤的吉凶祸福进行占卜。果然，黑杀将军又按时来了，说：“天下宫阙已成，玉锁已开；晋王有仁心。”再问已无任何声音。这两句话便暗示了赵匡胤即将死亡，应该传位给晋王。赵匡胤听了，让人将弟弟赵光义叫来，以嘱托后事。左右人员全部都被屏退，兄弟两人在商量要事。外人听不到说话的声音，只是远远地看见烛光摇曳，期间赵光义离开座位，像谦让的样子。一会儿，宋太祖拿起旁边立着的柱斧，大声地对赵光义说："好自为之！"第二天一早，赵匡胤便驾崩，这便是历史上"斧声烛影"一说的由来。

另外，也有史书记载：在赵匡胤病重的当晚，兄弟俩谈到半夜，赵光义才在大雪中出宫。赵匡胤入睡之后，侍寝的差官听到鼾声如雷，不久便发现情况有异常，一看发现他已经咽气多时，急忙通报宋皇后。夜里四更左右，宋皇后命内侍王继恩将贵州防御使，即赵匡胤的儿子赵德芳召入宫中。据传，当时的宋皇后与赵光义有染，为了避人口舌，才没有传赵光义进宫。内侍王继恩听说宋皇后要召见赵德芳而不是晋王，颇为惊诧，他不知皇后避叔嫂之嫌的深意，以为她想拥立年幼的赵德芳，然后再挟天子以令诸侯，垂帘听政，觉得此事不可行。于是假意去传赵德芳，却直奔晋王府。刚好，当时的医官左押衙程德元因听到有人叩门喊"晋王召见"，开门却不见人影，便以为晋王生病，特来晋王府看看。于是两人一同拜见晋王，并禀明了赵匡胤驾崩的消息。晋王大惊失色，对是否要争夺皇位犹豫不决，拖延了极长的时间，才与王继恩、程德元一同来到宫中。宋皇后见王继恩抗旨召来晋王恐惧万分，联想到历代为争皇位流血残杀的故事，便妥协了，同意晋王即位，但要求他保全她母子几人的性命，晋王一一答应。

于是，赵光义便如愿地做上了皇帝。其实，关于赵光义得帝位，无论哪种说法更符合事实，都暴露了赵光义的豺狼野心。他跟随哥哥多年，位高权重，私下结党，权力已经让他迷失了。

赵光义即位后，为了早日完成哥哥的遗志，他励精图治，使吴越归降，出兵太原，统一北汉，北伐幽燕，将割据势力完全荡平，使大宋朝基本完成了统一大业，使社会得以恢复和发展，国力昌盛，吏治清明，创造了封建社会的又一个太平盛世，史称“雍熙之治”。

在登上皇位四年后，赵光义便出兵讨伐北汉。为了快速地统治北汉，赵光义下令毁掉太原城，原榆次县改为并州，而将原并州内的僧道富户迁入洛阳。之后，赵光义登上太原城北的沙河门楼，派人分片地驱赶城内的居民迁入新并州，纵火烧屋，许多老弱病残都被烧死在城中，这也是赵光义丑恶的一面。他为了完成统一大业，不惜以牺牲百姓为代价，这样的帝王无论建立多大的功业，都不能算得上是真正意义上的好国君。

第三章

内忧未除，外患来袭：在穷兵黩武中渐衰

北宋初期，赵氏政权所建立的高度集权制度虽对统一全国极有利，加强了对民众的统治，但却在客观上加重了百姓的负担。因此，国内不断地出现“内忧”，即小规模的农民起义，其中最为著名的就是发生在四川的王小波、李顺起义。淳化四年（993 年），王小波率众于青城县起义，提出“均贫富”的口号，得到广大农民的热烈响应。不久，义军攻取成都，建立了大蜀政权。宋太宗大为震惊，派重兵前去镇压，同年五月，起义失败。

由于宋朝常年征战，巨额的军费开支与行政官员费用支出致使中央财政入不敷出，陷入窘境。北宋政府由初期的锐意进取转而实行“守内虚外”的政策，以预防“内患”为重心。对北方的辽与西夏政权采取避让的政策，尽力避免开战，而以协约的形式代替战争。在这种策略的指导下，宋真宗时，北宋政府与辽签下了“澶渊之盟”等屈辱条约。因而，在当时的中原大地上，呈现出宋、辽、西夏等政权对峙的局面。这也意味着，北宋自此开始走向了衰弱之路。

稳定人心，欲攘外必先安内

登上皇位后，赵光义首先要做的就是“安内”，即稳定人心。赵光义深知，要“攘外”去完成哥哥的遗愿——统一天下，必先要“驭心”。他的“驭心”之策是从皇族内部开始的。他先将赵匡胤的皇后封为开宝皇后，赵匡胤的次子德昭封为武功郡王，封永光军节度使、京兆尹兼侍中，位列宰相之上；太祖皇帝的四子德芳由贵州防御使升迁至山南西道节度使，同平章事；赵氏的三弟赵廷美封齐王，开封府尹兼中书令，位列宰相之上。

从赵光义即位时起，赵匡胤与赵廷美的后代都享受着与皇帝赵光义的子女们同等的待遇，儿子们并称皇子，女儿们并称皇女，以显示兄弟三人存亡连体，永无二心。如此大面积地加官晋爵，如此大范围地出让自身的利益，这是赵光义的“驭心”之策。在如何做皇帝方面，他与哥哥一样，都有着宽大的胸襟，那就是向他人毫无保留地“施大恩”，以换取人心，用以保证朝局的稳定。

关于朝中的高官，也都接受了赵光义莫大的恩赐，就算是宰相这种无法再升的职位，赵光义也可以附带地加上一些额外的好处。原来的宰相薛居正被加封为左仆射，沈伦被封为右仆射，卢多逊被封为中书侍郎、平章事，曹彬由枢密使加封了同平章事，楚昭辅由副枢密使升为枢密使，潘美虽然征战在外，也被加封为宣徽南院使，其他大大小小的官员都纷纷有赏，同时大赦天下。

为了获得天下士人的支持，赵光义下令增加科举考试的录取名额。在赵匡胤时期，每次科考录取人数不超过百人，太宗将亲试进士增加为 109 人，诸科 207 人，全部都赐予进士及第，又将被州县推荐到京城参加考试 15 次以上，但始终考不中者 184 人，全部都赐予进士出身，总共录取 500

人，都从优授官，这使士人都极为高兴。这也等于完全地收复了士人的心。

待京城的政局稳定后，宋太宗还未到高枕无忧的地步。国内的大局还未稳定，当时朝中还有一股力量让太宗极为不安心。这股敏感而可怕的力量就似一个“定时炸弹”一般，随时都有可能在这个非常时期被引爆，一旦发作，宋朝的天下便会在瞬间分崩离析，没有人能够扭转乾坤。而这股力量便是军队。赵匡胤在生前死死地控制着军队，除了他本人，大宋再无第二人能够调动这些精兵强将。掌握大局之后，宋太宗开始了他的以文治国之道。

他先是把自己的名字改为“炅”，将自己的年号改为“太平兴国”，表示要成就一番新的事业。一切都稳妥之后，宋太宗方才下令，宣正在征讨北汉的远征军班师回朝。从北汉回来的潘美等人发现朝局已变，不禁感到大惊失色。大将曹彬成为枢密使、同平章事，而楚昭辅则为枢密使。潘美等人唯有呜呼哀哉，悲叹与官运失之交臂。

待军队稳定之后，赵光义终于松了一口气，大局总算得以稳定。此时的赵光义为了稳固皇权，更为注重提拔和培养自己的亲信。在任职开封府尹的15年中，他趁职位的便利，组织了这股震荡大宋政坛的政治力量。那时他不断地笼络人心，有意地结交朝中的要员，楚昭辅和卢多逊等人都在他的交往范围内。即位后，其幕府政客大多得到了升迁和提用，逐步替代了太祖皇帝的重臣。同时，太宗还罢黜了一大批的开国宿将，如赵普、向拱、高怀德等人，大大地削弱了这些老臣的权力和职位。通过这些手断，太宗将权力牢牢地抓在自己手中，将整个朝廷逐渐地变成服从自己的机构。

对于地方官员的人心问题，赵光义即位后，曾委派心腹到各地访察官吏的行为，秘密上报，对那些不守法的官员当即处死，不问口供。这种做法，虽然有利于打击贪官污吏，但也滥杀了一批无辜的官吏。

另外，宋太宗还将全国所有州县的行政权完全收归到了中央；同时，迅速地整顿钱币，规范金融市场。通过这些雷厉风行的措施，宋太宗获得了自唐安史之乱之后的至高无上的权力。这种权力固然能够维持大宋王朝政局的稳定，但却在一定程度上加重了底层民众的负担，大宋后来出现的农民起义，便是由此而引发的。

太宗在确立了“以文治国”的国策之后，又下达了更多的政策：修书、修崇文馆。修书能够彰显一个国家和一个朝代对自己民族的交代，也体现了当朝国君的一种修养。太宗在977年初便命令翰林学士编纂了《太平广记》与《太平御览》。修书完成之后，太宗又下令修崇文馆。从崇文馆的修建，可以看到太宗“扬文抑武”的决心，可这种政策和决心也给泱泱大国留下了千载的遗患，让大宋的武力由强大走向疲软，给后来受人鱼肉埋下了灾难的种子。

在太宗“欲攘外而必先安内”的治国思想下，其采取的一系列稳定政局的措施的确起到了作用。接下来，他就要实施他的“攘外”措施了，即出兵统一割据势力。在他的努力下，吴越于太平兴国三年（978年）归降大宋。据欧阳修的《第五代史》记述，吴越将从老百姓那里收敛来的租税以及从海商那里抢来的香药宝货，都进贡给中原。自此一年之后，太宗又收复北汉河山。这也意味着，大宋王朝从周世宗到宋太宗，经过26年的征战，终于结束了唐末以来的军阀割据的局面，除了被契丹占领的十六州以外，黄河、淮水、长江、珠江流域的广大地区，都在宋王朝的统治之下了。

北伐幽燕，落败而归转攻为守

宋太宗赵光义在灭北汉之后，为了完成太祖未竟的统一大业，直接挥师北上，想一举收复幽州，太平兴国四年（979年），大宋发动了北伐战争。

可当时，大宋的兵队刚从平定北汉的战场上下来，粮饷用尽，将士疲乏无力，而且宋军上下依然有五代军人的旧习气，他们认为灭国擒王之后，必须人人要领得赏赐才不辜负自己浴血杀敌之勇气。但此时的宋太宗却对他们无所表示，因此心中暗暗不满；宋太宗已经无暇顾及诸位将士内心的真实想法，只想着乘胜大进，一鼓作气，攻取幽蓟之地。

各位将领都不愿意再行军前进，辽兵的威猛给宋军的印象无疑是非常深刻的，他们都未曾忘记在太祖年间，同辽军间的战斗给宋军造成了多大的难堪。所以一听说太宗要继续向北进军，文武百官个个面带难色，却又碍于君威，不敢支吾一声。

而唯有殿前虞候、领掌宿卫禁兵的中级军官崔瀚朗说道："此一事不容再举，乘此破竹之势，取之甚易，时不可失。"他认为此时趁势取燕云必是轻而易举，小事一桩。此话一出正中宋太宗下怀，太宗壮志勃发，高兴之余，即刻命枢密使曹彬调发屯兵，准备收取"儿皇帝"石敬瑭丢失的领土。

于是，在酷热难耐的七月，宋太宗率领着身心疲惫的宋军北征，太宗亲率十万大军出兵镇州，于沙河突破辽军的阻截，包围了幽州。开始时进军十分顺利，辽国的东益州刺史和涿州叛官先后出城投降，宋军兵不血刃，歧沟关等军事重地就已经落入囊中。

辽国先后设立京临潢府、中京大定府、东京辽阳府、西京大西府、南京析津府五京。其中幽州县是辽国最大的军事基地，也是决定辽宋战争胜负的关键所在。

太平兴国四年（979年）七月，宋太宗下令围城进攻，数十万大军将幽州城围得密不透风，燕云之战正式打响了，宋辽的百年恩怨就此拉开了序幕。

宋军进逼幽州城下，四面围攻，辽国守军进退无路，只能坐等救援或者说是坐以待毙。幽州城池坚固，宋军强攻不下，日益懈怠。再加上重兵囤积，辽军便有了反击的机会。

面对宋朝的攻势，幽州留守韩德让一边率兵固守幽州城，一边向辽求援兵。辽丞相耶律沙很快率援军赶到。宋军也搞不清楚对方究竟来了多少人马，一下子变得恐惧不安起来。如此一来，战争还未开始，宋军在士气上已经输掉了。

而辽军一方却是信心百倍，对即将打响的战斗做了充足的准备。为了分散和瓦解宋军的攻势，耶律斜轸命令部将打出南京军耶律奚底部的青色旗，假装是出城迎敌反而战败的残兵残将，向北撤退，诱敌深入。宋军不明真相，贸然进攻，在德胜口被埋伏于此的辽军击溃。

此时，宋太宗才明白，辽的援军已到。于是，便分出部分兵力，在清沙河一带牵制耶律斜轸，自己则率主力，继续围攻幽州城。为了尽快拿下幽州城，太宗对诸位将领下令以猛攻取胜，宋兵拿梯子猛攻城门，城墙上的辽军向下投扔石头，如雨倾泻般，当时的战况激烈程度可见一斑。

幽州城在宋军的猛攻之下已有了陷落的危险，幽州城内，上至将帅，下至百姓，都是人心惶惶，辽铁林都指挥使李札卢率领百十来个怕死的部下投降。降军一出，城内大乱，百姓四处逃窜，仿佛宋军要血洗幽州城。太宗闻讯，命将领加紧攻城，让他们务必拿下幽州城。

然而事情进展并不顺利，在南京城即将被攻破之时，辽军的南京马步军都指挥使耶律学古率兵从山后驰至幽州城外，绕开宋军的阵地，瞒过宋军的耳目，偷偷地挖了一条地道，暗度陈仓，潜入城内，与城内的守军相会，共同抵抗宋军，使宋军损失惨重。

几天后，宋太宗再次集结兵力攻城。但是将士们接连出征，没得到片刻的休息休整，如今又匆忙赶往燕云战场，已经精疲力竭，如今连日攻城克地，将士们已经懈怠厌战。士气日益衰竭，攻城也显得越发困难。

但此时的辽军并未闲着，他们趁宋军疲乏之时，辽景宗耶律贤派兵力去前线救援。几天后，耶律沙所率的部队与宋军在高梁河畔正式交锋。两兵交战，耶律沙便带着部队匆忙败退，宋军乘胜追击。时近黄昏，耶律休哥率大军从间道赶到，每人手举两支火炬，显然是有备而来，想与宋军进行一场恶战。宋军对此毫无防备，加上夜深看不清楚敌方的虚实，而耶律休哥的部队每人举两支火炬，虚张声势，让宋军不敢前进。宋军一来对夜战没有准备，二来又探听不到敌军的虚实，只好停止追击，在高梁河畔列阵，准备与敌军进行交锋。

辽军见战局已经布好，便让耶律休哥部在耶律斜轸的配合下左右夹击宋军，耶律学古也率部将参加，此时宋军三面受敌，死伤万余人，全面溃败。宋太宗也身中流箭，连人带马掉进了泥坑。

战马受伤，此时不可一世的太宗皇帝听着辽军的喊杀声越来越近，却无能为力，只好眼睁睁地等待束手就擒。天无绝人之路，在此危难之际，负责押运粮草的时任左领军大将军兼领郑州防御使杨继业，正巧运粮草赶到前线，在乱军中解救了宋太宗，并且带领一众士兵断后，使宋太宗得以顺利撤退。

辽军趁胜对宋军穷追不舍，一路追到涿州。见宋太宗和宋军残兵已经逃得远了，方才收兵返回。

这次战役，是大宋建国以来败得最为惨重的一次，他们损失了上万名将士，丢弃的粮草更是难以估量。这次惨败，一方面与宋太宗没有正确地预估对方与自身的实力有关，他只顾及自己的征服欲望，一味地进攻辽国，最终因“不知己，不知彼”而惨败；另一方面，宋朝君臣相互之间没有协调好，太宗的“天子亲征”不仅没有起到鼓舞士气的作用，反而给宋军带来了一系列的负面影响。比如在战事最为关键的时刻，他竟然落荒而逃，一度中断了与各军的联络，致使梁郡王赵行昭谋反。

这一次与辽的作战，也暴露出宋太宗的军事才能与太祖赵匡胤是无法相提并论的。其失利的主要原因就在于不懂得如何鼓舞士气，让宋军上下同心与辽对抗。同时，这次宋军的失利，对以后与辽作战造成了极为不利的影响。

赵普复相，从“棋子”到“弃子”

赵普是赵匡胤初立国时期的左膀右臂、立国功臣。为此，在太祖登基后，赵普虽位极人臣，但其权势曾一度超越了晋王赵光义。同时，他还曾反对赵匡胤传位于晋王，为此事，赵普与赵光义也结下了极深的矛盾。

太宗即位后，赵普的地位大大地降低，而且一度受到了冷落。太宗要稳住自己的皇位，自然会对赵普这样的旧臣心存猜疑。但是，赵普是开国元勋，太宗要笼络人心，自然也会在这些元老面前做做样子，以彰显自己的贤明，所以表面上对赵普也是客气有加。赵普在官场沉浮几十年，他明白“一朝天子一朝臣”，以及旧臣在新君面前意味着什么，因此他的政治态度也发生了变化，他只是希望配合太宗，以此来安身立命。

太宗即位后的第二年，赵普便从河阳入朝，被任命为太子少保，留京任职。后来虽然又升为太子太保，但却没受重用。而此时，他却迎来了一次被重用的机会。

那是在太宗北伐辽国的第二年里，入京的使者柴禹锡等人突然告发开封府尹、秦王赵廷美，也就是赵匡胤的四弟，罪名是骄恣。这件事情立即拨动了太宗赵光义的神经，因为他的皇位来得“名不正，言不顺”，执政前期，主要靠赏赐来拉拢人心以维护其统治。当时在皇室中，对他皇位能构成威胁的，除了赵匡胤的两个儿子外，还有其弟赵廷美。当时赵廷美已被封秦王，而且还是开封府尹，位高权重，柴禹锡的状告让赵光义很是担心，他需要找出另一个人来牵制赵廷美。这时，他想到了前宰相赵普。

赵光义召来赵普，命他审理赵廷美的案子。赵普欣然答应，随后他便编造了“金匮之盟”的故事，为太宗即位的名头解围。赵普编造的这个故事，让赵光义变成了合法的继位者，太宗自然甚为感激，所以对一直没有重用赵普表示出最为诚挚的歉意，于是，太宗便命赵普为司徒兼侍中，这也是北宋前期最高的宰相之位，后来又封他为梁国公。

赵普担任宰相之后，深知赵光义想要立皇嗣的想法，于是，便在朝中当着诸臣的面提议要太宗及早为大宋选定继承人。太宗向他询问传位于其弟赵廷美如何，他便回答道，帝王之位自古都是父子相传，陛下还是选子为继承人的好。这话让太宗甚是高兴。

赵匡胤有两个儿子——赵德昭与赵德芳，太祖在位时，赵德昭被任命为节度使和郡王。太宗征讨契丹时，德昭跟随其征讨幽州。高梁河之战，宋军惨败而归，太宗在战争中一度与军队失去了联系，那个时候军中就有人站出来要拥立赵德昭为帝。后来太宗获救后得此消息，始终耿耿于怀。回到京城之后，太宗认为北伐不利，便决定不再行赏讨伐北汉的将士们。这让军中的将领和士兵甚为不满，怨气极重。于是赵德昭便站出来为三军将士行赏，太宗对德昭的做法深感不满。

作为太祖之子的德昭，其存在对赵光义的皇位有着极大的威胁，而赵光义明显透露出对其行为的怀疑。德昭恐怕日后难以保全自身，伤感不已，又想到自己的父母早亡，兄弟及家人无法自保，在伤心之余忽生断念，自刎而亡。太宗下令厚葬德昭，追封其为魏王。两年后，赵匡胤的另一个儿子赵德芳也莫名其妙地在睡梦中死去，至此，太宗皇位继承者的两大威胁已经全部消除。

赵匡胤两个儿子死后，秦王赵廷美是唯一一个对皇位构成威胁的人。为了更进一步牵制赵廷美，太宗启用了赵普，并又任命他为宰相，赵普自然知道自己此时只是太宗用来压制赵廷美的一颗“棋子”罢了。既然身为“棋子”，那就要发挥其作用。为了打击赵廷美，赵普设计诬陷赵廷美和卢多逊勾结谋反，结果使卢多逊全族被流放到崖州，赵廷美则被勒归私邸，秦王府幕僚被斩杀六人。不仅如此，太宗借势严惩卢多逊及其同党。众官僚开始落井下石，随声附和，王溥等人联名上书奏卢多逊和赵廷美大逆不道，卢多逊被进一步削夺官爵，赵廷美的子女不再有资格称皇子皇女。

卢多逊是太祖赵匡胤时期的重臣，为人机智，极喜揣摩他人心思。他知晓太祖赵匡胤喜欢读书，就经常到史馆中翻阅书籍，顺便向小吏打听太祖所取何书，探得消息之后就通宵达旦地阅读太祖所读之书，以投其所好。待到第二天召见时，太祖向诸位大臣问及读书的事情，别人一无所知，只有卢多逊一个人应答如流，其以此获得太祖的赏识，随即拜他为宰相。卢多逊与赵普可以说是宿敌了。他自太祖时期就一直与赵普不合，经常在太祖面前进谗言，而赵普本人也因自身的专权、贪财被人记恨，于是在一系列的事件后被罢相。但当时的卢多逊也没有放过已经失势的赵普，在他被贬后仍落井下石。

赵普也非等闲之辈，凭着他在官场中的运筹帷幄，得以保全自身。太宗即位后，他凭借“金匮之盟”的事情得以翻身做宰相，设妙计，顺利地扳倒了自己的仇人卢多逊，同时又铲除了赵廷美，为太宗传位于自己的儿子扫清了障碍。如此，既赢得了太宗的信任，也稳固了自己的宰相之位。

但此案件之后，秦王赵廷美的悲惨命运远远没有结束。赵普继续对其展开攻击，挑唆开封府李符上奏赵廷美不思悔过，对太宗怨气极重。太宗随即又将赵廷美贬为涪陵县公。在太宗与赵普的威慑之下，没有人再敢为赵廷美说话了，只有太宗的长子元佐曾试图救其于水火，但终因力量薄弱，无济于事。元佐的努力不仅没有收到成效，反倒使自己身陷囹圄，太宗命人严加看管。赵廷美迁居涪陵之后，郁愤不已，不久便死去。而落井下石的李符也没有得到好报，赵普为了防止他泄露机密，找了个理由将其贬到地方上去。

赵普利用这一计谋，帮太宗从北伐辽国失利惨重的阴影中拉出来，使太宗能够重新振作，励精图治，振兴大宋。他贬谪赵廷美，流放卢多逊，将宋朝的上层权力又重新构建，等于给赵光义重新设置了一个新环境。但完成了这一系列的密谋事件后，赵普这颗“棋子”在赵光义那里也完全失去了价值，仅一年后，赵普再次被罢相，以“使相”侍中衔为武胜军节度使，后移山南东道节度使。

正所谓伴君如伴虎，无论曾为王朝立下多少功绩，但只要曾经做过触及君王利益的事情，或者自身再无利用价值，一切功劳都会被抹平，这就是封建社会带给臣子的人生悲哀。

历史是残酷的，秦王赵廷美虽然与太宗同根生，有手足之情，但在万人景仰的皇帝宝座前免不了有私心，结果手足相残；宰相赵普位高权重，为太祖和太宗两代皇帝的上位都曾立下过汗马功劳，可终究逃不过一颗“棋子”与“弃子”的悲凉命运，实在令人唏嘘！

党项诈服，西北边防再无宁日

北宋在与北契丹辽国激战的时候，边境传来了一个喜讯，就是位于宋西北部的另一个夏民族——党项族前来称臣，并将他们世代居住之地——富饶的河套平原，献给了大宋王朝。

关于党项族的起源有两种说法，一说源于羌族，一说源于鲜卑族。若以羌族为源头，他们的先祖从南北朝末朝就已被载入史册，最早居住在黄河河曲一带，到了北宋初年，党项人已经在河套平原生活了 200 多年。当时的河套平原，土地广袤，牛羊肥美，出产的战马更是威震四方。另外，其农耕业也极为发达，在党项族与大宋交界的地方，是肥沃的土地，也是盛产粮食的地方，是天然的粮仓。如此富饶的地方，主动送上门来，宋太宗自然是喜不自禁。

另外，党项族东临北宋，东北面是契丹，西临西域大国高昌，西南方则是高原上的吐蕃，其四面的敌人都对其虎视眈眈，党项族要让其族人安稳地生活下去，必须要找一个坚实的依靠，而当时的大宋国力正昌，军事力量强大，正可以做党项的“保护伞”。

宋太宗为了表达自己的诚意，亲自召见了党项的首领李继捧，随即赐予他重金：金千两，帛千匹，钱百万。同时还封李继捧为彰德节度使。此外太宗还派遣使者前往绥州，召见绥州刺史李克宪，封赏他为单州刺史。太宗的各项措施都表明他要将夏州割据300年的李氏政权和平收归大宋王朝。

然而，宋太宗没有调解夏州统治者内部的矛盾，而是直接取消了夏州地方的政权，这种做法无疑触动了地方统治者的利益。同时，它也违背了宋太祖制定的有关对待少数民族的政策：允许世袭。依照宋太祖赵匡胤的政策，大宋应该允许党项族在自己的家乡自主生活，并且还要维护其原来的统治者的地位，如此才能相安无事。可宋太宗却没有那么做，他直接取消了党项原有统治者在其族内的统治地位，这种政策为其日后的反叛埋下了隐患。

再说党项的首领李继捧，他之所以要来归降宋太宗，并非是真情实意的，他采取两种手法，一方面来献地归宋，另一方面勾结李继迁反对大宋。太宗一时被这唾手可得的好处冲昏了头脑，并没有仔细思量其中的缘由，就贸然地取消李继捧的统治，为日后埋下了祸患。

当然，太宗也并非昏聩无知者，他深知“天下没有免费的午餐”，所以他为接管夏州也做好了两手准备，力争和平收归，如果遇到武力，就用武力予以解决。李继捧入朝后，他诏令李克文组织傀儡政府主持政事，同时命令尹宪手握重兵进驻夏州，监督政权的交接事宜。

在党项族的内部，李继迁觉得李克文奏请朝廷让李继捧入朝不妥，于是找李克文私下商议，但两人并没有达成一致意见，不欢而散。李继迁感觉夏州处处掣肘，一怒之下，率领家族旧部回到了自己的老家银州。在那里他的四代先祖曾苦心经营，如果遭遇不测，可以有所凭借。而刚到银州，宋廷的诏使便到了，还有大批的宋军，奉命护送李氏一族赴京。银州李氏各大部落都被监视，此时，李继迁才发现，五州之地已经被李继捧悉数献给了大宋。

在大宋王朝强大的军事力量的震慑下，李氏宗族在宋军的护送下开始向京城行进。这次的地方豪酋共计二百七十余人，随迁部族约为五万。太宗因为李继捧献地有功而封他为彰德军节度使，另外还对李氏一族的其余人都给予了封赏。太宗为能够如此顺利地收复夏州而感到满意，他认为是大宋国力的强悍和他的威名而使党项人归顺于宋。

但是彻底收复已经有 300 年统治历史的宗族，并不是一件简单的事情。李继迁对将所有的李氏宗族迁入京城的做法就非常不满，他请来了自己的几个兄弟还有汉人张浦商议对策。张浦本是读书人，足智多谋，因为躲避战乱而暂居银州。李继迁素爱惜人才，曾经多次礼贤，两人便成了莫逆之交。李继迁说："我们祖祖辈辈都在此居住，三百余年来，父兄子弟都是州郡的长官，雄霸一方，如今大宋的一纸调令就将我们迁入京城，使祖宗基业毁于一旦，我们未来的生死也未可知，该如何是好呢？"

他的弟弟李继冲接着说："无论如何也不能离开此地，不妨趁着夏州没有防备，杀死宋诏使，占据绥、银二州，然后再自立门户。"而张浦却不同意。他认为目前人心涣散，蕃部都在观望，李克文是兼知州事，尹宪又屯重兵，一旦起事，必将大兵压境。银州兵马也不曾操练，根本不是宋兵的对手。现在要先避走沙漠，联络豪酋，之后再伺机卷土重来。李氏兄弟觉得张浦说得有理，就采纳了他的意见。

于是，李继迁就向外故意散播口风，诈称自己的奶妈去世，需要安葬于郊外，然后将兵器藏于丧车之中，带领家族众人佯装送殡队伍，混出银州城。然后，直奔距离夏州三百余里的斤泽。至此，李继迁以光复祖业为号，开始了抗宋的自立之路。

雍熙二年（985 年），李继迁和李继冲来到党项银州城下，向大宋西北军团主帅曹光实投降。曹光实心中大喜，答应了李继迁的投降，亲自率领 100 多骑兵，由李氏兄弟做先锋，去接收投降的军队。但是，曹光实未曾想到，李继迁这次只是诈降，结果曹光实与他的百余名骑兵在途中受到攻击，全部阵亡。失去首领的银州很快陷落，李继迁接着迅速地攻破会州，将当地的城池付之一炬。党项彻底地与大宋为敌。大宋朝廷听闻后，先后发兵予以镇压，在银州又将李继迁打败，战败的李继迁在走投无路时，潜入了沙漠中。

其实，李继迁从降服再到叛乱，根本上是宋太宗的招抚政策不够高明，因为其贪图利益，将李家举家迁往京都，触动了李氏统治家族的利益，逼得党项族内的野心家纷纷起来反叛，给大宋增添了无限的麻烦。自此，大宋西北边陲再无宁日，一场由李继迁领导的历时长久的夏州复辟政权的斗争自此开始。可此时的大宋，在暂时战胜李继迁后，便开始轻敌，觉得李继迁不足为患，这种自大轻敌的态度也给大宋王朝带来了沉重的灾难。

雍熙伐辽，惨败而归失血性

自上次伐辽失败后，辽国已经成为太宗的一块心病，时刻准备再借机会伐辽，以解心头之辱。刚好辽国皇室出现了一件丑闻：临朝听政的皇太后萧绰与南枢密使、总知宿卫事的重臣韩德让制造了一起伤风败俗的丑事。

辽国乾亨四年（982 年），辽景宗耶律贤病逝，将皇位传于年仅 12 岁的长子耶律隆绪，即为辽圣宗。由于新帝年幼，皇太后萧绰垂帘听政。辽景宗死时，萧绰只有 20 多岁，耐不住空房寂寞的她与自己青梅竹马的相好韩德让旧情复燃。这本是辽皇室内部的丑事，但宋太宗想出师有名，便以此为理由出兵攻辽，想借机收复幽州。

雍熙三年（986 年），宋太宗正式带兵伐辽，亲自率东路军从雄州挥师直指辽国南京城。这是一场规模空前的北伐战争，大军分三路。西路军由潘美、杨业率领，直奔辽国西京大同；中路军由重进率领，策应东西两路人马，从中穿插策应；东路军则由曹彬率领，开始时行军极为顺利，连续攻克新城、固安，四月已经围住涿州，但是辽军坚守，无法迅速攻克，雪上加霜的是，供给被辽军切断，只好退避雄州。

太宗接到消息后，立即下令命曹彬暂缓进攻，等到西路的潘美胜利后，再合力攻击涿州。可刚愎自用的曹彬，竟然以疲惫之军主动攻击辽军，辽军以逸待劳，在歧沟将曹彬一部全部击溃。

曹彬率领的主力部队一败，东路军便也很快地崩溃，大宋数十万大军一路溃败，中路军闻此消息，也不战而溃，只有西路军战果累累，收复朔、寰、云、应四州，直抵桑干河。歧沟一战，宋军死伤数万，曹彬等人被召回京都。曹彬一部大溃败后，中、东路军也跟着溃败，西路军孤军深入的进攻就变得毫无意义。然而太宗还未来得及下令让西路军放弃攻占城池，撤军返回，辽国的十万精兵已经全力往西路军占领的寰州集结。

接到此消息，太宗只好命令西路军护送四州的百姓马上迁往代州。

当西路军撤到朔州南部的雁门关附近的狼牙村时，辽兵已经攻陷了寰州。此时，杨业与王佐在战与不战的问题上发生了冲突。杨业认为不可与敌军交战，而监军王佐与刘文裕却急于应战。杨业向潘美建议，要绕道而行，避其精锐，在途中布下埋伏，保证宋军与百姓都能够安全撤回宋境内。而王佐则讥笑杨业胆小，誓要从雁门关北川大路进军，直接迎敌。杨业认为如果这么做，宋军将必败无疑。

王佐毫不留情地讽刺杨业：“你既然是无敌将军，又领兵数万，当下却只想着逃跑，难道是要投敌？”

杨业对于王佐的话愤恨难抑，关乎生命荣誉，若不出战，会被人疑为想要投敌叛变。于是，虽然知道出战必死的杨业答应了出战，临行前，他告诉潘美，自己是个降将，本早就该知道了，但是皇上让他统兵出战，他必以死相报。这次出击必败无疑。他让潘美在陈家谷两侧埋伏弓箭手，如果他没有前来接应，就意味着全军覆没。

潘美当场答应。杨业立即行动，率兵北上，主动进攻耶律斜轸。潘美等人在陈家谷口率兵接应，但是从当天凌晨到上午，杨业及其军队始终不见踪影。所有将士都希望发生奇迹，“无敌将军”杨业能够凯旋。而潘美等人则认为“契丹败走，即领兵离陈家谷口”。

而事实却是那支自知必败，只求表忠心，一路向北的军队在深入敌境后一路败退，已经无力撤回援军周围。当时辽国大将耶律斜轸佯装败退，将杨业引到狼牙村，然后伏兵全力出击，将杨业彻底包围。杨业率部下浴血奋战，直到坚持不住，才边战边退，将耶律斜轸引向陈家谷。从凌晨到正午，到达陈家谷的时候已经是傍晚，全军人困马乏，却没有遇到援军。

杨业和剩下的百余名将士死战，儿子杨延玉战死，岳州刺史王贵战死，将士们无一生还。杨业孤军奋战，手刃辽军数百，最终因为伤势严重而被擒。可杨业却宁死不屈，绝食三天而身亡。身为大宋忠肝义胆的勇士，宋太宗应该以这样的将领而自豪，但他却听信了谗言，给杨家的抚恤金极为微薄。直到后来真相大白，太宗得知杨业绝食三日，壮烈殉国，才赞扬他“诚坚金石，气傲风云”，追赠他为太尉，大同节度使，杨业的儿子们都得以升迁。潘美削官三级，王佐被革职，永不叙用。

同年八月，宋军陆续撤回境内，北伐以三路大军的惨败而告终。宋军损失惨重，北伐的意向就此泯灭，北宋上下丧失了与辽军作战的勇气。宋朝倘若就此停下征战，对于皇帝来说安享富贵就可以，但若从更高的角度来讲，对于统一大业与国家未来发展的前途来说是后患无穷。

雍熙四年（987 年），太宗本还想去攻打辽国，但却遭到了朝臣的阻拦。最后，殿中御史赵孚提出了“内修战备，外许联盟，建议整顿内部，增强军事力量，防范外敌入侵，待到时机成熟再向外拓展”的建议，得到了太宗的采纳。不过，太宗从此所做的内修战备在后世看起来，不过是“守”，这一守便守掉了大宋王朝建国时对外奋力厮杀的阳刚血性，从此，宋朝对外政策由攻变为被动地固守。

其所谓的“固守”就是重文轻武，在这种治国策略的引导下，大宋国内的军事力量变得更为衰弱，开始慢慢地向“被动挨打”的局势发展。

内忧袭来，宋农民揭竿而起

在对辽一战失利后，太宗就采取了以守为攻的战略国策，将精力也开始转向了国内。对于大兴以文治国之策，因为太宗有着与太祖同样的理念：一个武官叛乱带来的灾祸要比一百个文官的贪污行为还要大。他开始重用文人，削弱武将的权力。另外，他开始沉溺于宗教，以求得心灵的解脱。他一方面手不释卷，阅读《道德经》，另一方面大兴土木，纵欲享乐，不停地修建道观与佛寺，这使得国家的开支大大地增加。另外，因为北宋前期宋太祖和宋太宗致力于一统天下，防止军阀割据，增强中央集权，取得了较大的成绩。但是，统一战争耗费大量的军费，必然加重对底层民众的剥削。奖励功臣，多设闲职，需要大量的俸禄支出也使得国库亏空，赋税沉重，名目繁多。因此大宋王朝“内忧”一波波地袭来，不断爆发小规模的农民起义，其中最为著名的就是发生在四川的王小波、李顺起义。

淳化四年（993 年）初，成都遭遇大旱灾，百姓饿死无数，富人却过着纸醉金迷的生活，于是，群众冲向富人家中抢掠财物和粮食，他们在茶商王小波的率领下，揭竿而起。起义军劫富济贫，他们打开富人的粮仓，将粮食分给挨饿的农民，李顺是王小波的妻弟，也加入了起义队伍，他还开仓赈济灾民。在社会最底层被压迫的穷人们纷纷加入起义军，使得起义军得以迅速壮大。王小波、李顺领导起义军制定了严明的纪律和纲领，他们抚恤良善，唯才是用，在底层民众中有着极高的威信。

起义军所向披靡，他们北上攻打彭县，将县令齐元振擒获。齐元振是太宗亲自嘉奖的“廉”官。当初，朝廷派秘书张枢到蜀地视察，查处贪官污吏，最后，由于大批的官吏被告贪污受到处分，而齐元振却被称为清官，所以宋太宗下诏予以表彰。其实，齐元振也是个大贪官，他为人狡猾，将赃款分散存到各处，没被人发现而已。得到皇帝的嘉奖后，齐元振变本加厉地贪腐，敲诈勒索，本地的老百姓对其恨之入骨。王小波率军冲进齐家，杀死齐元振，然后开仓济民，大获人心。自此后，参加起义军的人越来越多，其他州县的农民纷纷起兵响应，邛州境内到处都是起义军的旗帜。

淳化四年（993 年）末，起义军攻占江原城，王小波在此战斗中不幸身亡，起义军推举李顺为首领。随后，他们又攻下蜀州、成都等地。这些地区的知府都是一些凶残异常、不得民心之辈，所以起义军得到了当地民众的大力支持，最终经过顽强战斗，才得以占领该地区。

淳化五年（994 年）初，起义军建立大蜀国，推行“均贫富”的政策，定都成都，年号应运。起义军领袖李顺为大蜀王，并设立了中书令、枢密使、刺史、知州等各级官职。大蜀政权还铸造了自己的钱币。对于农民政权来说，这是前所未有的。李顺还派遣使者与云南的大理国联络，共同与大宋王朝为敌。

起义军政权四处挖掘豪民家藏金银的地窖，没收他们的不义之财，勒令当时的富人交出金钱和粮食，将这些不义之财再平均分给穷人，受到底层民众的大力支持。成都人便开始供奉李顺的画像，对他奉若神明。不久，起义军政权控制了北到绵州、南至巫峡的大部分地区，大蜀政权建立之后，李顺指挥军队四处攻打州县，宋朝的官兵慌忙逃窜，地主豪绅人人自危。农民军已经发展到数十万人。

北宋政权面对如此蓬勃发展的农民起义感到万分惶恐，太宗派王继恩统帅中央禁军镇压，不久，一直节节胜利的农民军轻易地被王继恩打败，主要是因为起义军内部出现了军心涣散的不良局势，宋朝派往四川平定叛乱的军队不是一流的精兵，真正的精兵已经在王继恩出发的时候出征党项了。

北宋当时已经相当富庶，而党项却产出单一，当时的党项，只有骏马和青盐。而宋朝的一纸法令，就断了党项人的生计。宋朝突然停止了对青盐的采购，党项的上好青盐在瞬间变成了废品。宋朝的丝绸和米面、药材、茶叶却是党项人急需的。为了生计问题，李继迁便带党项人到宋朝的边境抢劫，他们收获颇丰，但也伤亡惨重。

因为抢劫大宋子民的财富也使李继迁的人马四分五裂，而短视的大宋王朝觉得自己的目的已达到，便对他们坐视不管，继续与党项开始了青盐贸易，党项人也都重新回去与宋进行贸易了。这便破坏了李继迁的计划。李继迁便又以灵州为突破口，继续与大宋为敌。

灵州地理位置极为险要，其南面是宋朝，西边是河西走廊的回鹘，西南方是吐蕃族的各部，北边是党项人。它如同一个关隘，连接着四方，个个都是危险的角色，如若一招不慎，便会引起连锁反应，置北宋于不利境地。而此时出战的王继恩刚好遇到李顺的农民起义军，索性就将其剿灭了，李顺也被杀死。

此时的太宗已经意识到自己统治的王朝的确是出现了问题，王小波、李顺领导的起义军，前后坚持了五年的时间，义军达到数十万人，最终虽然被镇压，但宋朝的“黑暗”统治已经凸显出来。

真宗即位，改革措施难挽危局

至道三年（997 年），宋太宗因为旧伤复发而终。在此之前，他已经选定了太子，即赵恒即位，也就是历史上的宋真宗。但此时后宫中的皇后李氏与王继恩却私下勾结，想要扳倒太子，他们想拥立已被贬为庶人的赵元佐上位。

李皇后一直以来都极为偏爱元佐，但因居于深宫，无力左右朝政，所以就指示王继恩发动“换太子”政变。此时的王继恩也有自己的小算盘，他想太宗去世后，自己的恩宠一定会衰减，而赵恒已是太子，太宗指定的合法继承人，若拥他为帝，这是自然的事，但若拥元佐为帝，自己的恩宠定会加倍。

当然了，此时要辅佐太子即位的宰相吕端自然不允许王继恩这么做。吕端当时已年过 60，太宗在晚年启用吕端就是为了让他辅助太子顺利即位。吕端自然也是不负所托，将针对太子的宫廷政变消灭于无形之中。

宋太宗病重之时，吕端曾进宫探望，发现赵恒不在太宗身边，当时就担心宫中可能有变。他立即在笏板上写了皇帝病危的字样，派人给赵恒送去，要赵恒速速到榻前伺候太宗。不久，太宗就驾崩了。那时王继恩进来告诉吕端，说李皇后要召见宰相，请吕端到中书商议新皇帝即位事宜。

吕端自然明白话外之音，但却假装不知，故意告诉王继恩，太宗已经提前写好了遗诏，放在书阁之中。还要王继恩和他一起去寻找出来，看看先帝究竟要谁继承皇位。王继恩听了吕端的话非常紧张，想要自己先找到遗诏，然后再将其偷偷地换掉。

王继恩迫不及待地抢先走进书阁，结果被吕端反锁在书阁中。王继恩这才醒悟过来，他中了吕端的计，可惜为时已晚。于是吕端火速到了中书政事堂。李皇后看见吕端一个人过来了，便问，自古都是年长者即位才合乎祖训，现在谁最应做皇帝？吕端义正词严地回答，先帝已将赵恒立为太子，不能再有异议。李皇后没有得到王继恩的支持，在吕端的凛然回答之中惊慌失措，也就不再说话了。

太子赵恒在吕端的拥立下顺利即位，吕端果然不负皇恩，他没用一兵一卒便将这场可能的血雨腥风化于无形。

真宗即位后，勤勉从政，丝毫不敢懈怠，此时的大宋已经出现积贫积弱的局面，他一方面要平息国内不断爆发的小规模的农民起义，还要时刻防范邻国的进犯。另一方面，他还要加强对内的统治。他想重整朝纲，消除太宗时期的诸多弊政，让一切从头再来。

宋太祖确立了宰相的三权分立，即军、政、财分立，宰相无法专权，而太宗为了不让宰相专权，更是不断地更换宰相，这更加削弱了相权。但到了宋真宗，却强化了宰相的权力。吕端在首相的基础上又加封为右仆射，真宗对他也是毕恭毕敬，每次见面，无何在何种场合，真宗都会站起来对宰相作揖行礼。另有两位参知政事李至和李沆，地位也极为尊贵。宋朝的宰相们又都大权在握了。

关于如何收笼民心的问题，真宗也是绞尽了脑汁。这时王钦若给他提了一些中肯的建议。关于王钦若，真宗对他也是颇为信任的，因为他是真宗的救命恩人。

那是至道二年（996年），赵恒刚当上皇太子不足半年，开封府下属的17个县上报旱灾严重，颗粒无收。赵恒仁慈，下令免税，但有人却向太宗进谗言，说太子此举是为了收买人心，真实的灾情根本没有那么严重。

太宗立即着人进行调查，赵恒吓得心惊胆战，因为太宗之前已经表现出对他的不满。现在若说他收买人心，无异于火上浇油。

而负责调查的官员核实灾情后，向太宗进言，这才还了赵恒的清白，王钦若就是负责调查灾情的官员之一，赵恒因此对他心怀感激。此时真宗正在为收服天下人心而头痛时，王钦若便向他献上了妙计，即在全国范围内免收那些没有缴足的赋税，释放因此而关押的犯人。如此一来，百姓对真宗甚是感恩，而朝廷也未损耗一分一粒，却收拢了天下民心，可谓高明。

解决了民心问题，接下来真宗就要着手组建自己的领导集团，以及实施他的施政纲领了。国家大事其实不过是军、政、民、财四个方面。军政要稳，他需依靠宰相和参知政事决策大事，而对于民和财，真宗也是自有主张。

在军队方面，真宗重新起用曹彬，封他为三军统领，而以曹彬的威望，足以安抚军心。

民政方面，真宗下诏“国家大事，足食为先”。而且他还努力地践行自己的诺言，制定了“预买绢”的政策，每年春天都会由国家贷款给农民，秋收之后再还，这种“惠民”政策，得到了广大农民的广泛支持。

财政方面，真宗根据需要进行政策改革，将国家发展的重心放在民生与经济上，三司（宋朝的钱粮管理部门）权力收归一人，可以灵活调用，并且还提升三司的政治地位，以鼓励其发展社会经济。

另外，真宗也是个懂得开源节流的皇帝。当时，“冗兵、冗吏、冗费”被称为大宋王朝的“绝症”，这是自宋朝开国一直积存下来的弊政，到了真宗年间，这个局面已经成形。真宗在意识到这个问题后，开始大规模地裁员，三四年时间里，裁撤官吏达数万人。

以上这些都是真宗治理国家的几个具体的措施，他以自己的方式尽心尽力地投入到治理好大宋王朝的基业中去，但是他的改革措施却力度不够，无法挽回其逐步走向衰落的残酷命运，更没有能将大宋江山从“内忧外患”的泥潭中拉出来。

多事之秋，内忧外患一起袭来

宋真宗29岁即位，在契丹和党项人的眼中，如此年轻的皇帝一定是缺乏谋略和心机的，于是他们便蠢蠢欲动，等待时机以出兵进犯。这时，党项的“余孽”李继迁派人进入开封城，又一次来求和。在太宗年间，李继迁曾向大宋求和多次，并得到太宗的谅解。在得知真宗即位后，李继迁又一次厚颜无耻地前来求和，这次又得到了真宗的原谅。同时，真宗还给了他丰厚无比的回报，承认了他占据的夏州和银州，还将绥州等三州赐予他，并且封他为定难节度使。此时，李继迁终于恢复了其祖先对定难五州的所有权，20年的征战没能解决的问题，居然这么容易就求得了。

与党项之间的战争，几乎拖垮了整个大宋王朝，宋朝为此付出了数万将士的鲜血和生命，数以万计的财富和兵器，可真宗此时居然要将定难五州拱手送于李继迁，可谓窝囊透顶。

另外，此时的辽国也对大宋虎视眈眈，此时，辽国的英雄人物耶律休哥死去，萧太后披挂上阵，对大宋发动了进攻。本想与辽求和的宋朝只能硬着头皮迎战了，两军在河北诸州进行了一番厮杀后，辽军撤兵，此战就此作罢。

对外战争刚结束，大宋国内的“内忧”再次袭来：大宋驻蜀地的军队将领王均反叛。继王小波和李顺起义失败后，宋政府对蜀地的政策进行了调整，减轻了当地民众的赋税，对官民关系也进行了一些调整，但是官民之间积怨已深，矛盾一触即发。当地的官员根本没能够吸取教训，仍然过着极为腐化的生活，飞扬跋扈。王均的部下杀了官员符昭寿，然后从兵器库中拿出武器，到益州府衙斩杀喝酒取乐的诸位高官，最终王均被其手下的士兵说服，起兵反叛。他们很快占领益州，并拥王均为帝，国号定为蜀，随即攻克汉州。

宋真宗任命雷有终作为主帅，率领八千禁军平川，随后又派了其他几位将领予以配合。平叛军队浩浩荡荡地进入川蜀大地，两军还未交锋，叛军便不战自溃，放弃了盘踞的汉州，回到成都。雷有终将军率军队驻扎到成都城下，王均弃城。

成都城门大开，里面全部都是百姓，军队中李继昌较为谨慎，认为此时不可进城，怕对方是摆空城计。可是像雷有终、上官正等这些有资历的将领却对此很是不屑，刚愎自用。于是大军进城，进城后军队一哄而散，完全放松了警惕……可事实确如李继昌所料，这的确是王均的一计。正当宋军完全无警备时，城门突然大关，王均率领叛军追杀散布满城的零散宋军，他们再也不敢停留，一直撤回到汉州。王均千方百计地抵抗，但无奈孤守无援，在冲出突围后南逃。后来，王均到达富顺监，准备渡江时被宋将杨怀忠追杀，未来得及迎战，就被斩杀，王均兵变也就此失败。

此次叛乱平定后，宋朝对蜀地深感不安，于是便对当时的政策做了相应的调整，流放了昏庸的牛冕，派张咏常驻，张咏励精图治，给当地的百姓带来了期望已久的安康与富裕，宋朝对蜀地的统治也逐渐趋于稳妥。

这场叛乱终于得以平息，可开封府内又发生了一系列的事情，真宗的支持者吕端死了；不久，张永德也死了，真宗悲痛万分，他们皆是大宋的顶梁柱。但是厄运并未停止，很快又传来了另一个震撼人心的消息：黄河决口了，这一年可谓是多事之秋。

开封位于黄河沿岸，这一次的黄河决堤主要是因为春汛。郓州城附近的河坝坍塌，洪水泛滥，江北平原变成了汪洋大泽，在刚刚经历了一场场战乱之后，大宋举国之力又投入抗洪救灾的战斗中去，真宗可谓是焦头烂额。

此时的科举正在进行中，真宗为了能够在诸多考生中选出有真才实学之人，他特地推出了"锁宿制"和"封弥制"。所谓的"锁宿制"是针对考官的，为了防止考官与考生勾结作弊，考生进考场，考官被锁定在特定的地方，考官与考生无法见面；"封弥制"是指将考卷上的姓名、籍贯都封上，以保证考试的公正性。为了举贤任能，真宗百般地防范，同时精减各部门的冗员。真宗兢兢业业，平定了国内的叛乱，治理了决堤的黄河，西北边陲又传来了不好的消息：已被真宗命为节度使的李继迁又打劫了宋朝运往灵州的军粮。厚颜无耻的李继迁根本不是真心想要归顺大宋，此时应该出兵彻底歼灭李继迁，才能永绝后患。但此时的真宗却采取了妥协忍让的策略，任由李继迁继续作乱，对他的可耻行为予以容忍，并不予追究。

李继迁是个富有野心的人，他对灵州始终怀有不轨之心，真宗早就看出这一点，于是在党项的边境上部署了防御措施，派大将杨琼前去驻守。另外，他又在灵州附近设置了另一个堡垒，派清远军驻守此地。这两个据点遥相呼应，组成了一个完整的防御体系。

1001年，北方又传来辽国要入侵的警报，战争无法避免。这一次真宗一改容忍的态度，集中精兵强将，打算与辽国打一场硬仗。真宗派出了史无前例的军队阵形，清一色的骑兵，前枢密使王显为统帅。这一次真宗摆出的阵仗极大，以定州为大本营留下了一万五千的骑兵，而最前方的莫州与北平寨则各留有一万铁骑。在全面布置完毕之后，又安排兵力部署全部北移，想让战火烧到辽国境内去，但辽国探知宋兵的部署后，竟然按兵不动了。这时西北的李继迁又开始不安分了。他用了一年的时间掐着灵州的运粮线路，屡次攻灵州都无法拿下，此时他又开始转变策略，要攻下清远军城，欲将灵州孤立起来。

这次真宗实在是忍无可忍，派前宰相张齐贤负责镇压。可这时宰相李沆站出来反对，说李继迁早晚要夺取灵州，主张将灵州变为空城，将城中百姓迁入内地，然后再放弃灵州。而张齐贤则强烈要求出兵，不能对李继迁予以放任不管，否则终将成大祸患。真宗接纳了他的建议，随即任命张超为大将，前往灵州进行部署对付李继迁，张齐贤为地方上的经略判官。张齐贤心中虽有对付李继迁的谋略，但却无法调遣军队，数十万计的军队全部都听从张超的调遣。这时，张齐贤又奏请皇上给予他军队的指挥权，不然难以对付李继迁。随后得到了真宗的同意。但后来，吏部郎中直集贤院田锡又奏请真宗说，派张齐贤为经略使，就等于说枢密使和宰相都知道兵家之事，这是不合乎大宋王朝的政治体制的，于是真宗又下令免去了张贤齐经略使的职务。

就这样，一群立于大宋殿堂上的大臣一直为此事来回争论，吵吵嚷嚷，找不到一个合适的人选去对付李继迁，什么事也决定不下来，这反而给了李继迁以机会，他集中了兵力，突袭灵州。灵州知州咬破手指向朝廷写了血书以求火速支援，可朝廷内部大臣始终相互推诿，使真宗无法派兵前去救援。结果李继迁攻破灵州，知州战死。灵州的失守使真宗大为恼火，但这并非是个别官员的责任，它反映了大宋王朝烦冗的政治体制上的种种弊端：政治上人浮于事，互相扯皮；宰相不懂军事，不能宏观谋略；再加上有令不行，各行其是，各人只顾眼前，甚至以邻为壑，落井下石，结果连个小小的李继迁都对付不了，以致让他成为大宋王朝的大祸患。

澶渊之盟，虽胜犹败的屈辱之约

以李继迁为首的党项人在拿下灵州、稍作休整后，又开始向宋朝的环州和庆州进攻。此时，辽国也开始发兵向大宋宣战，辽国大将耶律诺衮和萧挞凛率军进攻宋军的前锋大营——定州，为此他们准备了充足的兵力。这使大宋王朝两面受敌，真宗倍感无奈。

辽军自开战后，一路闯关斩将，王超奋勇抵抗。辽军新主帅萧挞凛凶狠无比，是骁勇善战的将领。两军在定州北地望都县展开了激战，王超奋勇杀敌，以少对多，在夜色的掩护下击退辽军，但因为兵力严重不足，王超手下的重要将领王继忠英勇殉国。

真宗闻此消息悲愤难当，下令要北线集结 15 万大军，与辽军作战。此次他吸取了上次三路大军分散的教训，全部都集结在定州，布阵排兵，以骑兵为中心，步兵在外围。真宗还安排了多处陷阱，等待辽军中计，但此时辽军已经撤兵，宋朝庞大的军队只能集结在定州，时刻警备。此时主动出兵辽国似乎是最好的选择，但是真宗已将“主动出兵”辽国的想法完全舍弃了，他当政后都是以“守”为主，大宋王朝也正是在“守”中军事力量逐渐走向衰落。李继迁和辽国，已经让真宗焦头烂额，朝野上下一片恐慌，一些大臣提出要动用北方与辽交战的兵队去支援西北，对付李继迁。但真宗对李继迁的判断是：他在要诈，他真实的目的是西边。

真宗此次的判断是正确的。李继迁的确是在玩声东击西的把戏，他不敢动辽国，也不敢轻易攻打宋朝，只有向西进攻吐蕃族。当时吐蕃族的首领为潘罗支，之前已经与宋朝交往密切了，如今他是大宋王朝的朔方节度使。潘罗支向真宗报告说自己已经做好与李继迁交战的准备。但不久后，真宗得到了一个坏消息，李继迁成功打败了潘罗支，攻破了西凉城，吐蕃部族就这样被赶出了河西走廊。

当时的河西走廊，即现在的甘肃省黄河以西，祁连山与合黎之间，东西长约1200公里、南北宽约200公里的广袤区域，历朝历代都是中原通往西域的咽喉要道，汉唐时期最著名的“丝绸之路”就必经这里，战略意义极为重大。攻下河西走廊的李继迁又继续向西杀去，他想抓住潘罗支，将吐蕃部族全部荡平。而此时的潘罗支选择了投降。当然，这种诈降的招数已经被李继迁用过多次，他自然知晓其中的阴谋，但自负的他还是决定受降，因为他觉得自己的实力远在潘罗支之上，哪怕对方使诈，也能够在关键时刻取胜。

但事与愿违，在李继迁回撤的时候，伏兵四起，吐蕃六谷部族召集了其他的部族，所有人力合围李继迁。李继迁在此战中身负重伤，没过几天就死去了。

失去李继迁的党项人元气大伤，潘罗支借机卷土重来，党项人落败逃回灵州。此时，李继迁的儿子——年仅23岁的李德明继位，其困在辽国、大宋、吐蕃之间，大宋若此时出兵，完全可以将党项灭掉，可当时的大宋朝已经失去了震慑四方的威力，软弱的真宗反而派人去安慰李德明。可当时的李德明已经归顺了辽国，辽国萧太后封他为尚书令，并且派人到灵州祭奠李继迁。

这时，吐蕃人则准备主动向党项进攻，得到了真宗的支持。吐蕃在与党项的征战中，潘罗支被杀，西凉又被党项占去。大宋坐收渔利，并没有任何的损失。此刻大宋正专注于北线与辽国的战争。而在此期间，大宋国内的政局也发生了些许的变化，“圣相”李沆病逝。

此时的真宗急需要一个宰相来帮自己主持大局。其实，在李沆死之前，吕蒙正也病倒，其政治生命也走到了尽头。这时的宋朝面临着内忧与外患，选相一事刻不容缓。真宗遍览当下的几位参知政事以及枢密院的长官，比如王旦、王钦若、王继英等，能力似乎都有欠缺，最终真宗选定的宰相人选是毕士安，他是进士出身，从地方调至京都，以仁德闻名。真宗问他："当下大宋正值多事之秋，若选你做宰相，你认为谁可以做你的助手呢?"

毕士安说："宰相的位置必须要有才能的人担任才行，我恐怕难以担此重任，寇准忠贞正直，个性刚烈，可以谋断大事，他能够担此重任。"

寇准是华州（今陕西）人，聪明绝顶，才华横溢，19 岁便中进士，但是个性极为刚烈，疾恶如仇。太宗曾经说他就像唐朝的魏征，可惜自己不是唐太宗，最终寇准因为直言相劝，被贬为邓州知州。真宗即位后，才慢慢升为三司使。真宗很早就想重用他。此时毕士安提及此人，真宗有些担忧，便问道："此人刚烈过人，恐难服众。"毕士安说："此人处事方正，慷慨有大节；为国忘身，疾恶如仇，朝中大臣无人可比。任何人都有缺点，即使天才也有欠缺的地方。如今边境动乱，朝廷需要的正是这种不顾及自身利益、敢说敢当的人。"真宗觉得其说得有道理，随即听从了他的建议，启用寇准。

为了能够让寇准顺利坐上宰相之位，毕士安的办法干脆利落，第一步就是将诬陷寇准、报案的申宗古扔进大牢，严加审问，史称"具体奸罔"。将内幕搞清楚后，直接上报给皇帝。接下来就是将这种胆大妄为之人绳之以法。就这样，寇准顺利做了副相，辅助毕士安。

当了宰相的寇准终于理解"枪打出头鸟"这句至理名言了，在封建王朝的朝堂上，集权于一身便是积怨于一身，此时的他如在悬崖峭壁上行走，稍不小心就会跌落万丈深渊。而此时毕士安的仁德与忠厚开始发挥作用，不断地将寇准从危难中解救出来，甚至挽救了已经到崩溃边缘的民族和王朝。可以说，如果没有毕士安，就没有流传千古的寇准，更没有以后的百年和平。

但当宋朝刚宣布毕士安和寇准为相时，就发生了寇准造反的疑案，等到疑案水落石出时，北方的战警再响，辽国的铁骑又打进来了。

真宗景德元年（1004 年），契丹国主与萧太后发兵进攻宋朝。契丹的主帅萧挞凛率领着 20 万大军已经越过了瓦桥关，攻下高陵，直抵澶渊，契丹部队已经要越过黄河，直冲中原而来。宋廷惶恐不安，诸位大臣为是战还是降在争论不休。真宗万分焦急，问各位宰相该如何处理。寇准建议真宗直接到澶渊督战，一定会令守城将士士气大增，到时候战争自会取胜。但与寇准官职相当的王钦若和陈尧叟却力劝真宗抓紧逃跑。可见，此时的宋人已经惧怕战争了，他们的身上早已没有了血性。

此次契丹出动雄兵 20 万，一直南下，直逼开封，对宋朝构成了极大的威胁，真宗也确实没有遇到过此类危机的情况。但真宗却没有选择逃跑，他决定亲自披挂上阵。

果然，真宗一登上澶州的北城门楼，将士们的军心便大振，立刻反攻辽军。此时，辽军三面围攻，宋军就在要害处设置弩箭，辽军主帅萧挞凛带兵察看地形时，进入了弩箭阵地，随即中箭身亡。辽军见主帅阵亡，立刻溃散逃亡。

萧太后获知后，痛心不已，开始恐惧于宋军的战斗力，而真宗御驾亲征率领的部队也马上就到城下，萧太后知道再也无力对抗宋军，只得求和。萧太后下令暂停攻城，虚张声势震慑宋朝守军，而实际上则在准备议和。

寇准反对议和，认为如果辽国想要议和，除非他们对大宋称臣，并归还幽州之地，以此保宋辽百年和平。寇准的意见并未被采纳，真宗一心想和，他派使者曹利用到辽军处与其谈和。真宗还一再叮嘱他，如果要赔款，即便是每年一百万也要答应辽国的要求。寇准在一旁听了甚是痛心，便趁曹利用离开行营时紧跟其后，出了门，一把抓住曹利用的手说：“赔款数目不得超过三十万，否则回来时，砍掉你的脑袋！”

曹利用深知寇准的厉害，小心地与辽人商议，终于签下了屈辱的澶渊之盟：

1. 宋辽约为兄弟之国；

2. 辽圣宗称宋真宗为兄，宋真宗称萧绰为叔母；

3. 宋每年给辽银十万两，绢二十万匹，称作“岁币”；

4. 双方罢兵，各守旧疆！

真宗听罢，顿时松了一口气，觉得曹利用做得极好，以极小的代价换来了大宋王朝的和平岁月。可这已经成为大宋衰败的一个转折点，号称强大的赵宋王朝，竟被契丹族如此压制，拱手相让自己的土地，而且与其约为兄弟之国，并且岁岁纳贡，可谓是屈辱透顶。

“各守旧疆”的盟约使宋太祖与宋太宗魂牵梦萦的燕云十六州合理合法地成了辽国的领土，获得燕云十六州的大辽国，其骑兵可在华北大平原上直趋南下，从真定至东京，宋朝将无险可守。大宋王朝自此更加不重视军事方面的实力，一味地沉溺于富足闲暇的岁月中，一味地消沉懈怠，坐等日后“为人鱼肉”！

真宗封禅，劳民伤财修清宫

澶渊之盟之后，寇准便受到了真宗的重用。这引起了时任参知政事王钦若的妒忌，于是王钦若想方设法地诬陷寇准。在谗言的影响下，真宗果然开始怨恨寇准迫使他亲征之事，认为那是拿他的生命在冒险，并且认为签订澶渊之盟的耻辱都是寇准所带来的。于是真宗撤掉了寇准的相位，任用王钦若、丁谓等人为相。

对寇准的不公处置，引起了众人的非议，而澶渊之盟究竟是光荣还是耻辱，这个问题一直困扰着真宗，他开始寻求一种神秘的信仰来冲淡这个盟约带给他的负面影响。善揣圣意的王钦若见时机已到，便建议真宗效法古代的君王到泰山进行封禅。由于一无战功、二无国喜，真宗便觉得“师出无名”。王钦若说，那何不自己制造“天书降神”的假象，以此来令天下臣民信服。

真宗为了找回皇帝的威严，洗脱澶渊之盟的耻辱，便采纳了王钦若的建议：伪造“天书”以封禅泰山。“泰山封禅”包括“封”和“禅”。“封”就是在泰山顶上祭祀天帝，表示要把功劳归于上天。“禅”便是到泰山的小山丘上积土筑坛祭祀地神，表示报答大地的宽广恩赐。这个计谋听起来不错，但毕竟是假的，真宗感到颇为心虚，于是决定让宰相王旦给予支持。

为了说服王旦，真宗不惜屈尊请王旦喝酒，这让王旦甚为感动，随即发誓要效忠于真宗。此时，真宗还在思忖王旦的真心，为了笼络他，真宗以送酒的名义给了王旦大堆价值连城的宝物，这也是真宗对王旦的威胁，意为若尊崇圣意，金银财宝根本不是问题，否则后果会很严重……王旦心知肚明，识时务者为俊杰，王旦自然知道该如何去做。

大中祥符元年（1008 年）正月，真宗召见王旦、王钦若等人，说：“去年某天我打算睡觉的时候，屋里突然明光大闪，一位神人告诉我，要在下个月的三日在正殿做道场一个月，然后就会降下天书《大中祥符》三篇，还让我不要泄露天机。我赶紧站起来，神仙却不见了。十一月末，我就在朝元殿建立道场，现在皇城司报告，有黄帛落在承天门屋子角上。我仔细看了看，这就是神仙说的天书。”于是，真宗要群臣都留下来聆听天书的内容。三部天书的内容都是夸奖真宗恪守仁德之道，继承祖业，还叮嘱他以后要勤勉政事，最后说大宋国运昌盛。天书被真宗藏到金匮中，群臣以此大肆庆祝一番，还下令让百姓大吃大喝五天，以示祝贺。这也意味着真宗想借此得到百姓的支持。

果不其然，自此事发生后，真宗收到了全国各地的贺言和文章，并催促他到泰山去封禅。宰相王旦也顺应民意，率领文武百官、地方官员甚至和尚道士连续到宫中请愿。不久，“天书”再次降临到功德阁。这让真宗极为兴奋，为了表达对上天的景仰之情，他决定修建玉清昭应宫，以此宫殿供奉天书。玉清昭应宫耗资耗力，劳民伤财，可真宗不管这些，他要以极高的标准来修玉清昭应宫，即“东西三百一十步，南北四百三十步，总共二千六百一十区”，是一项浩大的工程。为了保证质量，真宗委任三司使丁谓为监，而丁谓就是借此成为真宗的心腹的。

如此浩大的工程，在当时的建筑技术水平下，需要十年的时间才能完工。丁谓为了讨真宗的开心，要求工匠日夜不停地施工，工期缩短了一半多。而丁谓实行的不过是人海战术，每天约有三四万人在工地上忙碌着，耗资可谓是不计其数。另外，为了找更多的工人，他不惜搜罗天下，奴役百姓。各地方官员也想借此机会在百姓头上作威作福。南方在砍伐木材的时候，由于丁谓定下的期限极短，服役的民工日夜加班甚至劳累致死，官吏们还指责他们延误工期，将工人的妻儿押入牢狱之中。玉清昭应宫所花费的钱财不计其数，里面自然也是奢华无比，连壁画都是用黄金做颜料绘制而成的，四方名画古画都放置于墙壁之上，这座宫殿可以称得上是当时建筑史上的奇葩。只可惜，这座凝聚了无数百姓血泪和智慧的大建筑，仅仅在十多年后便毁于一场大火。

大中祥符元年（1008 年）四月，真宗再次下令到泰山封禅。此次王旦是封禅大使，其他诸位官员随行。这次封禅声势浩大，安排事无巨细，从山下开始到山顶每隔两步就设一人供使役。山路陡峭，登山的各位官员都由人小心服侍着。封禅仪式开始后，程序烦琐：三献、读玉册、封金匮、阅视一步都不少。等仪式结束后，山下高呼万岁的声音震荡在山谷之间，久久不散。

据史书记载：真宗从开封出发到泰山，然后回到开封一共用了 47 天，到达泰山的时候，天气变阴，而且狂风大作，烛火都无法点燃，到了举行封禅仪式时，天气突然转晴，一下子万里无云，真宗认为这是神灵护佑的结果。有了这样的经历后，真宗更加沉溺于各种禅宗之道。自此他回到开封后，便开始大肆地举行各种祭奠活动，大修宫观，这么做一方面是为了掩饰他的无能，粉饰太平，另一方面也是在告诉辽国，大宋是听信天命的，天命是不可违的，不要妄图侵犯大宋。真宗的这种行为刚开始也赢得了百姓的认可和尊重，但是后来因为大修宫殿、道观，劳民伤财，政治腐败，社会矛盾变得尖锐起来。

真宗费尽心思大搞封禅活动，其对大宋的影响绝不仅仅是经济上的，还标志着上层机构腐化、政治日趋走向形式化，大宋王朝从此之后开始走向衰落。

忠臣遭害，奸佞设计揽大权

寇准一向为人耿直，个性豪放，这种个性在当时的社会环境下，也注定了其命运的多舛与仕途的不顺。在澶渊之盟后，因真宗解不开的心结，再加上朝中小人丁谓从中作梗，寇准被贬为山南东道节度使。

丁谓是真宗时期有名的大奸臣，他少年博学，才华横溢，其在诗文方面有着极高的造诣。淳化三年（992 年）中进士甲科，从此步入仕途，历任大理评事、饶州通判、福建路采访使等职，政绩比较突出。但后来他却成为宋真宗时期有名的残害忠良的奸臣。

自大中祥符初期以来，他与王钦若、林特、陈彭年、刘承珪极力鼓动真宗东封西祀，装神弄鬼；又让真宗大兴土木，修建玉清昭应宫、景灵宫等，劳民伤财，不计其数，被称为“五鬼”。此时的他，已经彰显了其人性中的丑陋的一面，欺上压下，迫害他人的行为已有所暴露。一次，朝廷宴请大臣，召来数名艺人以助酒兴。节目主要是魔术、手技之类，如遮藏、弄碗盏酒注、吞丸、挑珠等。当时场上的表演极为精彩，气氛也较好。丁谓对知制诰夏竦说："久闻舍人诗名，这弄碗注的事还无人吟咏过，舍人何不吟诗一首，让我们饱一饱'耳福'呢？"夏竦听罢，淡淡一笑，诗兴大发吟道："舞拂挑珠复吐丸，遮藏巧便百千般。主公端坐无由见，却被旁人冷眼看。"对于夏竦的讽刺，丁谓虽然气愤难耐，但为了实现其攀登更高位的野心，只好先暂时忍着。但这只是暂时的，他下一步的计划便是扳倒宰相寇准。

其实，丁谓是靠寇准才上位的，而且寇准为了提拔他，还煞费了一番苦心。当初的首相李沆对丁谓很不满意，寇准再三推荐，李沆始终不理会。寇准怒气冲天，当面质问他："我多次向你推荐丁谓，你无所表示，你认为丁谓实在无才能，还是怀疑我的话？"李沆道："丁谓确实有才，但此人心胸狭窄，不堪重任。"寇准道："像丁谓这样的人，李相以为能一直将其压在人下吗？"李沆无可奈何地一笑说："日后你若后悔，就能证明我今日所言是正确的了。"

丁谓对寇准感激万分，后升到参知政事，就是副宰相，为正二品的高级官员。寇准秉性豪爽，不注意细节，经常是狂饮乱吃，无拘无束，一醉方休。有一次中书省会餐，寇准饮酒尽兴，有些醉了，将菜汤弄到了胡子上面。丁谓坐在他身旁，站起身上嬉笑着说："相公醉了，竟用胡须喝汤。来，来，来，待下官替你擦干净了。"说着便伸衣替他擦拭。口齿已不大利落的寇准，一把将丁谓推到一边说："谁说我醉了？你，给我走开。身为参政，是国家重臣，却为长官拂须，像什么话？"这话本是开玩笑，但因为丁谓在朝中的口碑极差，众人见他出丑，立即捧腹大笑，丁谓深感耻辱，从此便开始怨恨寇准，从此处也可以看出丁谓就是心胸狭窄的小人一个。

丁谓此后便开始结党营私，勾结武臣曹利用、翰林院学士钱惟演等人，在朝中为非作歹，设法陷害寇准。真宗晚年，卧病在床，主要由刘皇后主持政事，后宫涉政，让寇准心中颇为不满。他上奏真宗说："皇太子颇具威信，望皇上以社稷为重，传位于太子。此外，丁谓阴险狡诈，非辅佐太子之才，应另选忠义之臣辅佐太子。”真宗一一应允。不料，此事被丁谓知晓了，便恶狗反咬一口地对真宗上奏说：“寇准预谋废旧立新，心怀叵测，恃权横行，其罪难赦。”真宗又听信了丁谓之言，将寇准降为莱国公，仍留京城，并任太子傅。

真宗已到风烛残年之际，一旦圣驾归西，大权一定会被寇准把持。丁谓、曹利用、钱惟演三人很是害怕，于是处心积虑又策划了周怀政一案。

周怀政是太监，身监入内副都知。真宗自知不久于人世，一天，他便与周怀政商议，打算要太子代理朝政。正管理着太子左右春坊事的周怀政听到甚是高兴，便与寇准一起商议此事。谁知走漏了风声，丁谓碍于太子的情面，无法加罪于周怀政，只能隔断了周怀政与皇帝的联系。被疏远的周怀政心神不宁，决定诛杀丁谓等人，让寇准做宰相，并迫使真宗禅位于太子，废掉刘皇后。在与弟弟周怀信商议后，定于本月二十五日起事。想不到头一天晚上，与周怀政一起密谋的杨崇勋、杨怀吉等人将此事告诉了丁谓，丁谓又将此事告知了刘皇后，皇后便命人杀掉周怀政。丁谓想抓住此机会，置寇准于死地。不久，周怀政与朱能伪造天书的事也真相大白，丁谓便以此为借口，诬陷寇准与此事有关，很快寇准便被贬为山南东道节度使。此后，丁谓等人又将此事无限地扩大，以更多的罪名将寇准贬往少数民族聚居区道州任司马。

将寇准踢出局后，丁谓在朝中更是为所欲为。宰相李迪与寇准的关系很是要好，他曾为寇准求请。丁谓便斥责他说：“你莫非想违背圣意，擅改圣旨，庇护寇准吗？”李迪没有争辩，但分歧却越来越大。丁谓除掉寇准这个心腹大患后，又开始动手清除另一个政敌李迪。

天禧四年（1020 年）年末，真宗病情有所好转，在承明殿召见群臣，说：“太子年德渐长，更兼皇后贤明，可以辅佐太子。朕想就此退位，让太子临朝治事，皇后居中辅佐，你们以为如何？”群臣欣然从命。然后命学士起草制书，由真宗批复后付诸实施。于是群臣加封，满朝欢饮。丁谓对李迪的加封甚是不满，而李迪也早对丁谓在朝中为非作歹、肆意妄为心存不满。

恰巧在第二天早朝时，丁谓提及了要提拔自己的旧交林特为枢密副使一事，这激怒了李迪。他呵斥说："林特去年升为右丞，今又改为尚书且任东宫官，这些无一合乎规定。如今你又要为他请官，难道你想独断专行，无视天法不成?"二人吵闹不休，甚至还大打出手。这让朝堂上的真宗大为愤怒，说："这是你们的加官制书，我已一一批复，你们各有升赏，为何还要大打出手呢?"在震怒之余，想治二人的罪。这时，曹利用知道李迪是想与丁谓同归于尽，于是劝解道："宰相下狱，是件惊天动地的大事情，应该谨慎从事为好。"在众人一再劝解下，真宗决定将丁、李各降一级，免去宰相之职，令丁谓任河南府知府，李迪任郓州知府。丁谓不想离开京城，钱惟演也担心自己失去丁谓这个靠山，便极力劝说真宗，为免遭皇上疑心，只好调和二人矛盾。真宗点头称是，遂恢复了二人的官职。但是李迪并不知自己已经"复职"。丁谓便从中作梗，催促李迪离京到郓州上任。被蒙蔽的李迪只得悻悻地离京，当时病糊涂的真宗对此事却毫不知情。曹利用、钱惟演虽然知道真宗已经复了李迪的宰相职位，但他们为了维护自身的利益，是断不会告知李迪或其他人的。其实，造成李迪冤案的，除了狡诈的丁谓利用真宗的病弱之外，还有一个极为重要的原因便是皇后刘氏。真宗久病之后，记忆力日渐衰退，很大程度上要依靠刘皇后。刘皇后聪明伶俐，诸事过目不忘，但她对李迪含冤一事却充闻不闻，其中也是有缘故的。

原来，真宗患病期间，喜怒无常。一天对朝臣们生气地说："宫中所有的人都在刘氏那里，只剩我自己在这里，实在是令人气愤。"群臣听后，知是他们夫妻之间的纠纷，便没说什么。而只有李迪不识时务，对真宗说："国有国法，家有家规，皇上只依法行事就好了，何必为此小事而气愤呢?”此话传到刘皇后那里，便对李迪怀恨在心。如今李迪遭难，正合她意。

丁谓随后又设计陷害另一位政敌王钦若，将其政治上的对手一个个地消除，从此将朝中大权独揽，做起狠事来更是无所顾忌，肆意妄为。这说明了当时当权者的昏庸与无能，任由小人作乱，嫉贤妒能，这也为后来王朝的衰亡埋下了伏笔。

第四章

守内虚外，积贫积弱：在改革中挣扎的大宋王朝

因为大宋奉行“守内虚外”的政策，北宋至宋仁宗时积贫积弱，内忧外患日益严重。在此情况下，北宋有识之士认为只有进行改革才能富民强国，因而进行了多重的改革，其中最为著名的是范仲淹主持的“庆历新政”和王安石变法。庆历新政的中心思想是整顿吏治，巩固封建王朝的统治。后因为触及了官僚、权贵的既得利益，遭到了强烈的反对，仅实施一年多便宣布失败。这就使大宋在积贫积弱的泥潭中越陷越深，统治的危机也是愈发严重。为了富国强兵，进一步巩固封建统治，到了宋神宗时期，他又任用王安石进行变法，王安石从富国、强兵和用人三方面进行改革，而这在一定程度上又触及了大地主、大商人、特权阶级的利益，遭到他们的强烈反对，这次变法最终宣告失败。这就使大宋王朝在改革中挣扎不休，使其一步步地走向衰落。

丁谓受贬，天道无亲惟向善人

天禧五年（1021 年）春，翰林学士刘筠暗道：皇上久病，糊里糊涂，奸臣乘机弄权，这样的局面不可再为朝官，便上书请求外任。而这正合了丁谓的意，丁谓遂派他到庐州做知州去了。至此，丁谓已将朝中的政敌完全清除干净，将大权独握，任意妄为。

乾兴元年（1022 年）宋真宗病死于延庆殿中，仁宗即位。当时的仁宗年幼无知，由刘太后垂帘听政。丁谓在刘太后的庇护下更是独掌大权，国家大事完全由以他为首的文官申报草拟，批准后又由丁谓党羽贯彻执行，皇帝年幼又与太后相距甚远，所谓的批复，仅仅是个形式而已，皇宫内外，庙堂江湖，人人只知丁谓不知皇帝，他不是皇帝其权也胜似皇帝。

古人说："天道无亲，惟向善人。"若将天道理解为自然的规律，这句话大概就是说，善有善报，恶有恶报，丁谓设计陷害寇准、李迪，并将两人贬谪后，又设下毒计，想置两人于死地，无奈未曾得逞，心中有些遗憾。但是他所做的这些恶事，终于让他得到了应有的报应，他的厄运从给真宗皇帝修陵开始便已经降临。

真宗去世后，身为宰相的丁谓按照常规，当了山陵使，即为真宗造陵墓的总负责人。在古代，给皇帝修建陵墓是仅次于新皇登基的大事，当时的宋帝陵建在洛阳。这样丁谓就不得不离开开封，到洛阳去亲自监督，而这对于嗜权如命的丁谓来说，找一个替身分担一下就成了必要。

这时一个人站出来了，他就是大太监雷允恭，他是皇宫与外界连接的唯一桥梁，不但皇帝太后对他另眼相看，就连权倾天下的丁谓都"深德之"，也正是通过他，丁谓才得以牢牢地控制着皇宫内部。

雷允恭是个好面子、爱出风头的人，对于"山陵使"这样代表着极大荣耀与特权的差事，自然是不愿放过，于是终日在太后面前进言，终于获得了这样的差事。太后同意后，丁谓也只能同意。雷允恭一到洛阳便对山陵副使张景宗等置之不理，自己主持一切。

事有凑巧，雷允恭到任后，负责陵墓勘察的司天监邢中和突然有了新的发现，他告诉雷允恭，根据最新星象观察，坟墓的位置若能向上移一百步，将会对子孙后代有极大的好处。雷允恭自然是高兴，觉得仅凭这一发现便可以在太后和丁谓面前邀功要赏，于是便督促邢中和抓紧行动。

“怕就怕那里的石头太多，而且会有地下水。”邢中和有些担忧，因为地下水是建陵最为忌讳的。要知道阴宅入水，死者不安，生者不孝，况且这是帝陵，一旦出事谁也承担不起责任来！但是雷允恭被自己好大喜功的疯狂想法冲昏了头脑，不肯错过这千载难逢的机会，于是便不顾他人的劝说，固执地依新方案进行施工，自己则极有信心地回开封向太后禀报。

刘太后听到雷允恭擅自更改帝陵施工方案，心中有些不悦，但也不好直接反对，便让他去找山陵使丁谓商量。然而丁谓听到回报后，他明知此事不可，却不置可否地含糊其词，雷允恭便回报太后说：“山陵使不反对！”既然山陵使都不反对，太后也就无话可说了。

改的结果跟风水大师预料的一点不差，地下水果然冒出来了，雷允恭一下子傻了眼，他知道自己将大祸临头，包括丁谓也一样会跟着倒大霉。

此事一出，丁谓可以为自己开脱罪责，但却制止不了别人的有罪联想。又是王曾，他根本不用振臂一呼便立即得到了群臣的响应，因为大家对丁谓的飞扬跋扈早已经厌倦，群臣取得了一致，王曾找到了太后，阐明了自己希望借雷允恭扳倒丁谓的想法，自然与太后是一拍即合。刘太后对丁谓早已心生不满，只是怕自己势单力薄才不得不暂时收敛锋芒，这次探明了群臣的想法，自然是高兴异常。

刘太后也是政治高手，帝陵出了问题，自然要亲自过问一番。她召来丁谓，与皇帝一起垂帘问责。丁谓自然也是不敢怠慢，他虽然自己没有明确地反对负有责任，可还是努力地撇清与雷允恭的关系。他滔滔不绝地讲，没有人打断也没有指责，直到一个内侍突然出现，撩起帘幕奇怪地问他在与谁说话，皇帝和太后早就走了。

丁谓异常愤怒，堂堂的大宋宰相就如此被戏弄了，他咽不下这口气，这也是对他公然的侮辱和蔑视。然而丁谓却无计可施。此时这件事已经传遍了整个大宋官场，大家都保持沉默，却在沉默中暗地结下联盟。大臣们探清了太后的意图，明白太后之前对丁谓的纵容不过是韬光养晦之策，现在太后站出来了，形势明朗了，也该到动手的时候了。

竟然敢在帝陵上面做文章，雷允恭自然是在劫难逃，并且还查出他盗用大内的金银珠宝无数，直接被乱棍打死，家属发配边疆。一个“从犯”尚且如此处置，那山陵案的“主谋”该如何处置呢？宋乾兴元年（1022年）七月的某天，宰执大臣们正在进午餐，突然间后宫宣召大臣们觐见，唯独丁谓例外。他被孤零零地留了下来，顿时明白了他即将面临什么，他的命运正在不远处被别人决定着，而做决定的这些人，不久前还对自己唯唯诺诺，而曾经呼风唤雨的自己此时却显得孤立无援，如此楚楚可怜。

从人人侧目到孤家寡人，一个小把戏，以皇太后为代表的皇权就将他的队伍打得七零八落，正如《论语》中所说：“以力服人者，非心服也，力不赡也。”不得人心的结果就是如此孤立无援。那一刻的空荡，足以让他明白何为真何为假，他再聪明强悍，也挣脱不了制度的局限性，也超越不了时代的束缚。

王曾上奏说：“丁谓不忠，得罪于先帝和宗庙，已入了‘十恶’之内。”太后最后决定：免去丁谓的宰相职务，以太子少保分司西京。依规定，宰相罢官，应该由翰林院学士起草文告，由于太后不愿意再见到丁谓，为了尽早执行，召当天值班的中书舍人，草写了一张贬官告示贴在朝堂上面，就算是生效了。然后再布告天下，补办手续。

丁谓罢官受贬离开京都，随后，丁谓的儿子、党羽也被贬官后赶出京城。然后有关的人亦被逮捕审讯，将以前他假造符瑞、装神弄鬼、贪污受贿的事情一件件弄清楚了。于是他的官职被一贬再贬，最后贬为崖州（今海南崖州）司户参军。

丁谓无疑是个有才气的人，他曾在大宋官场做出过一定的政绩。真宗初期，政治清明，他凭借其才华做了许多的好事；而到真宗后期，政治腐败，他便开始溜须拍马、装神弄鬼、弄虚作假，成了“五鬼”之一；再往后，刘太后要专权，与寇准、李迪等人产生了矛盾，他得以排寇准、逐李迪，独霸朝政。最终因为与刘太后的矛盾也垮了台。从丁谓的人生经历中，我们可以读出封建专制的最大赢家始终是皇权，无论是借丁谓的手扳倒寇准、李迪，还是借雷允恭案打倒丁谓，都是最高统治者强化皇权的必然结果。

后宫涉政，一代“圣后”的天子野心

宋真宗的第二任皇后刘娥，在宋真宗去世后，垂帘听政长达十余年。

刘娥出身寒微，但却是个极有手腕的女人。身为后宫女人，外表自然光鲜，但内心却苦涩。因为宫中美人众多，党派分立，稍有不慎就会死无全尸。而刘娥作为一个毫无根基的女人，竟然能够在宋真宗赵恒身边受尽专宠达 40 年，从 15 岁青春美艳到 50 多岁风韵犹存，她都专宠不衰，可见其手段的高明。

刘娥之所以能一生受尽皇帝的荣宠，不在于其美貌，而在于她是一个有头脑的女人。在真宗晚年多病时，刘娥就经常出面为皇帝出谋划策，深得真宗赏识。所以，当真宗去世后，年幼的宋仁宗继位，太后刘娥就自然要辅政了。北宋的前三代君主都是成年继位的，而此时的宋仁宗年仅 11 岁，并不具备亲政的能力。这时大宋朝内急需要一名辅政的人出来为小皇帝保驾护航。刘娥便成了当时朝中辅政的最佳人选，因为她在真宗晚年曾多次参与政事，并且通过对王钦若和丁谓的重用，得到了诸多大臣的称赞。于是当刘娥向大臣们宣布宋真宗遗诏“此后由皇太子赵祯在资善堂听政，皇后贤明，从旁辅助”的时候，没有大臣出来反对。

刘娥曾用丁谓打击朝中寇准一派，而当丁谓肆意罗织罪名，意图将寇准等人一网打尽而引发众怒的时候，刘娥又联合其他势力，迅速地将丁谓一党铲除，从而从根本上确立了自己在朝中的权威。

同时，刘娥为政也算是严明公正，没有私心。身为一国之母，她与娘家兄长刘美关系极好，对刘美以及其侄子有所偏袒，但并不纵容他们插手朝政。在大是大非面前，她总能够保持清醒，尊重大臣们的意见，而且她还懂得知人善任，当时的王曾、张知白、鲁宗道等都受到了她的重用，刘氏姻族也没有做出任何对国家有害的祸事。当时有个叫王蒙正的官员与刘美是亲家，其儿子王齐雄打死了一位老兵。王家便逼迫老兵妻儿说是老兵自己生病死的。开封府官员查明真相后，要求治王蒙正的罪。后来事情更捅到刘娥那里，刘娥说：“王齐雄并没有杀人，杀人的是王家的奴才呀?”官员回报说：“奴才怎么会自作主张，想必一定是听了主人的命令。”刘娥一听如此，也就不再多说，默认了此事。王蒙正便依罪受到应有的惩处，而那个审案的官员也因此得到刘娥的重用。

在生活中，刘娥也是极为简朴，极为自律。在以太后身份摄政期间，太后宫中的侍女见到皇帝身边的侍女衣着华丽，极为羡慕，曾经多次向太后提及，希望能够穿好一些，以免被比下去。可刘娥却说：“那是皇帝嫔御才能享用的，你们没有那样的资格。”

对于宋仁宗的生母李氏，刘娥也总能以礼相待。仁宗生母李氏去世时，有人曾告诉皇帝说刘娥可能杀死了她。宋仁宗盛怒之下派兵看守刘娥的娘家，一旦查实，就抄家严办。可事实上李氏并不是被人所杀，且是以皇后的冠服安葬，事情搞清楚后，仁宗愧疚不已。

在摄政十多年中，刘娥独揽大权，加上有宋仁宗的绝对服从，她是完全有能力称帝的。但她却没有那么做。一位官员曾向刘娥献《武后临朝图》，不料刘娥亲手掷于地上，说道："我不会做这样的事！"很多人认为刘娥是"有吕武之才，但无吕武之恶"，将刘娥视为北宋第一圣后。话虽如此，但这也并不表明刘娥没有称帝之心。

那位给刘娥献图之人正是程琳，就是他在做开封府尹的时候，惩罚了刘娥兄长的姻亲王蒙正。程琳曾经出使过契丹，其言行不卑不亢，展现了大国使者的风范。后来因为处事公正被刘娥重用。当时的刘娥身边的确也需要这样一个正直多谋的人为她处理政务。之后程琳升任工部侍郎，担任龙图阁学士，又以翰林侍读学士的身份再次出任开封府尹，之后又出任仅次于宰相的三司使一职，再后来参知政事，可谓是官运亨通，成为刘娥执政时期的一位实力派人物。

这样的人物在朝堂上向刘娥献《武后临朝图》是颇具深意的。他本人比较正直，献此图，不是为了拍马屁，而是为揣摩刘娥心意而做出的举动。程琳在献图时，正是为了替刘娥试探朝中大臣的风向。当献图发生时，大臣议论纷纷，群情激愤，从此处刘娥便看出来了自己是不能称帝的，于是便公开地假意拒绝。之后，她不对献图的程琳给予贬斥，而是提拔重用，也可以看出，她并非对帝位没有觊觎之心。之后所发生的一些事，也证明了这点。

在刘娥摄政十年之时，宋仁宗将太后的生辰长宁节的礼仪升级到与皇帝生辰乾元节相同的规格。在刘娥摄政的最后一年，朝廷举行了祭太庙大典，刘娥竟然提出要着天子衮冕祭祀太庙。群臣顿时哗然，却只能将皇帝衮衣上的饰物稍减了几件，呈了上去。明道二年（1033 年）二月的一天，皇太后刘娥身着衮衣、头戴仪天冠，在近侍的引导下步入太庙行祭典初献之礼。仪式结束后，刘娥在太庙文德殿接受了群臣给自己上的尊号：应天齐圣显功崇德慈仁保寿皇太后。同年，刘娥病逝。

刘娥之所以在执政时不称帝，是因为她怕遭到朝中大臣的反对，毕竟古时将父死子继视为正统，再加上古人对女子的藐视，在她是太后的时候，大臣们对她久不还政就屡有怨言，她如若只为满足自己一时的私欲而称帝必会使群臣激愤而攻之，最终难免落得悲惨的下场。与其毫无底线地放纵自己的欲望，不如懂得克制，虽然略有些遗憾，但却享尽了一世的荣华，得到后世长久的尊荣，这也算得上是一件幸事！

弊端丛生，在弊政延续中苟延残喘

明道二年（1033 年），摄政的皇太后刘娥去世，宋仁宗赵祯亲政，启用自己的老师张士逊、李迪为宰相和副宰相，并为名臣寇准平反昭雪，赠中书令，复莱国公，又将奸臣钱惟演逐出京城，调去洛阳，大宋江山内部呈现出一种清明之态。但是，因为大宋在前期奉行“守内虚外”的政策，到仁宗时期，积贫积弱的现象日益严重，具体表现为：国用未足，滥官未别，冗兵疲马。

国用未足，指的是经济方面的危机，其主要原因有：第一，连年的自然灾害，使民不聊生。据记载，明道二年（1033 年），江南、淮南大旱，人民忍饥挨饿，流离失所。后来又流行时疫，死亡人数达总人口的十分之二。据史书记载，政府为救济灾民，设立粥棚，染上时疫的百姓一喝粥就死，有的村子人全死光了。此外四川、山东等地也都不同程度地受灾。第二，政府铺张浪费，奢侈腐化问题极为严重。宋刑部员外郎宋祁当时曾上书说，朝廷有三冗三费。三冗是指“冗员”“冗兵”“冗费”。“冗员”造成政府行政效率低下，且财政困难；“冗兵”造成国家负担沉重；“冗费”导致财政开支增加，不利于国家发展。三费中的“一费”是指道场斋醮，每天必有，每次最少七日，多至四十九天，所浪费的香、蜡、纸、烛、菜蔬、酒面、钱帛，数都数不过来，而这些都由官府支出。有的人假借为皇帝祝寿，为百姓祈福，其实都是为了骗钱。二是京城寺观。为这件事情浪费的粮食和置办的官司，比普通的州县寺观多二倍以上，加上每年还要供给帐帷，施舍田产，装修神祠，增建塔庙，所花费的钱财数目极为惊人。和尚不劳动也不服兵役，可花费也极多。第三，无论边疆内地，到处设立节度藩镇。宋制规定，国家每年支给节度使藩镇公用钱，用以奖赏有功之人，招揽贤能之士。内地所设的藩镇，既无兵可带，又无须招纳宾客，可照样支领公用钱，用来中饱私囊。其实，滥赏浮费，远不止以上三条。经济困难的第三条原因是管理不善。茶盐是国家赋税收入的大项，而在其收支上存在诸多的漏洞，这就给国家的财政带来了极大的损失。康定元年（1040 年）五月，权三司使郑戬曾上书说，建国 80 年来，人口增加，土地垦辟，自然条件与刚建国时相比，有了较大的改善，但国家的实际收入却大大地减少，究其原因乃有法未行，官吏失职，赏罚不明。以铜盐茶酒为例，前一年税收与额定数字相比，减少了数万贯。支出却年年增加，导致三司匮乏。另外，地方的绝大部分税收，都用于养闲散的军队。以当时的河北为例，其全路的赋税只够当地驻军花费的十分之三，此类现象，在全国诸路都有。同时，政府官僚机构的膨胀也同样地危害朝廷。太宗初期，大宋官员不论文武，在册者才 200 人，真宗初就增加了一倍，为 400 人。仁宗时期已超过千人。之后，只有增加的势头而毫无削减的迹象。这大大地增加了财政的负担，还造成了人浮于事的现象，政府办事效率低下，底层民众也是怨声载道。

以上的这些客观事实，正在不断地削弱着大宋的国力。一些有远见的有识之士也意识到改革的必要性。同时，仁宗初即位的十余年时间，朝政一直被太后所掌控，刘太后死后仁宗自然是希望通过政治上的革新，而能够有所作为。但是当时大宋的朝政被宰相吕夷简所把持，此人擅揣摩圣意，投其所好，上书陈述了新政八事，比如端正纲纪、禁止贿赂、辨别奸佞、停止力役、节省冗费等。不久吕夷简被贬，等他再度出任宰相后，出现了郭皇后被废的事情。此时的他已经将“新政八事”抛诸脑后了。他先后排挤了仁宗起用的正直老臣李迪、王曾等人，借以巩固自己的地位，他并非新政派，而是一个十足的奸佞小人，待自己的权位得以巩固之后，就开始大肆地引导仁宗制礼作乐，不关心时政，这种情况一直延续到庆历新党主持政事为止。

要实施改革，仁宗首先要启用“改革派”人物，他先将范仲淹等庆历党人推上朝廷中枢。此事受到多方的阻挠，颇费了一番周折。中间尽管屡次被奸人所阻，但仁宗还是冲破重重阻力，让范仲淹出任参知政事，富弼任枢密副使，晏殊、章得象任宰相，贾昌朝、韩琦、范仲淹、富弼、杜衍等共同出任执政，欧阳修、蔡襄、王素、余靖等人任谏官，庆历新政的人事已经安排到位。

当时建议实施新政的君子党以范仲淹和富弼为核心，他们在对抗西夏的武力侵略和辽国的外交讹诈中都建立了极大的功勋，这使宋仁宗看到了振兴宋朝的机会。不过庆历年间的这场革新与几十年之后的王安石变法有着截然不同的目的，而触发革新变法的用心也彰显出本质的区别。当然这其中君主的不同起着极大的作用，仁宗与神宗的个性差异对这两场政治变革的影响颇深。

宋仁宗虽然是帝王世家出身，但却是生于深宫，长于妇人之手。再加上其做皇帝后，一直受制于太后刘娥，这让他养成了懦弱的个性。这种个性感染了整个大宋王朝的国风，乃至使整个大宋的民风也呈现懦弱。

宋仁宗无疑是个懦弱的人，但是再懦弱也不甘心如此堕落下去，他也渴望能够建功立业，希望能够名垂青史。于是他便重用范仲淹和富弼这些改革派人士，听了他们的见解，他觉得大宋中兴有望，一统天下也有望。这种渴望恰恰被君子党们逮着正着，于是大肆地上书陈言先王的光辉业绩，让仁宗开始飘飘然，以为置一盛世无非“朕一语之功耳”。事实上，君子们这样的怂恿足以让任何一个平凡人都“雄心勃勃”，何况是一国之君！于是，仁宗就带着这种新奇与激动批准了改革措施，不过守旧派的大臣却不会让皇帝如此轻易地实行新政。所有的改革究根结底是对利益的重组，触及谁的利益，谁便将会成为改革最大的阻力。

庆历新政，大胆改革以图补救

庆历三年（1043年），自范仲淹担任参政知事后，仁宗常向其询问政事。范仲淹感激异常，又觉得为难，如今天下积弊已久，要彻底扭转并非朝夕之功，只能谨慎小心，循序渐进，不可操之过急。无奈皇上一再追问，又专为他开天章阁，备好纸墨，只要他写出自己的见解。这也意味着，大宋王朝急需要一场改革来挽救其积贫积弱的不良局面。

不久，范仲淹提出了系统的改革方案，他指出，所有的措施实施久了，都会出现这样或那样的弊端。要建立长久的事业，必须要懂得变通。宋朝自建立以来，纲纪松懈，上官不知下情，百姓生活在水深火热之中，“夷狄”骄横，“盗寇”猖獗，不能不改弦更张，以图补救。最终，奏疏从十个方面提出了具体的改革措施：

第一，明黜陟，即针对现在官员的考核制。当时大宋的官场有以下的制度：文官三年一迁，武官五年一迁，不问职务劳逸、政绩如何，不分内官外官，年头一到，即可升迁，这样官员们都混日子等着升迁，权势子弟争着当京官，不利于鼓励官员尽心竭力地为国家兴利除弊。针对这一弊政，改革的措施有：官员有大功大善者，破格晋升；而对于绝大多数无大功大善的碌碌无为之辈，则主张凡由举荐或者差遣而任职的，依旧按原制考核。京官中职务繁重的三年一考核，经五次考核后，人们都无异议了，才可升迁官职。而对那些不听差遣，另外“陈乞”的官员，改为五年一考核。对于老病愚昧或事状猥滥不能治民的，另行处理。犯有罪行的，视情节的严重与否，予以处分。

第二，抑侥幸，即主要针对大宋的“荫子”制度，目的是严格限制恩荫做官。自真宗之后，每年赶上朝廷举行郊天大礼或者是皇帝生日时，上到两省官下至杂御史以上的官员，每个人都可以奏请一子出任京官；少卿监奏请一子充试衔；其他正郎，带职外郎及诸路提点刑狱以上官，遇大礼都可奏请一子任斋郎。无子者可以骨肉亲属替代。范仲淹计算说，按照这个制度，一个学士官任职 20 年，一家之中子孙兄弟就有 20 人出任京官，因此搞得官僚机构臃肿，有才者无用武之地，实属一大弊政。具体改革的措施和办法是，对恩荫严加限制，重要官员也只有在大礼时才可荐举一子为官，其他官员必须任满两年以后才可奏请荫官，以减少机构中的冗员。这些都体现了他对时局“积弊已久，非朝夕可革”，欲速则不达的基本认识。虽可减小改革的阻力，但也可知他的改革并不彻底，效果也不会太大。

第三，精贡举，即为选拔精明强干之士。当时大宋王朝专门以辞赋取进士，虽然招取的进士不少，但有真才实学者却不多。对此，范仲淹建议诸校应培养学生治国安邦的才能以图补救。以后取士，应先考策论，再考诗赋，诸科在考经义注疏之外，还要考对经书思想的理解，使人们不再只于辞藻上面用心，更要懂得治国之道。最后判定等次时，进士主要看策论，诸科主要看经旨。各地推举进士时，先要考察他的履历与操守，不能只看才学。这样，国家和百姓才能从科举中获益。

第四，择官长，主要目的是严格地选拔地方主官。转运使、提点刑狱、州刺史、县令都是直接管理人民的官员，他们的贤愚，直接关系到地方百姓的安宁与幸福，是治理国家的根本所在。所以建议皇帝颁下诏书，让中书、枢密院与各级州县一一简述他们的办事能力与功过，并且对那些推荐人多的有能力的进行审查核定，最后可报到朝廷，由皇上亲自问对以最终决定是否录用。这样做完全是想选举出能够关心黎民百姓、均徭役、宽赋敛、维持地方安定的好官。

第五，均公田，即平均各官的职田。在真宗时期，为了使地方官员免于贪污，除了给他们发放俸禄，又给他们额外分一些职田，以使他们有相当的财力养贤。但是在实际的实行过程中，则出现了职田分配不均的问题。针对这一点，范仲淹指出，凡官员职田都要予以平均分配，以保证他们有足够的费用维持生活与进行婚丧嫁娶。然后要求他们廉洁勤政，并且要定期汇报和检查，以督促他们处理好当地的政事。有违犯者予以严惩。

第六，厚农桑，即为重视农业。朝廷要想保证长治久安，就要使人民安居乐业，这就要重视农业生产，只有重视生产，人民才会有足够的粮食和衣物，有了充足的生活保证，人们也就会爱惜自己的身体，爱惜身体，就会畏惧刑罚，盗寇也就会自然地消失，社会才会免于祸乱。目前国库空虚，粮食衣物昂贵，这种情况说明劝农没有取得一定的成效。皇上命令各级官吏，要集思广益，发展农业。并将古代劝农的方法印刷成书，以供各州、县官员参考使用，并且要求他们极力重视兴修水利。如此一直坚持下去，几年之后便可以使粮食增收，饥荒减少。这是富国、养民的长久之计。

第七，修武备，即为搞好国家的军事建设。当时大宋的西北边陲时常受到外敌的入侵，防守形势极为严峻，京师的守兵都调到远方去守边，一旦出现某种情况，是极难应付的。他们请求皇上秘密下诏，对京城卫兵实行府兵制度，平时在家务农。在农闲时，便可召集在一起训练，或集中一段时间加强训练，这样节省一些军费开支，在危急时又可防御外患。

第八，减徭役。大宋时期，与唐朝人口相比，数量少许多，但州县数目却不减，农民负担的徭役并未减少，甚至出现了连鳏寡孤独都要服徭役的现象，负担太重。范仲淹给出的解决办法是，裁并州县建置，以减少供役人数，使更多的人参加到农业生产中去。

第九，覃恩信，就是朝廷的赦令要严格地执行，以获得百姓的信任。现在皇上每次发布大赦诏书，天下百姓无不称赞皇上圣明。但一两个月之后，官府照样督责钱谷，克扣百姓，不见有宽赋敛、减徭役、体恤百姓的行为，使皇上对万民的关怀徒有虚名。所以要严格要求法令的执行，使朝廷的法令能够贯彻执行，使人民能够感受到朝廷的各种恩泽。地方官如果不认真实行，就要严厉地惩治，情节严重的，予以刺面发配。另外，每当南郊祭天以后，就选派精干的大臣，到各地巡查，检查官吏的政绩，了解民间疾苦，使朝廷赦书，一一付诸实施。

第十，重命令，就是要由朝廷统一各地的法令。现在朝廷的法令条文，繁杂而无威信，罚轻而不严厉，使上层官员失去了威信，下层官员不凭法律而全凭自己的意志做事，致使弊病丛生，百姓怨声载道。今后起草法令条文，一定要慎重，先细细地斟酌，努力使规章制度便于实行，然后再颁布天下，要求严格执行。违抗者，严惩不贷。

从以上十点可以看出，大宋的改革是将整顿吏治作为重点。宋仁宗根据以上的建议，从庆历三年（1043 年）九月到庆历四年（1044 年）发布了一系列诏书，宣布实施新政。比如，选用张昷之、王素、沈邈等清廉的官员为河北、淮南、京东都转运按察使，到各地区对知州进行考核，遇到不称职的就上奏罢免，重新选择一个称职的人。再由知州出面亲自对地方的知县、县令逐层进行考核。

另外，对于官吏的考察、任命和罢免也做了新的规定。内容主要有：除了有特殊功德与政绩的，不得破格升迁任职官员，有问题被罢免的，不许转官带职。凡是奖劝农桑成绩显著，查处案件昭雪冤狱，管理具体事务革除旧弊节约了开支等政绩不凡的人，都可迁调升官。京官任职三年，没有犯过罪而且有五位清望官员保举的，才可获准晋升，否则就要延期等待。候选的官员要参加考试，并有京官三人保举的才可以补官。没有才干、贪赃枉法、年迈病弱、胆小怕事的官员须革除不用。

在教育方面，仁宗下令建立学校，严格科举制度。要求各州各县都设立学校，选拔属官为教授，三年一换。吏员不足者，可以从乡里有学问、有道业的人中选拔任用，任职三年后，如果声誉良好，则可以上报，予以任用。

根据富弼的建议，宋仁宗还选择官员，设置修书局，让他们将太祖、太宗、真宗三朝的典故、法令编纂成书，下发各级官员，遵照执行，希望这样能逐渐地振兴颓废的纲纪，除去旧法弊病。

朝廷还以贾昌朝负责天下农田，范仲淹负责天下刑法，以督促新政的推行。范仲淹坚决推行新政，他在任各路按察使时，先将朝臣的姓名罗列出来，通览以后，勾掉不称职的姓名。富弼道顺手勾去一个人姓名容易得很，殊不知被勾者一家人将为此而痛哭几日。范仲淹则认为一家哭要比一路百姓哭好得多。于是将被勾者全部免官。

以上的几点新政措施，主要是整顿机构，使腐败的封建官僚体制有所改善，使严重的社会危机得以解决。但是这些措施侵犯了那些官僚贵族的既得利益，新政遭到他们的重重阻挠。

新政失败，结朋论党触动帝王神经

改革大将范仲淹虽然受到仁宗的信赖，以天下为己任，辛辛苦苦，日夜操劳，但是实行按察使制度，使大批的官吏被罢职，自然也会有许多人忌恨；实行的考察官员制度，在很大程度上都限制了极多官员的升迁机会，于是大量的诽谤、怨恨之辞传播开来。反对者先是散布范仲淹等人为党朋，而加以攻击，妄说升迁不公、有亲疏等都是“党朋”二字的佐证。

庆历四年（1044年）夏，仁宗曾专门与执政大臣议论朋党的事。范仲淹解释说：“物以类聚，人以群分。君子小人各自成党，关键在于圣上鉴别，如果君子们互相联络去做好事，对国家有什么不好？”言外之意是说，君子结成党朋，目的高远，是为了振兴大宋。他又说道“小人无朋，唯君子则有之”，因为小人以利合，也会以利散，所以为朋是暂时的，是虚伪的，唯有君子之朋才是真朋，所以人君最大的任务就是要退“伪朋”，进“真朋”！

庆历三年（1043年），吕夷简在众君子的攻击下退位了，庆历新政就此展开，吕夷简虽然倒了，可他的势力还在，于是一场较量就此展开。吕夷简系的官僚狠狠地抓住范仲淹和富弼不放，说他们在君臣之中结党，这触动了仁宗的敏感神经。就在四五年前，仁宗还专门下诏要求群臣不结党。而现在群臣之中就有人结党，仁宗如何能不气恼。于是，范仲淹、欧阳修等新政官员纷纷被贬。

不过仁宗皇帝还是一个主观上很期望有所作为的皇帝，这样一来贤人退、小人进，国政又陷入一片昏沉无力的僵局之中，于是仁宗很快又把范仲淹和欧阳修召回，请他们继续把新政推行下去。虽然新政得以继续推行，欧阳修心中对"朋党"之事仍有不忿，于是挥就了一篇《朋党论》。

这让仁宗很是敏感，他身为大宋江山的最高统治者，他不需要大臣有多大的能力，至少这不是他第一要考虑的因素，他首先考虑的是家族的长久统治，祖宗传下来的江山不会被别人取代，所以结朋党的人就是不能重用，欧阳修还长篇大论地为"党朋"正名，这让仁宗很不安。再加上奸佞小人夏竦从中作梗，仁宗心中不免对范仲淹一党犯了疑。

国子监直讲石介，是个正人君子，他敢做敢当，痛恨奸邪。范仲淹、富弼等人执政之后，他以为正人在朝，从此太平有望，心中甚是高兴，作了一首极长的《庆历圣德诗》。上自仁宗，下至庆历新党诸多人，逐个歌颂一遍，其中难免有些言过其实的话；他又给富弼上了一篇奏记，鼓励他多为国为民做事，望他能够与伊尹、周公一类大贤臣相提并论。夏竦使家中一个女奴习练石介笔迹，将石介奏记中的"伊、周"二字改为"伊、霍"，霍是指辅佐幼主、行废立之事的霍光，一字之差，奏记就完全变了味，成了石介鼓励富弼废掉仁宗，另立幼主的大逆不道的话。此外，他还假作了一篇石介为富弼起草的废立诏书，也要女奴以石介笔迹抄写出来，将这些作为证据，飞报朝廷。仁宗当然不会马上就相信，为免遭人猜疑，范仲淹、富弼请求解除朝中的职务，去边防任职。仁宗哪里肯依，二人一再请求，恰巧边疆报契丹出兵西夏，边境应该做出相应的部署防备辽、西夏秋季的侵扰，范仲淹主动请求，仁宗任命他以参知政事为陕西、河东安抚使，负责二地防务，将富弼留了下来。

范仲淹先赴任陕西，路过郑州。此时吕夷简在郑州赋闲，年纪已经很大了。范仲淹念他是两朝大臣，顺路前往探望。范仲淹告诉他，天子要他暂且到陕西、河东经抚边事。吕夷简摇头叹息道：如今你正面临危机。身在朝堂，手握政权，都不知道如何去应付了。一旦离去，怎么知道还有返回朝廷的机会呢？若只为了处理边事，还是在朝廷中处理妥当一些。范仲淹无话可说。

果然，范仲淹去后，朝中攻击他的奏疏一封接着一封。富弼虽为他极力地辩解，但是也没什么用，说来说去，连仁宗都不能不心中生疑了。富弼在朝中势单力孤，无力支撑，遂请求巡边。八月，仁宗委任他担任河北宣抚使。范、富二人出朝，石介感到难以立足，随后请求外派，于是被任命为濮州通判。

九月，仁宗任命杜衍为宰相，贾昌朝为枢密使，陈执中为参政。陈执中不是新党中人，因真宗时曾建议早立太子，得到仁宗的信赖。谏官如蔡襄等人连续上奏反对陈执中为参政，认为陈执中刚愎自用，不善于听取他人的建议，不能委以重任。但是仁宗却力排众议，执意重用陈执中。

十一月，仁宗颁布诏书，告诫朝臣切勿结朋党，相互争斗；告诫按察使，不可过于严格；告诫文人，不可肆意行事，出言滋事。这些诏书的颁布，表示仁宗开始对新政也有所不满了。

范仲淹、富弼出朝之后，攻击他们的人愈来愈多，新政也受指责，甚至有些难以维持了，多亏有杜衍多方努力，才得以继续下去。杜衍刚正无私，自从被任命为同平章事后，坚持推行新政，仁宗多次下诏给一些人委以官职，都被他压下，原封不动地退还，因此遭到怨恨。范仲淹的两位学生苏舜钦、王益柔都是才子文人，两人个性狂傲，出言多有得罪权贵，这两人的官职都是范仲淹举荐的，大宋制度规定：官员如果有罪，那么举荐他的官员也要一起受罚。所以，王拱辰等人就想利用惩罚苏、王两人之机将范仲淹牵扯进来，一网打尽。果不其然，等王拱辰的奏折一到，仁宗便将王益柔和苏舜钦等人贬斥。此后，反对派便变本加厉地攻击范仲淹等革新派人，宋仁宗动了罢免范仲淹和富弼等新政首领的心思。范仲淹也觉得自己在朝廷中待不下去了，请求免去参知政事一职，宋仁宗很快便同意了。杜衍从拜相到罢相，总共才120天，随着范仲淹等革新派人士被罢免，庆历新政改革彻底宣布失败。大宋仍旧在积贫积弱中挣扎，不断地走向衰败。

对于庆历新政失败的原因，有人评价说是因为新政触动了某些当权者的利益而受到阻挠，同时又没有真正解决地主阶级与农民之间的根本矛盾，如此等等。这都有一定的道理，但还有一个让人无法忽视的原因便是：封建社会的改革效果在很大程度上取决于最高统治者的决心如何。皇帝个人的素质、秉性、能力等往往是改革成败的关键。仁宗对改革派的信任有始无终，他最终听信了谗言，动摇了自己力图建业、振兴朝纲的信念，使改革最终半途而废。再者这次改革的基础本来就不牢固，主持改革的人并非握有实权的官员，而改革的目的只是更改法令，革除政权机构中的弊端，因此难以获得成功。总之，范仲淹、富弼等人的改革是在具备必要的客观要求，却缺乏合适的政治条件下进行的。虽然新政没能推行多久便失败了，但它毕竟是一次大胆的尝试，为以后的王安石变法提供了极为宝贵的经验。

内乱再起，平定贝州成就名相

至庆历五年（1045年），宋仁宗赵祯已经在位22年了。仁宗朝是强人辈出的时代，除一代政治女强人刘娥外，朝中还出现了像吕夷简、范仲淹、富弼、文彦博等一代名臣，神宗、哲宗朝的王安石、司马光、吕公著、吕公弼也都是在仁宗时缓缓晋升的。但是在这些强人背后，仁宗皇帝本人的治世才能便被这些强人所掩盖，他的所思所想始终隐藏在层层的迷雾之下。

依照传统的标准，宋仁宗是个不错的皇帝。《宋史》对仁宗的评价也不错，认为本朝虽然弊政重重，但他仍旧是个治世能人。朝廷上也不是没有小人，但是还是贤臣更多。君臣上下都是极为宽厚的，正是仁宗朝奠定了宋朝 300 年的基业。

史书上对仁宗最好的评价便是宽厚。他在辽夏战争爆发前夕完成了与西夏的议和，没有趁辽兴宗征发西夏时趁火打劫。在庆历党争中，似乎也是一言未发，只是在最后阶段出手，驱逐了新政派，但是要注意他仅仅是将他们贬到地方，并没有施加更大的压力。但由于他个性的软弱，使庆历改革失败，宋王朝积贫积弱的局面始终没有得到改善，军队管理不善，那必定要出乱子。

庆历七年（1047 年）十一月二十日，贝州宣毅军卒王则发动军事叛乱。王则本是涿州人，幼年逃荒到贝州。后来便加入了军队，成为宣毅军的一员。

宋代之所以要养活庞大的军队，其目的就是要预防叛乱。在宋太祖看来，自古就有叛民而无叛兵，遇到灾荒，与其让百姓流亡，还不如招来当兵。可是军队一旦叛乱起来就比百姓作乱更具有杀伤力，自然这次军队的反叛后果是相当严重的。而王则煽动群众依靠的是从黄巾军到太平天国屡试不爽的法宝：宗教。王则借用佛教，宣称自己是弥勒转世，再大造图谶祥瑞一类的神异之物，吸引了大量的信徒。最后在庆历七年（1047 年）十一月二十八日这天，趁着宋朝例行的冬至郊祀，攻占了贝州城。

大宋对待内部的叛乱是毫不含糊的，很快地派出在宋夏之战中成名，时任枢密直学士、左谏议大夫、知成德军、权开封府的尹明镐，率领十万禁军开赴贝州平叛。遗憾的是，尹学士这次面临的情况是一次攻守战役，贝州城城防坚固，而对手又是一支正规军。于是尹明镐失败了。

尹学士失败了，真正的主将就要登场了，他就是文彦博。这位沉稳持重、公正无私的名臣历仕四朝，执掌大宋的中枢50余年，到81岁高龄还被司马光推荐第三次入相，平章军政重事，在朝野看来，文彦博就是稳定公正的象征。他虽然没有范仲淹、王安石的名声，但是正是他的智慧，保证了大宋40余年的太平。

文彦博是山西人，正如他的名字一样，温文尔雅却在平和与中正中有一股让人不得不服的力量。

在宋夏三川口之战中，那个著名的临阵脱逃的黄德和就是文彦博处斩的。临斩之时，朝廷又派了一位御史，说要将黄德和带回东京受审。文彦博当时只是一个殿中侍御史，却当机立断将黄德和斩首。朝野震动，文彦博顿时声名大振，这也正是他正气的一面。

此外《宋人逸事汇编》中还记载了这么一件事，文彦博在成都做知府的时候，因为年轻，有时不免“宴饮狎妓”，在宋代这根本算不上什么问题。不过还是有人告到仁宗那里，说他不理政事，行为不检。于是仁宗就让回乡探亲的御史何圣暗地查访。文彦博有个幕僚叫张少愚，同何御史是同乡，于是主动前往汉中迎接何御史。他乡遇故知，自然要饮酒取乐，酒席之上，一位美丽的妓女出现了，何御史为妓女起名“杨台柳”。张少愚主动题诗一首：“蜀国佳人号细腰，东台御史惜娇娆，从今唤作杨台柳，舞尽东风万万条。”一夜风流过后，何御史继续上路。

到了成都，文彦博自然也要隆重接待这位朝廷大员。酒宴之上，让何御史吃惊的事出现了，这位“杨台柳”又出现在了舞蹈的队伍之中，她唱的就是那首柔情缱绻的诗。这时候文彦博在旁一言未发，这件事情也就不了了之了。正是这种灵活，使得文彦博在朝中能够坚定地站稳脚跟，保证了自己的良好声誉，带领大宋王朝渡过了一次又一次危机。

到了王则之乱的时候，文彦博已经官居参知政事了，但他在政坛却仍然默默无闻，因为庆历新政之前，政坛可谓是群星闪耀，文彦博很难脱颖而出。不过，就像对西夏的战争让范仲淹、韩琦登上权力的巅峰一般，贝州的叛乱也是文彦博的一个转折点。

文彦博主动请命，出任河北宣抚使兼安抚使，尹明镐改任他的副手。他和尹明镐采用挖地道的方法攻城，一面佯攻城北，一面暗自在城南挖地道。不久，地道终于挖通，200 名军士趁城北战事激烈，从地道攻入城南。历时 66 天的王则之乱终于画上了一个句号。王则被押往京城，肢解而死。王则的死，也换来了文彦博的崛起。当月文彦博官拜同中书门下平章事，正式成为仁宗朝的又一位名相。

其实，大宋王朝自赵光义开始，内忧外患就从未间断，但是宋朝的基本治国方针却是轻外重内，对外姑息、妥协，养虎遗患；对内则是施以重压。贝州之乱虽然得以平息，但其主要是因为大宋王朝内部的腐败和百姓赋税徭役的繁重所导致的，可当时的宋仁宗还未意识到这一点，只是对百姓的起义进行残酷镇压。如此下去，底层的起义还是会接连不断地出现，大宋也只能在积贫积弱的状态中疲于应付此起彼伏的内乱与外患。

英宗继位，喜怒无常遭人恨

宋嘉祐八年（1063 年），宋仁宗病死，皇子曙继承帝位，即宋英宗。他是濮安懿王允让第十三子，景祐二年（1035 年），仁宗赐名为“宗实”，还让他担任左监门卫率府副帅，他还做过右羽林军大将军、宜州刺史。嘉祐年间，仁宗立他为皇太子，他刚开始是不愿意的，曾装病推辞。但仁宗命人将他从卧室抬到了朝堂上。

英宗即位后不久便患了重病，曹太后暂时处理国事，她也像刘太后那样掌握了大权。此时的太后 48 岁，精力充沛，她又极为聪明，能将每天几十份的奏折的大概内容记下来，并且总能及时处理，从未有过耽搁。因此，虽然英宗欠安，但朝廷中的政务却被她打理得井井有条。

赵宋皇族有一种如今叫作躁狂忧郁病的病症，其主要症状就是喜怒无常，喜欢猜疑，仁宗的死与英宗的病都与此密切相关。英宗发病后经常喜怒无常，伺候的太监们都吃尽了苦头，他们十分痛恨英宗，但又无可忍何，所以希望太后能收拾他。于是，便有人挑拨英宗与太后的关系，使他们之间有了嫌隙。英宗对太后极为不满，在他刚进宫时，太后叫人时时监视他，让他寝食难安；即位之后，太后又看不起他和皇后，有时他们去问安，太后态度也极为冷淡。英宗患病期间，太后想另立皇帝，由于韩琦等人反对才作罢。

英宗病愈之后，太后虽然撤帘，却迟迟不交出御宝，英宗怀疑他仍想立新皇帝。太后对英宗也是满腹的怨言。英宗在生病期间，曾说过冲撞太后的话，这令太后极为寒心，也对他感到失望至极。一日，在朝堂上，太后在诸位重臣面前提及英宗竟然哭了起来，因为两人经常因为生活琐事发生争执，太后当着诸臣的面说英宗的种种不是。韩琦劝解道："这些都是因为皇上身体不好，儿子有病，做母亲的应该宽容才是。"太后仍然十分伤心。

欧阳修又劝解道："太后数十年对先帝体贴入微，百姓们都知道你的贤惠和仁爱。当时张贵妃仗势欺人，你尚且能与她相处得极好，如今与自己的儿子反而不能和睦相处吗？"这番话很合太后的心意，太后听了，怒气便消了一些。欧阳修又道："先帝在位许多年，对天下的百姓宽厚仁慈。因此，天下人才这样尽心竭力拥戴新皇帝。试想，臣等不过是一介书生，要不是先帝给我们权力，我们断断难以执掌朝廷。"意思是说，新皇帝也是先帝所立，我们无法改变。太后是聪明人，知道这是要堵她"另立新帝"的口，于是只有默许。韩琦更进一步威胁道："我们忙于应付外界事务，无暇照顾宫内的事，皇帝还需太后您照看。"太后道："我比谁都希望他能早日康复。”这段话传出之后，外朝大臣们对他们二人都十分敬佩。

几天之后，英宗又向韩琦诉说太后不疼爱他。韩琦说：“自古以来，贤明的帝王不可胜数，只有舜被称为大孝子，并不是其余的皇帝都不孝顺父母。父母慈而子孝，天经地义，不足称道；只有父母不慈爱但子女仍然有孝心，才更为难能可贵。其实，‘可怜天下父母心’，只要陛下尽到孝心，太后一定会善待您的。”经过这样的一番劝解，两宫的关系才缓和下来。

不久，英宗的身体慢慢地痊愈了，便召集朝廷中的文武大臣。韩琦请求他出宫祷雨，以昭告天下皇帝身体康健，安定民心。

治平元年（1064 年），宋英宗身体已经大有起色。儒臣最看不惯妇道人家参与政事，宰相韩琦早有心让太后撤帘，还政于英宗。他曾将朝中 10 多件事情向英宗汇报，英宗都处理得十分得体。然后他到太后那里，将英宗处理政事的情况一一予以概述，并且大加推崇。太后表现得十分高兴。

这时，韩琦进一步说：“先帝驾崩后，我就该告老还乡了。念在皇上有病，才拖到今天。如今皇上既已恢复，老臣也放心了。请让我回到家乡，做一个小官吧。”曹太后一下听明白了其中的意思，便说道：“朝中怎能少了你，倒是老身理应深居宫中。先帝离去后，老身因新帝病弱，才不得已主持政事。如今新帝既已康复，还是让老身先退吧。”此话正是韩琦想要的，他立即称赞道：“汉朝的马太后、邓太后也主持朝政，其贤德、宽厚尽人皆知，却都难以逃脱贪恋权势的嫌疑。他们远比不上太后您明白事理。”说完后便跪倒谢恩，然后说：“近日御史、谏院也有人要求太后撤帘，但不知太后打算何日撤帘？”听得韩琦如此说，太后当即起身说：“就在此时好了。”韩琦当即叫仪鸾司官员前来撤帘。英宗亲政后十分感激韩琦，升他为尚书右仆射。枢密使富弼却不高兴了，他倒不是为太后感到不公，而是看不惯韩琦的专权。仁宗嘉祐年间，韩琦与富弼同时做宰相，有什么大事都与枢密使商量。英宗即位后，富弼做了枢密使，韩琦便改变规矩：除非有皇上的命令，宰相不再与枢密使商议。富弼对此感到非常不满。太后撤帘的消息一出，富弼极为惊讶，其他官员也都认为韩琦妄自尊大。韩琦却称撤帘是太后自己决定的，与他没关系。显然这只是借口，富弼心中却更加不满。富弼自知这个枢密使不做也罢，于是便于新帝即位后的第二年七月，找了个借口隐退了。

再说宋英宗赵曙的皇位来得十分不易，因为仁宗无子，便收赵氏宗亲中濮王赵允让第十三子为养子，他年幼时便以皇子的身份入宫，作为皇位的继承人之一教养。虽不是仁宗亲生儿子，最终却能幸运地继承皇位，对他来说该是莫大的幸运，但英宗却未曾感受到幸运和满足。被寄养的生活是痛苦难耐的，皇宫的生活虽然富足，不用为柴米油盐发愁，但内心的压力却是巨大的。身在皇宫，每一天都是步履维艰，稍有不慎，不但皇位不保，甚至会有性命之忧。他就在这样的希望和担忧之中慢慢地成长了起来，这也是他养成"喜怒无常"个性的重要"祸根"所在。在封建时代，一个时代的盛与衰和皇帝本人的个性是紧密相连的，但是宋英宗由于在不健康的环境中长大，让他养成了极不健康的心理，这也为大宋王朝埋下了深深的隐患，后来宋英宗在"濮议"事件中所表现出的固执便是证明。

濮议风波，因"名分"之争引发的朝臣内讧

英宗在位期间，其所做过的最轰轰烈烈的大事便是"濮议之争"。这样的礼仪之争在现代人看来简直就是一场闹剧，但古人却对此乐此不疲。英宗自小便被仁宗皇帝接入皇宫抚养，但是新皇帝上位后，该如何对待自己的亲生父母呢？应该给予他们怎样的名位呢？

英宗的生父赵允让是仁宗赵祯的堂兄，死后被追封为濮安懿王，但是当下的赵曙已经贵为九五之尊，给自己的亲生父亲安一个"濮安懿王"的封号显然无法显示出他对父亲的追思之情。于是，他便开始考虑给自己的

生父“议名”之事，并且还征求诸位大臣们的意见。治平二年（1065 年），英宗下旨礼部及待制以上所有官员集体讨论他的父亲、两位正夫人，以及他的生母的名分问题。而在此之前，宰相韩琦便给英宗上过书，言“礼不忘本，濮王德盛位隆，理合尊礼，请下有司议定名称”，正式给皇帝生父母正名。

英宗虽然是在宫中长大的，仁宗为了让他做个英明的皇帝，悉心地给予教导，但是在英宗看来，亲生父亲在自己心中的分量显然更重一些，他想将父亲赵允让的身份定为“皇考”，但这却不符合儒家的礼制。于是关于濮安懿王名分的确立便引发了朝堂之争，面对这一敏感事件，朝臣们又一次产生了嫌隙。除韩琦、欧阳修等人继续选择支持英宗皇帝外，大多数臣子还是站在传统礼仪道德这一边，对于给予赵允让“皇考”这一称号的做法是持否定态度的，如果将赵允让封为“皇考”，那该将宋仁宗置于何地呢？司马光也上书以汉宣帝与汉光武两个非嫡系血脉继承皇位的人为例，请求英宗效仿古人之法，不要坚持追封名分之事。一旦濮王被称亲，英宗必然要失仪于天下，对于其日后的管理朝政会产生极大的阻碍。

这虽然是一件小事，但却让人极为头疼。皇上又将此事搬到朝堂之上，让群臣参与讨论，其目的不过是想确立自己与亲生父亲的关系，这在普通人家是一件再正常不过的事情，然而对于皇室却有着至关重要的关系。这个身份关系到皇室的荣辱，皇位的尊严。群臣认为就血缘关系来看赵允让是仁宗的哥哥，那么赵曙既然已经过继给仁宗为子，那么应理应称他为“皇伯”而不应为“皇父”，这个说法应是极为公道的，而且这样的称呼也有利于收服人心，为以后的政治统治打下基础。而韩琦、欧阳修等人认为根据《礼记·丧服记》里有“为人后者，为其父母服”一言，出继之子，对所继所生都应称为父母，“皇伯”之说根本毫无根据，依“礼”驳回。

直到治平三年（1066 年），这件事仍悬而未定。随着事态的发展，这件事情已经导致朝臣们开始分党论派。侍御史吕诲、范纯仁，监察御史吕大防等人坚决要求皇上依照传统的道德和礼法给予处理。他们先后上书七次，皇帝都没有理会。三人于是共同弹劾宰相韩琦专权、引导朝臣向皇上献谄，按理应当治罪。其中说道：仁宗皇帝刚刚驾崩，便尊封自己的亲生父亲，这是慢怠先皇而厚待自己的亲生父亲。又称欧阳修是始作俑者，给皇帝灌输谬论，使皇帝不仁不义而辜负先帝的厚爱。而韩琦、曾公亮、赵概等人不仅没有反驳、制止，反而附会。请朝廷予以严惩。皇上仍不理会。中书省却上书请皇上告诉天下人，说明称濮王为皇伯毫无根据，万万执行不得。大臣们只是主张让皇帝称濮王为皇父，别无他想，其他如在京城为濮王别立宗庙等忤逆之事，皆非朝廷本意。

英宗皇帝自然更是赞同中书的看法，要他呼生父为皇伯，实在是难以做到。但又不好说，谁让他承继了皇位呢！这时，一直让英宗耿耿于怀的曹太后站出来说话了，她亲自起草了诏书，指责韩琦等宰执大臣扰乱朝政，明确反对濮王为“皇考”。

“濮议”事件发生后的一段时间，开封下起了大雨，暴涨的水流淹没了开封府大街小巷，甚至向皇宫漫延，在这场大水中丧生的百姓和军官不计其数。古人敬畏天神，即使是尊贵的皇帝，面对天灾也要反省自己的执政方式是否利国利民，是否由于自己的不当行为而触犯了上天。

于是宋英宗害怕了，他颁布了罪己诏，开始反省自己的言行，并开始听取臣子的进谏。但是在大雨消退之后，英宗固执的性格又驱使他回到了礼议事件中。因为群臣的反对，英宗将台谏官与御史台的不少官员都派往辽国，而将敢于说话的司马光破例升为龙图阁学士，每日陪皇帝读书，不再让他插手政事。

剩下的台谏官以吕诲为首，将蛊惑皇帝之罪指向了宰相韩琦，“观韩琦之才，未如霍光、李德裕、丁谓、曹利用，而骄恣之色过之”。他们以微薄的身份对抗宰执集团，朝廷此时乱成了一片。

最终还是以英宗的胜利结束了这场朝堂争斗，曹太后下旨，尊称濮王为皇帝、夫人为皇后，皇帝称他们为父母。英宗也表态：不称皇帝、皇后，只称父母；在原坟墓的周围设立宗庙，濮王之子宗朴做濮国公，主持祭祀的事宜；天下百姓都要避讳濮王的名字。人们都以为这件事情是中书宰相一手策划，来排除异议，所以许多人很不高兴。吕诲等人将委任自己为御史的敕诰上交，回家待罪，以示抗议。英宗派人劝他们复职，但却遭到了吕诲等人的拒绝，并表示坚决不再做御史，他们的理由是：凡事都有是非曲直，若中书辅臣的意见对，就应该惩罚我们，如果我们对，就应该惩罚辅臣。声称御史与辅臣不可能合作。英宗无计可施，便只好贬了吕诲等人的官，命吕诲为蕲州知州，范纯仁为安州通判，吕大防为休宁知县。至此，这一“闹剧”终于告一段落。

赵曙虽为皇帝，但却不将心思花在国政大事上，而是任“名分”一事引得朝臣内讧，贻误政事，使整个朝廷陷入混乱之中，远远比西夏或辽国发兵进攻，死人千万造成的损失还要大。千里之堤，毁于蚁穴，通过濮议之争可以清楚地了解到当时的大宋士大夫阶层爱起内讧的特点，而这一特点也使神宗朝的熙宁变法变成了悲剧，并且这一特点还延续到了宋朝的灭亡。

王安石变法，试图改革力挽狂澜

英宗在位期间，大宋王朝的弊政已经将大宋拖入危机的泥潭中，无法自拔。比如在财政方面，仁宗时每年的亏空数额达 300 万缗以上，英宗治平年间竟达到 1570 余万缗。治平四年（1067 年），英宗病死，但因财政困难，不得不大大地降低丧葬的规格。

英宗死后，他不满 20 岁的儿子赵顼即位，史称宋神宗。赵顼在当太子时便十分关心国家大事。10 多岁时，他曾向曹太后表示要收复失去的疆士；每当群臣提到仁宗时辽朝进犯宋朝边境的事情时，他便十分难过。神宗即位时，变革的要求在士大夫中呼声极高。其中，翰林院学士承旨张方平上奏说，当下国力衰弱，朝廷却不思改革，如此下去，一旦遇到灾荒或者战争，就难以挽救了。宋神宗作为一个年轻的皇帝，也很想改革除弊，也曾向富弼询问强国之道。但是富弼久居高官，变得圆滑世故，不愿意承担改革的风险了，并且还劝解神宗让他放弃革除时弊的想法。

宋神宗无法从元老大臣那里得到支持，就只能倚仗当时朝中颇有声望的王安石。当时的王安石曾在地方上任职多年，他对宋代官吏的昏庸无能有极为深刻的认识，他在自己的权限范围内，做了较大幅度的改革。在任鄞县知县时，曾在当地兴修水利。为使经济困难的中下阶层民户不耽误农时，王安石在青黄不接的春季，将县府粮仓中的存粮借贷给他们，让他们秋后偿还，这样使这些农户免遭地主的盘剥。他任常州知州时，为发展当地的农业生产，主张开掘一条运河。开掘运河时，遇到了浙西路转运使等地方官吏的阻挠，又正赶上阴雨连绵的天气，致使许多民工因此病倒，开掘的事再也进行不下去了。这件事让王安石知道了变革旧政的艰难。王安石任提点江南东路刑狱公事时，为了使百姓获得更好的茶叶，他曾上书给朝廷，说明茶叶的重要性；他还建议政府改变茶叶专卖这种得不偿失的办法。北宋政府采纳了王安石的建议，江南东路曾一度取消了原来的榷茶法，改为商人运销、政府抽税的办法。这样，政府收的税并不比专卖的收入少。王安石无论在哪里做官，都会对当地进行一番改革，以图振兴当地的经济发展，可以说，他是当时大宋朝难得的实干家。同时，在改革的过程中，王安石也认识到大宋王朝之所以面临内忧外患的危机的主要原因，并给宋仁宗写过一封《言事书》，表明了大宋王朝的种种弊政所给国家带来的危机，迫切地希望社会进行一番改革，但却未被采纳。

神宗即位后，将王安石调回京城，予以重用。在此期间，宋神宗经常与其谈治国之法，两人都有改革图新的想法，于是相处得十分融洽。熙宁二年（1069 年），王安石任参知政事。次年，王安石任宰相，他在此期间对社会的政治、经济等各方面进行了一番改革，这便是历史上的“熙宁变法”。

这次以富国强兵为目的的社会改革，主要包括三个方面：整顿财政，使国家钱粮充足；整顿军事，使军队强大精勇；整顿科举和教育，使官吏各司其职。

整顿财政的具体内容包括以下几个方面：

1. 均输法。宋自建国起，为了保证皇宫与军队的供给，便在东南各地区设立了发运司，主要任务是每年按照规定的数额，从地方征收物税，运往京城。他们不管开封的库存和实际的需求，也不管地方上的收成如何。这样一方面加重了百姓的负担，另一方面造成京城物资积压，最终不得不低价抛售，造成物资的严重浪费。而均输法则规定，每年拨给东南发运使 500 万贯钱和 300 万石粮供其周转，要求其全面了解京城需求和各地的财政状况，从价格低的地方与距离较近的地方征收物品，以节省经费，减少政府的开支，减轻民众的负担。

2. 青苗法。太宗和真宗在位时，为了防备灾情和抑制粮价，在京城和各地设常平仓，从上供钱中扣除部分作为本金。在粮价便宜时，加价收购粮食存仓，以备粮价太贵时抛售。遇到灾荒，用于救济灾民。后来，许多平仓钱谷都被挪用，变得有名无实，穷人也得不到好处。灾荒到来之时，农民也只有向地主借高利贷，搞得许多人因此而倾家荡产。青苗法规定，在夏秋青黄不接时，只要农民愿意，便可以贷到现金，归还现金时，本金加上利息税额一起返还即可。这样就使农民有处可贷，不必受地主的盘剥，有效地抑制了土地兼并。

3. 农田水利法。即鼓励各地政府兴修水利。规定各地要开垦荒田，兴修水利，建立堤防。修筑堤岸，凡需要经费较大的，可以向常平仓借支。尚有余缺，就由官府担保，向富裕的人家借贷。这一新法，大大地促进了农田水利建设的发展，增加了社会财富。

4. 募役法。即免役法。它改变了按户轮流充当州县衙门差役造成的劳动力不足的积弊，改由政府出钱招募差役，再向客户摊收费用，称免役钱。而原先不承担差役的人家，也应缴纳同等人户免役钱的半数，称为助役钱人。同时，还要在实际需要之外，加征五分之一的免役宽剩钱，作为饥荒年免收时的备用。

5. 市易法。此法是为了防止商贩们操纵物价、牟取暴利，从而增加国家的财政收入。它规定，设置市易司，由国家提供本金，收购市场上没有销售出去的货物。在社会需要时再赊购给商贩们，要他们在一年或半年后，加息归还市易司。这便实现了政府对市场的控制，限制了垄断，达到了增加政府财政收入的目的。

6. 免行法。此法是针对商户的，按以往的经验，各个商行除了缴纳各种正常的赋税以外，各官衙还常向他们摊收物品和征调人力，负担沉重。免行法禁止官衙直接向工商行业摊收财物，各行业按其获利的多少，定期交纳免行钱，各官衙的支出从免行钱中划出，从而减轻了工商户的负担。

7. 方田均税法。北宋大量土地都被官僚地主控制，而他们却弄虚作假逃避缴税，这样不仅减少了国家的财政收入，还把一部分赋税转嫁到农民身上，加重了农民的负担。为了革除这一弊端，该法规定，每年九月，由县官主持在全县丈量土地，并根据土地的肥瘠，确定土地的等级，据此征收赋税。将地方的原租税总额，按土地数量和等级平均负担。这样就在一定程度上减轻了农民的负担。

整顿军事的新法规定：

1. 将兵法。为了提升军队的整体战斗力，将兵法规定，将官要对士兵进行全面的了解，并定期地对他们进行训练。在开封、河北、京东、京西设置37将，每将设将副各一员，选择有作战经验又有指挥才能的将领担任，负责训练军队，训练好的军队才有资格报告朝廷等候调用。以后，又陆续地设置了 92 将，使部队的战斗力得以明显地提升。

2. 保甲法。这一新法的目的是为了搞好社会治安，防止盗贼和农民进行起义。它规定每十家为一保，设保长一人，五十家为一大保，设大保长一人，每十大保为一都保，分别设都保正、都副保正一人。每户人家有两个以上成年男子的就抽一人为保丁，自备武器，进行操练，负责保内的安全，发现盗贼，在规定的时间内追捕，追捕到盗贼者有赏。保内有人犯法，或住有盗贼，知情不报者受罚。保丁实际上是政府在民间设置的一支用以维护社会安定的武装力量，战乱时还可编入军队参加战斗。

3. 保马法。在当时的战争中，马匹是极为重要的作战工具。以前国家机构负责养马，但数量毕竟有限，再加上管理不善，马匹总会大量地死亡，极难满足战时之需。为此，保马法规定，由百姓负责饲养马匹，凡开封和河东五路的保甲愿意养马的，每户一匹，富户可以养两匹。养马户可抵一定数额的税赋。如果马死了，三等以上的人家必须自己出钱赔偿，四五等户由十户人家分摊其中的一半。定期（每年）检查养马的情况。这样，既减少了政府开支，又增加了战马的数量。

4. 军器监法。原由三司胄案负责制造兵器，三司事务繁杂，主管人员频繁更换，所造兵器数量虽多，但质量却较差，难以满足内外战事的需求。而新法则废除了三司胄案，开设军器监，来对军器制造进行管理。在开封设东西厂备攻城作，在制造材料丰富的州设都作院，负责兵器的具体的加工制作。军器监根据各地所制造的兵器的好坏，对有关官吏进行奖惩。这一改革收效甚大，10 多年后，兵器库所藏的兵器不仅数量充足，而且质量也较好，保证了军队的作战需求。

对科举教育的改革：

1. 改革科举。王安石指出，当下的科举制度之所以使人才败坏的根本原因就在于进士科考写诗作赋，明经考背诵经文的做法。根据他的建议，朝廷在熙宁二年（1069 年）明确将科举考试的主要内容改为阐释经义，讨论时事。

2. 改革教育。王安石认为，教育的宗旨是统一思想，而学校在规范考生的道德上面起着极为关键的作用。根据他的建议，朝廷首先增加了国子监中太学的名额，并将学生分为外舍、内舍、上舍三等，只有品学兼优者方可直接任命官职。

以上是王安石变法的主要内容，新政从各个方面对大宋王朝的积弊进行了革新，但是新政还未实施，便遭到了以司马光为首的朝臣的反对。这次变法内容极广，从根本上触动了统治阶级的利益，反对派以“维稳”为由，强烈地反对王安石的新法，这也使宋神宗的内心动摇了，尤其是对“青苗法”的废除，使新法陷入被动的局面之中。

变法遇阻，以权力来左右民意

熙宁七年（1074 年）时，河北地区连续十个月没下雨，百姓连生活用水都出现了问题，宋神宗让宰臣多次求雨无果。这时，朝中的一些反对派抓住了时机，开始大肆制造舆论，拿新政开刀。御史言官连连上书，说天下之所以大旱，完全是因为新法弊政重重，百姓怒气冲天，上天是在以干旱来给朝廷警示。

以司马光为首的反对派将新法贬斥得一无是处，就连太皇太后曹氏都被说动，一起来劝说宋神宗暂停新法。可王安石、吕惠卿等人却认为这不过是反对派迷惑太皇太后，为了对抗新法编制的种种理由而已。司马光在宋仁宗时期，曾为庆历新政大唱赞歌，本是坚定的改革派，可为什么到了宋神宗这里却一改之前的态度变成坚定的保守派，起来反对新法呢？理由只有一个，那就是司马光是为了博取正直敢谏的美名。司马光多次在太皇太后面前进言因为神宗太过年轻，才被王安石轻易蛊惑等，这种小人行为，让宋神宗极为恼火。

不过，当时的宋神宗可以不惧臣下刁难，却不能无视天意。王安石执政六七年来，确实出现了不少问题。尤其是太皇太后曹氏出面干涉时，宋神宗感到压力甚大。为了找到一个解决的办法，宋神宗下旨，允许天下官员百姓对推行新法的种种弊端畅所欲言，所有人都可以直接上书，呈送皇帝。

这样的旨意，让一个叫郑侠的人抓住了机会。郑侠本是王安石的学生，颇有才能，熟读诗书，在基层做过司法参军，负责光州的司法诉论，极为正直公正。在基层为官几年，他目睹了新政的弊端给贫困民众所带来的苦难，后来在进京述职时因为反对王安石新法，而被王安石贬斥，在京城安上门当了一个小小的监门小吏。这一次，他终于可以把积累多年的对于新政的弊端和看法陈述一番了。他赶忙连夜写了一封奏折，天一亮亲自到皇宫面前跪呈皇帝。本来，大家都在猜测宋神宗下旨大搞民意调查是不是做个姿态，官员们相互告诫，绝对不能第一个站出来。现在宋神宗对王安石、吕惠卿等人的恩宠未衰，贸然进谏，反对新法，只能成为改革派的众矢之的，必然死无葬身之地。

未曾想到，在旨意下达的第二天，郑侠就出现在皇宫门前。宦官将郑侠的奏折直接呈报给宋神宗。当时王安石也在，宋神宗命令宦官当场宣读，让王安石也听听这一份民意调查的结果。宦官大声地朗读，可只读到一半，宦官就读不下去了，再看王安石，“扑通”下跪，脸上亦是大汗淋漓。

郑侠的奏折写得极为细腻，也很生动。郑侠本来是安上门的监门官，主要谈的是税收问题。依照王安石颁布的“市易法”规定，只要是老百姓出入安上门，无论是携带何种物品，都必须要缴税。一些富户还好，可是一些挑水、理发、卖菜、卖茶的小商小贩原来就是本小利薄，经过税务部门的层层盘剥，根本就难以生活下去。加上连续十个月的大旱，不断地有外地流民涌入京城，这些人的生活就更加悲惨了。京城的街道上到处都是饱受饥饿之苦的流民，这些人连一件蔽体的衣服都没有。许多百姓为了饱食，就到野外去吃树根挖野菜，连城中的百姓也因为新法的盘剥不得不卖房子卖地，偿还官府的高利贷，每天在街边都可以看到饿死的百姓。为了让神宗能够更好地了解百姓的惨状，郑侠还亲手画了一幅流民图，夹在奏折之中。宦官呈上折子，宋神宗看后一脸的凝重。

其实，宋神宗当时起用王安石变法，完全是为了改革大宋朝积贫积弱的现状。多年以来，宋神宗虽然也听到一些反对的意见，可却没有一位官员能像郑侠这样，如此直观地将百姓的悲惨生活展现在皇帝的面前。郑侠说，这一切绝非是虚构，只要皇帝能够走出皇宫，便能够随处看到与此类似的悲惨状况。京城尚且如此，天下各地州县也可想而知！

在奏折的结尾，郑侠也十分尖锐地提出：此时天旱的灾祸便是王安石变法丧失民心所致，只要将王安石罢相，不出十天，上天必降甘霖，如果不符，甘愿一死！听到下面的臣子以死进谏，宋神宗颇为动容。郑侠是个亡命徒，他对天降甘霖的事也无把握，但他就是想用自己的脑袋与新法作赌罢了。神宗还真被这一招震住了，他深受感动。第二天便命开封府放免行钱，命三司调查市易法有何不便，命司农寺打开常平仓，赈济灾民，又命暂停追还青苗钱和免役钱等共计 18 项不利民的措施。据说此政一出，民间便为之欢呼庆贺。令人惊叹的是，这一天下了一场透雨。至此，群臣便纷纷入朝致贺。久旱逢甘霖，岂能不祝贺？而在这个时候，王安石沉默许久后，竟然自动脱下官帽，主动向皇帝请辞。

原来，那一段时间，王安石心理压力极大。外有司马光等老对手叫嚣不停，内有吕惠卿耍手腕使绊子暗中纠集党羽自成一派。如此的内忧外患，让王安石心力交瘁，无以为继，只有以主动请辞来保住自己和皇帝的颜面。

这时吕惠卿说话了："这郑侠本是相公学生，多蒙相公眷顾，现在竟然公然背叛恩师，攻击相公，实在是一个毫无操守、品格低劣之徒。”吕惠卿不满王安石，希望王安石下台，但是他也深知，此时如若王安石下台，新法不予推行，那么自己也必然无用武之地了，所以此时他要站出来力保王安石，并保证新法予以推行。宋神宗一惊，问王安石：“郑侠果真是你的学生?”王安石点点头，说：“确实曾经跟随我学习。”宋神宗一脸黯淡，早就听闻天下人反对新法，反对王安石执政，宋神宗本来不信，但没想到连王安石的学生也不惜以死反对新法。看法，新法的推行确实存在诸多的问题。

朝野上下听闻王安石请辞，感到局势要变，便纷纷呈书痛斥新法。一些人甚至将新法贬得一无是处，还连带将王安石批成了不学无术、祸国殃民的罪臣。看着一堆堆的奏折，宋神宗有些不知所措。新法确实存在弊端，但对扭转宋朝当时“积贫积弱”的境况也是有所改善的。大臣们全盘否定新法，也是在否定自己当政七年多来的所有功绩。痛斥王安石罪责深重，无异是在斥责自己的昏庸无能、用人不当。而此时的吕惠卿看出了皇帝的心思，便劝解皇帝说，王安石可以贬，但是新法却不能废除。不但不能废除，反而应该比之前更加努力地去推行。唯有如此，才能维护皇帝的光辉形象。

几天之后，宋神宗下旨，王安石身体抱恙，主动请辞相位。同时任命变法派主将韩绛为宰相，吕惠卿为副相；为平息众议，任命保守派干将冯京也出任副相。

吕惠卿这下得了权便又开始肆无忌惮地为非作歹，对朝堂上抨击新法的相关人员进行一一调查，并以莫须的罪名给予处罚，伺机报复。看到吕惠卿如此暴行，郑侠怒不可遏，再次上书宋神宗，说道：王安石制定新法，为祸百姓；吕惠卿结党营私，蒙蔽皇上。放眼朝中宰臣都是吕惠卿的同党，唯独冯京能够秉持正义，与之相抗衡。恳请皇上罢黜奸猾之吕惠卿，无能之韩绛，用冯京为相。这奏折在呈递的过程中，事先被副相吕惠卿看到，顿时火冒三丈。便先发制人地转奏宋神宗说郑侠诋毁宰臣，勾结朝臣，抨击新法。当时的宋神宗因为郑侠上次反对新法的事还甚为头疼，这次他又生出事端，让神宗也有点恼火，便罢黜郑侠安上门监门官一职，流放汀州，由当地官员监管。

郑侠本是忠正的义士，虽然官小言微，但却能屡屡冒死为民请愿，以民众的疾苦为施政核心。这样的人不但不被重用，反而遭到了朝中小人的诋毁和暗算，这不能不说是当时当权者的昏庸和无能。另外，既然郑侠指出了新法中的种种不符合民意的地方，但宋神宗依然不思更改，听信小人吕惠卿之言，用权力强力推行违背民意的新政法规，确实不妥。另外，王安石改革虽然有诸多的弊端，但从宋神宗罢黜王安石的做法来看，也表明了他对变法摇摆不定的妥协心态，这也为以后变法的失败以及大宋王朝的弊政的延续埋下了伏笔。

残害良臣，朝中诸臣离心离德

郑侠被押送汀州后，吕惠卿却准备用郑侠案件将那些反对自己的人全部铲除。其实，宋神宗刚实行变法时，曾对那些保守派心存敬意，毕竟司马光那些人都是仁宗朝的老臣，名满天下。可在朝野上下一片反新法、逐安石的喧嚣之后，宋神宗便对那些保守派产生了厌恶之情，觉得他们太过无情，不了解自己的苦衷。吕惠卿是个善于察言观色的人，他也感受到了宋神宗心理上的微妙变化，生怕皇帝哪天一不高兴就将自己贬斥。

为了保住自己的位置，吕惠卿又心生一计。既然郑侠推荐冯京来取代自己的位置，那就拿冯京开刀。

吕惠卿禀奏宋神宗，说郑侠反对新法并非出于公心，此人之所以悖逆师门是因为投靠到冯京的门下。这冯京本是仁宗朝状元出身，之后又娶了北宋名相富弼之女，朝野关系是盘根错节，隐然成为新一代保守党的领袖。现在，郑侠公开要求皇帝任命冯京，染指皇权，其心可诛！宋神宗立即起了疑心，便连忙召见冯京，询问其是否与郑侠关系要好。冯京当即表示，自己与郑侠素不相识，私下里没有任何往来。

看到冯京如此回答，吕惠卿心中大喜，叫来担任狱司的心腹张琥，让张琥调查冯京与郑侠往来的情况。在吕惠卿看来，郑侠公开支持冯京，那必然与冯京多有往来，必然得到了冯京的许多好处。不然怎么会越级进言呢？可张琥仔细地调查之后发现，冯京和郑侠确实没有往来。宋神宗多次催促吕惠卿，要吕惠卿告知调查结果。吕惠卿思前想后，让张琥去冯京家中将门房里来往客人的出入名册偷出来。名册到手了，吕惠卿找了个写字高手，模仿门房的笔记在记录本上加了一笔：某年某月某日，安上门监门郑侠来访，赠送画卷一轴。然后，吕惠卿带着出入名册，一脸欣喜地入宫禀奏宋神宗，这冯京身为宰臣，竟然敢欺君罔上：明明与郑侠多有往来，郑侠送冯京书画，冯京还送郑侠钱物，而这出入名册便是最好的证明。

宋神宗看了名册，眉头紧锁。宋神宗再次叫来冯京，再次询问是否认识郑侠，冯京说不认识。宋神宗将出入名册扔到冯京面前，看到自家出入名册上郑侠来拜访的字样，冯京顿时傻了眼了。

宋神宗看到冯京的表情，认定了冯京欺君，当即发怒，命人将冯京抓了起来。吕惠卿趁机进言，郑侠之所以敢大胆抨击新法，一方面是冯京为其撑腰，另一方面朝中还有一大批的官员互相勾结，早已经形成了党朋，这些人经常在一起聚会，妄议朝政。这些人遇事不问是非对错，只要是新法，一律都会站出来反对。对人也不分恶善，只要是改革派，一律都被视为奸佞小人。吕惠卿就是要告诉宋神宗，若非有郑侠、冯京之流刻意妨碍新法，新法早就大治，宋神宗也早就成为超越先祖的明君。

听罢此话，宋神宗心中一振，便命人彻查郑侠和冯京一案。

吕惠卿命张琥派人立即追回被贬斥押送的郑侠，关在开封府的监狱。吕惠卿亲自审理郑侠，要求郑侠承认和冯京有过往来，并且将那些结党营私、反对新法的同党全部都招出来。郑侠不说，吕惠卿又将这几个月与郑侠有过诗文往来的所有人员，全部抓捕入狱。当然，除了那些保守派的大人物，他们位高权重，吕惠卿自然也不敢动。

吕惠卿是个心狠手辣的人，借这次事件，他轻松地将碍眼的人一网打尽。上至副相冯京，下到寻常小吏，涉案人员多达数千人，都被他陷害送进监狱。不过，冯京虽然被停职审查，但太皇太后曹氏对这位仁宗时的状元爱护有加，下令禁止对冯京用刑。冯京又通过太皇太后转告宋神宗，自己家中出入名册早已丢失，准是吕惠卿偷窃名册，擅自更改，捏造罪名，打压同僚，制造冤案。神宗无奈，只能督促吕惠卿加紧对郑侠和其他官员案件的审理。

此时在狱中备受煎熬的郑侠就是不承认和冯京相识和交往的事。后来，太皇太后发话，此案件如若属实，那定会按律执法；倘若小人从中弄奸耍滑，制造冤案，自己绝不允许。最后，宋神宗只能答应，将会亲自过问郑侠一案。

在狱中受尽折磨的郑侠到死都不承认自己的罪行，这让神宗犯了疑惑，郑侠在如此境遇下竟然咬定与冯京无来往，看样子他的确是被冤枉的。既然郑侠没有说谎，那就是吕惠卿在说谎了。

看吕惠卿有些不知所措，宋神宗便拿出一封王安石寄来的书信说道：“郑侠所说的话，并非是为了自身，他那是为了国家、为了大宋。郑侠多次诋毁安石相公，可安石相公却如此大度。朕又怎么忍心处死郑侠呢？”于是，宋神宗便下旨，将郑侠押送到英州监管，至于冯京，罢黜副相的职务，到亳州担任知州去了。其他涉案官员，也略加贬斥。

吕惠卿在当政期间，还有一种担心，那就是害怕王安石重新被神宗重用，他想只要王安石一日不为宰相，朝中大臣，便没有一人能够扳倒自己。他就可以恣意妄为。因而他便有了置被贬的王安石于死地，而后自成一家的想法。经过谋划，他打算从一个传说上面大做文章。

当时的蜀中有个叫李士宁的人，通晓气功，古称导引术，自称已经活了 300 年，又善于预言吉凶，与王安石极为友善。王安石出镇江宁之后，山东传出李逢、刘育谋反的阴谋，牵连到李士宁。吕惠卿便想进一步由李士宁牵连到王安石，然后再在宋神宗面前煽风点火，将王安石贬为庶民。但是这个阴谋还未实施，便被宰相韩绛发现，他便从中阻拦，并向神宗揭发了此事，并且建议召回王安石。这时的宋神宗也看出了吕惠卿的险恶用心，将他的奏章送给王安石看，并要他回朝复职。王安石虽然人住在江宁，但一直留心朝中的事情，对吕惠卿的阴谋与指责，他一再地上奏给予驳斥。现在复诏书一来，王安石便日夜兼程赶到京都。吕惠卿及其党羽大都被贬职，小人终于受到了该有的惩处。

恢复职务后的王安石踌躇满志，但不久，他便发现自己虽然官复原职，但改革派的境况已远不如当初。多数人在王安石被贬后都开始依附于吕惠卿，吕惠卿被贬官之后，人人自危。有才的人信不过、可信的人又无才。变法派内部的分歧也越来越大。再加上新法在推行的过程中确实出现了许多问题，反对派的攻击也更为激烈。宋神宗对王安石的信任也大不如之前了。在灰心之余，王安石几次上书请辞。前几次，宋神宗还给予安慰，但随后这次，宋神宗对他请辞的行为也开始有些厌烦了，便批准他重回江宁府。随后，便又重用吴充、王珪为宰相。但吴充素来对王安石的新法心存不满，便想改变新法。但是有宋神宗在，新法是不会得到大的改动的。后来，宋哲宗即位后，新法便彻底宣告失败了。

王安石的新法虽有弊端，但使朝廷的财政状况有所好转，部分地改变了大宋王朝民贫国弱的局面。但是新法的失败也反映出大宋朝政府机构内部的腐败与国君的软弱无能，这次大规模的变法运动终因保守派的百般阻挠而失败，并且当政者还任由小人从中为非作歹，这也不能不说是时代与良臣的悲哀。

乌台诗案，杀鸡儆猴打压保守派

在熙宁新法推行的过程中，也曾遭到过有名的大诗人苏轼的反对与攻击，于是酿成了历史上有名的“乌台诗案”。苏轼，字子瞻，号东坡居士，是当时大宋朝有名的文学家、书法家，唐宋八大家之一。与他的父亲苏洵、弟弟苏辙并称“三苏”，名扬天下。苏轼在嘉祐二年（1057年）考中进士，后因为才华出众为天下人所知。苏轼“自幼好书，老而不倦”，行书堪称一绝，也是当时有名的书法家。

英宗在位时期，苏轼尽管有才华，但却未能得到朝廷的重用，一直到了神宗时期，他的才华才被心怀远大抱负的神宗皇帝发现赏识。在此之后，苏轼担任过礼部尚书、翰林学士等职位。自新法推行以来，作为保守派一员的苏轼便不遗余力地攻击新法，王安石在朝时他就因为攻击新法受到皇帝的惩罚。在王安石第二次被罢相之后，由神宗皇帝亲自主持变法，但保守派持续不停地对新法的攻击让满心想借新法图强的宋神宗烦不胜烦。为了暂时打压保守派的嚣张气焰，巩固自己掌权之后的威信，神宗决定杀鸡儆猴，打压几个与新法唱反调的大臣。而此时的苏轼在一边进行文学创作之时，还一边关心着朝局的发展，当然还有始终“坚持”反对王安石的新法。此时的他，根本没有想到，他的命运从此便发生了改变。

元丰年间，苏轼进行了不少的文学创作，主要表达了他对新法的不认同和对朝局的不理解。这些诗作都因苏轼当时过大的名气而流传甚广，最终传到了神宗手中。性格潇洒的苏轼原本就因为孝子朱寿昌写诗一事得罪了主张变法的官员李定。这次他的这首诗，也让李定抓住了报复的机会。李定随即联合何正臣、舒亶等人以“攻击新法，诽谤朝廷”之罪上书弹劾苏轼。之前苏轼就因元丰二年（1079年）所作《湖州谢上表》中有“知其生不逢时，难以追陪新进”之言被改革派弹劾过，御史舒亶也根据当时苏轼的《元丰续添苏子瞻学士钱塘集》一书中的几首诗上奏弹劾他，说他包藏祸心，怨望君上，亵渎谩骂等。宋神宗看到他的诗作后也是极为恼火，但碍于苏轼当时是文坛领袖，以他的声望让其反对变法的诗歌在社会上广泛传播对朝廷会造成不利的影响，因此神宗立即下令将苏轼逮捕押送进京，但因为惜才，又不许朝廷之人在路上为难他。

元丰二年（1079 年）七月，御史台派遣皇甫遵前去湖州逮捕苏轼。苏轼好友王诜得知此事，赶忙将此消息告诉了苏轼的弟弟苏辙。苏辙派人快马通知苏轼后，皇甫遵也已经来到湖州太守官衙。皇差到达之后，整个官衙乱作一团，不知发生了什么事，苏轼穿上官衣官靴，出来面见皇甫遵。

明白皇甫遵的来意之后，苏轼随即向家人一一告别。他的妻子看到此景泪流满面，情难自抑。苏轼见妻子如此，反而笑了，安慰他道："夫人，你可知道真宗时杨朴之妻的故事吗？"妻子摇摇头。苏轼接着说："当年真宗在位时要求访天下大儒，有人向皇帝推荐了杨朴，说他有奇才。自由惯了的杨朴根本不愿意出来做官，但是皇帝召见他，他不得已还是去了京城。面见天子之时，真宗问他：'听说你很会作诗？'杨朴为了掩饰自己的才华，因此他说不会。皇上接着又问他：'你来京师之时，朋友们没有写诗赠别吗？'杨朴回答说朋友们来不及相送，只有他妻子临行前为他赋诗一首。"王闰之问苏轼是何诗，苏轼缓缓地念道："更休落魄贪酒杯，且未猖狂爱咏诗。今日捉将官里去，这回断送老头皮。"念完后他对妻子说："夫人不要伤心，此一去吉凶未卜，你为何不效仿杨朴之妻也为我赋诗一首呢？"

苏轼告别家人，来到京都开封。而留在湖州的妻子此时擦干了泪水，开始将苏轼的一些手稿烧毁，以免落入他人之手而连累了丈夫。苏轼的许多作品也因此而未能流传于世，实属遗憾。

苏轼到达京城之后，被关于御史台的监狱，交御史台审讯。御史台又称"乌台"，据说是由于御史们经常上书言事，抨击时政，让高官们心生恐惧，唯恐避之而不及，像乌鸦一样招人讨厌。又一说法是因为御史台官署内遍植柏树，柏树上乌鸦栖息筑巢，乃称乌台。这也是“乌台诗案”中“乌台”的由来。

在监狱中的苏轼，不知是否真的受到了严刑的拷打，只晓得他出狱后身体大不如之前，更何况负责审讯他的人是御史台李定、何正臣等人。另外，苏轼的弟弟苏辙，以及与其交好的司马光、黄庭坚等人都因为此事受到了牵连，这便是历史上著名的“乌台诗案”。

“乌台诗案”发生之后，朝中有许多人因为爱惜苏轼的才华而为他求情，尤其是已经远离京城的王安石，得知此事后，赶忙上书神宗，言“安有圣世而杀才子乎”，以此来劝说神宗减轻对苏轼的惩罚，如果皇上将苏轼处死，天下人必然也会因此对神宗给予不好的评价。同时，再加上曹太后因为爱惜苏轼的才华而在病榻之上竟然也为他求情，神宗最终也只得对苏轼从轻发落了。

苏轼被释放之后，失落地离开了开封，去往黄冈任团练副使。到达黄冈后，苏轼的生活极为困苦，为了养家糊口，他不得不靠卖官发的旧酒袋为生。后来他在官府中申请到了一块荒地，也就是他的“东坡”，苏东坡的名字也由此而来。自此，苏轼亦开始了农耕式的生活，这时的他尽管生活极为困顿，但精神上却是惬意的。在此期间，他也写了不少了诗歌，著名的《赤壁赋》就是写于乌台诗案之后。乌台诗案后，苏轼的诗词作品在创作风格上较之前都有了较大的改观，里面多了一些旷达和老成的意味。

可以说，乌台诗案是宋神宗借苏轼之罪而给保守派的一次警告。

第五章

国无宁日，走向衰落：在昏聩中走向覆灭

元丰八年（1085年），宋神宗死后，哲宗继位，大权落入保守派高氏手中，其将神宗的变法措施彻底否定。而在哲宗当政后，为了报复高太后多年对自己成长的压制，又重新启用原来的改革派，搞得朝局动荡、人心不稳。当哲宗在郁郁中死去后，宋徽宗继位。徽宗喜好道教艺术与美色，在政治上昏庸无能，重用奸臣蔡京等人。蔡京一党投徽宗所好，广搜江浙一带奇花异树和奇石，用大船运至京都，称为“花石纲”。凡此种种，巧立名目，劳民伤财，使底层百姓怨声载道，终于官逼民反，直接导致了宋江、方腊起义。起义军虽然很快地被镇压下去，但北宋政权也遭受到了沉重的打击。

此时，大宋的外患金朝也异军突起。完颜阿骨打称帝，国号为金。金朝建立之后，与宋朝联手灭辽。在此过程中，金朝发现北宋军政腐败，便起了灭宋之心。1125年，金军大举南侵，在宋将李纲的带领下，宋军拼死抗金，金军被迫退兵。第二年，金太宗再次派兵侵宋。金军兵分两路，先克太原，又攻陷宋都开封，并于次年掳走宋徽宗、宋钦宗二帝，北宋王朝至此覆灭。

元祐更化，变法运动灰飞烟灭

神宗皇帝在位共18年有余，其任用王安石变法改制，使国家状况有所好转。但是新法却触动了官僚贵族的利益，在他们的打击和阻挠下，官僚贵族又将沉重的社会负担转嫁到百姓身上，再加上推行新法时，官员管理不善，贪官污吏加重压榨百姓，向上级邀功请赏，天下的百姓愤愤不平。

元丰八年（1085年），宋神宗病逝，其子赵煦继位，史称宋哲宗，年号定为“元祐”。因哲宗年幼，此时朝中的大权全落在太皇太后高氏手中，她也由此开始了九年的垂帘听政生涯。关于高氏，《续资治通鉴》如此评论她：“临政九年，朝廷清明，华夏绥定。杜绝内降侥幸，裁仰皇亲私恩，文思院奉上之物，无问巨细，终身不取其一，人以为女中尧舜。”一介女流之辈，竟能被冠以“尧舜”之名，可想而知，其在历史上的地位并非可以一笔带过。

高氏自出生便有深厚的政治基础。她的曾祖父是宋初名将高琼，祖父是名将高继勋，母亲是北宋开国元勋曹彬的女儿，姨母是宋仁宗皇后曹氏，可谓是身世显赫。她自小就在皇宫中长大，在其成长过程中见多了各种宫廷事件，见识极为不凡，绝非普通女子可相提并论。一介女流之辈拥有优厚的家世背景，再加上自己的不凡才识，身居皇后的高位，再加上当时的形势，自然会有一番非凡的作为。高太后自小虽然养尊处优，但她却不奢侈铺张，她崇尚节俭，以朴实著称，她还常常教育皇帝赵煦说：“一瓮酒，醉一宵；一斗米，活十口。在上者要尽量减少浪费，提倡节俭。”高太后的衣饰常用布衣，不用丝锦；宫中膳食，只用羊肉，因为羊吃草，不吃粮食，而牛因能耕田，则严禁食用。

另外，高氏对自己的娘家人从不偏私，其为人极为清廉。她的弟弟高士林在朝廷做官已数年，但一直都没有得到升迁。对此，英宗觉得过意不去，于是想为高士林升官。而高太后听说后，立即谢绝了英宗的美意，她说自己的弟弟能在朝为官，已经是法外开恩了，能否升迁凭的是本事，切不可因自己皇后的身份而成为家人升官的捷径。神宗为表孝心，几次要为高氏家族修建府邸，高太后认为太奢侈，无论如何都不肯答应。她最后接受了朝廷赏赐的一片空地，但由高家人自己出资建房屋，没用国库一文钱。身为一国之母，却能如此深明大义，克己守法，不滥用权势，实在是难能可贵。

如此清正廉明的高低也难怪被后人称为“女中尧舜”，足见其治下朝政的清明。但是在政治方面，高太后却是个不折不扣的守旧死硬派。神宗在位期间，她就曾以“祖宗之法变不得”为由，对变法横加阻挠，还曾与仁宗皇后曹氏一起在神宗面前哭诉王安石变法败坏祖宗家法，苦害天下百姓。高太后已经习惯了高高在上的地位，极力反对一切变法革新，如今的她终于大权在握，可以毫无顾忌地将变法的一切撕碎。

为了尽快地废除新法，高太后火速地将司马光、吕公著、文彦博等反对变法的大臣召来，以恢复祖先的法度。司马光先被任命为门下侍郎，后被任命为尚书左仆射兼门下侍郎，吕公著任尚书右仆射兼中书侍郎，文彦博为太师，主持军国大事。这些人当政期间，在一年时间里，先后将保甲法、方田均税法、募役法、青苗法等全部废除，历史上称这次废法运动叫作“元祐更化”。

远在江宁的王安石，对司马光大张旗鼓地废除新法之举别有一番感慨。时过境迁，物是人非。现在司马光在朝廷中可谓是举足轻重，自然也可以为所欲为，王安石区区一个被贬谪居的臣子又能将他奈何呢？

“成王败寇”，此时的王安石对此也深有体会，自己潜心推行的新法就这样被保守派不费吹灰之力地废除，可谓是人生的悲哀。在北宋王朝，司马光算得上是个成功的臣子，他鞠躬尽瘁，将新法彻底废除，军政大权也从新党手中全部夺了回来。司马光的过度操劳换来了其政治上的胜利，也耗尽了他毕生的精力。这位老人同样已经是灯枯油尽，走到了生命的尽头。

在历代的官场争斗中，利益高于一切，任何想要保全自己的人一定是懂得明哲保身的智慧的。事实证明司马光是深谙其术的，在明知自己力量不足以对抗对手的时候聪明地退了出去。而王安石则没那么聪明，但他心怀国家大义，为力求国家图强而不惜损害权贵阶层的利益，以至在后来惨遭打压，含恨告别了这个世界。

政治本身就是一个旋涡，没有永远的常胜将军。要想在这个残酷的官场上博得自己的一席之地，就要讲究策略。王安石和司马光两个人，无论是在智慧、才识学问还是个人修养上，都是中国历史上的顶尖人物，如果他们能够齐心协力来辅佐君王，大宋王朝定会是另一番景象。但是，他们因为政治理念的不同，最终将个人的才学都耗在了无休止的争斗之中，这是两个人的人生悲哀，也是大宋王朝的悲哀。

哲宗亲政，排异己以泄心中恨

高太后固然是清明的当权者，但却极度地眷恋和渴望权力。哲宗 10 岁即位，完全没有能力掌握朝中大权，而这给了高太后施展政治手腕的一个绝佳的机会。但是她表面上却在极力地维护自己是个安分守己的深宫妇人的良好形象。在哲宗即位时，她就一再表示自己本好静，垂帘听政实属无奈之举。哲宗年纪较小，不谙世事，作为祖母的她不得不为自己的孙子妥善地安排朝中的大事。就这样，她将朝中大权牢牢地握在自己手中，表面装作很无奈，心中则是不胜欣喜。在她垂帘时期，朝中诸事事无巨细都由她与几位大臣处理，此时的哲宗倒是成了局外之人，对朝政几乎是无任何的发言权。每次上朝，高太后像女皇一样高高在上，与大臣们讨论得头头是道，完全不在乎哲宗的内心想法。

如果说哲宗年幼，无能力处理朝中大事是高太后垂帘听政的原因的话，那么，皇帝长大成人，自然该将朝政大权归于皇帝，但就在哲宗到17岁时，高太后仍旧把持着朝政大权，始终不肯归还。大臣们似乎也已经习惯于高太后听政，忽视了已经长大成人的哲宗。这让哲宗很是不满。

另外，在教育方面哲宗也受到了高太后的严酷压制。她先后让吕公著、范纯仁、苏轼和范祖禹等人对哲宗进行才学和品行方面的教育，并对他要求极为严格。这也使哲宗增加了对太后的愤恨，但他敢怒不敢言，只能将愤怒和怨气压在心底。

此外，高太后对哲宗的生活方面也给予了极为严格的约束。为了避免哲宗过于沉溺女色，误了朝政，常常令哲宗晚上在自己寝宫阁楼中就寝，还为其安排了20个年长的宫嫔照料他的起居。高太后的这些行为本意是为了保护小皇帝，但她的方法却欠妥，过于严苛，这使年轻的哲宗感到窒息，无形之中加重了他的逆反心理，心中的怨气日益加重，身体也开始走下坡路。

原本对一个人来说，从10岁到19岁是身体成长，精力旺盛的时期，但哲宗的心理一直是处于一种压抑、仇恨的状态，这种负面情绪摧毁了他的身体。据记载，哲宗小时候就有宿疾，时常咯血。身为一国之君，经常咯血，这是何等的大事情，理应动用举国之力来为他医治才是。可高太后竟然严令不许病情外传，不准请医生，咳嗽时不许用唾壶，要用手帕接住，之后命内侍藏起来，不许任何人知道。自幼体弱多病的哲宗似乎已经注定了生命不会太长，但是高太后还是先他而去了。

元祐八年（1093年），垂帘听政的高太后终于放下了手中的权力归天了，但即使是在弥留之际她仍旧没有忘记告诫哲宗："先帝后悔变法，为此甚至付出了极大的代价，这件事我是非常清楚的。我死后，一定会有人蛊惑皇帝，你一定不要听他们的。"高太后去世之后，哲宗终于亲政了。

也许是心中的怨恨被压抑得太久，哲宗亲政后的第一件事就是排除异己，更换高太后时期的朝臣。他不顾及大臣的阻止，先后重用了原先侍奉他的几个宦官。正当他为朝廷缺少与他意志相投的大臣而苦恼时，吏部的杨畏便举荐章惇、安焘、吕惠卿、邓润普等人，并讲述了神宗建立新政的本意与王安石变法的益处。哲宗很是信服，当下任命章惇为资政殿学士、吕惠卿为士大夫、李清臣为中部侍郎，邓润普为尚书右丞。这显然是与高太后做对，也可能是多年的压抑之后对高太后与其手下的大臣愤恨情绪的爆发。

不久，哲宗就将年号“元祐”改为“绍圣”，正式地打出了继承宋神宗事业的旗号，从此大宋的朝局也呈现了较大幅度的变化。紧接着，元祐年间被贬黜的变法分子又回到了朝廷，而曾经在高太后垂帘听政时期风光一时的守旧大臣们则罢官的罢官，免职的免职，旧党在朝堂上的势力几乎被清除殆尽。改革派在哲宗的支持下，再度掌权，展开了对保守派的反攻，被废的新法又逐渐地得以恢复。

内心抑郁情绪被压抑着的哲宗在处理朝政时，总是带着个人情绪，进而使悲剧不断地在朝中上演。此时改革派已经全然没有了当年富国强兵的宏伟之志，只想报复打压侮辱自己的保守派大臣，此时有哲宗做他们的靠山，这一切实施起来便顺手多了。于是，接下来原来那些以司马光为首的保守派就又遭了殃，改革派纷纷以“更改前朝之法，实属叛道逆理”为罪名，将他们贬官的贬官，流放的流放。

身为大宋的一国之君，宋哲宗并没有将心思用在如何治理江山上，而是不断地对一个已经毫无地位的党派继续毫不留情面地进行打压，这样的君王是不会将江山治理得井井有条，使百姓安居乐业的。这些负面的心态也给哲宗本来就状况不佳的身体增加了负荷。最终，在新党肃清了政敌之后，这些新政党之间又产生了各种各样的嫌隙，大宋的朝局呈现出一片混乱的状态。大臣之间的恶意中伤使朝廷再无宁日可言，这也徒增了哲宗的烦恼。

这时，哲宗的后宫又出现了各种状况，孟皇后被废，刘氏被册立为后。再后来，哲宗唯一的儿子赵茂刚出生两个月便夭折了。丧子之痛再加上繁乱的朝政，让哲宗感到不堪重负，终于于元符三年（1100 年）驾崩。

纵观哲宗的一生，其年幼即位，但却无时无刻不生活在高太后的掌控之中，早年他是在压抑和郁闷中度过的。后来虽然亲政了，但因为早年养成的不健康的心理，激发了他的报复心理，他开始不断地排斥旧党、废止旧法，起用新党，将朝局置于一片混乱之中，也使大宋王朝走向了穷途末路。

徽宗即位，重用奸臣败坏朝纲

哲宗去世后，大宋已经走向了穷途末路。撇开朝廷内的派系争斗不说，单就周边的形势来看，就足以让人害怕。北宋与当时北方及西北地区兴起的辽、西夏等政权的矛盾日益尖锐，到了哲宗时辽与西夏不断地强大，已经与大宋形成了对峙与并立的局面。单就“外患”方面来讲，大宋已经到了内忧外患、危机四伏的境地了。

哲宗无嗣，但国不可一日无君，此时大宋需要挑选合适的继承人来做皇帝。端王赵佶，是神宗赵顼的第 11 个儿子，哲宗赵煦的弟弟，依宗法礼制，赵佶根本没有继承皇位的机会，但因为向太后力主，几位大臣附和，赵佶才入主金銮殿，坐上了龙椅。这位风流才子因为错做了皇帝，最终也成为了北宋的亡国之君。

赵佶生于元丰五年（1082 年）十月，他自小聪明异常，深得哲宗的喜爱，同时也获得了向太后的宠爱。在她的眼中，赵佶是个孝顺的孩子，就这样在她的坚持下，赵佶被推上了帝位，这也意味着她推开了北宋走向灭亡的大门。

徽宗即位之初，因为缺乏治国经验，所以就请向太后垂帘听政。当时已近花甲之年的向太后对政事根本不感兴趣，但又经不住徽宗三番五次地请求，于是便勉强答应了下来。但是向太后同样是死硬的保守派人物，她自始至终都是新法的反对者。向太后执掌政权后，改革派又一次遭受到了沉重的打击。

向太后先是将韩琦之子韩忠彦提拔至左仆射（宰相）。但是为时不久，向太后便宣布还政，又过了一段时间，便驾鹤西去，旧党顿时失去了依靠，抵挡不住新党的凌厉攻势。是时韩忠彦、曾布分任左右仆射，韩忠彦个性懦弱，缺乏主见，凡事都要曾布拿主意。群臣又多倾向于曾布，排挤韩忠彦，韩忠彦虽位在曾布之上，却事事受掣肘，无所作为。朝堂之上的大臣们本来都共事一君，但内部的争夺排挤却永远不断。历朝历代都是如此，更不用说在党派分明的宋朝了。曾布为了扩大自己的力量，壮大自己在朝廷中的声势，便使出浑身的解数来排挤韩忠彦。再正直的大臣也受不了如此的攻击，不久，韩忠彦因受人弹劾，被排挤出了朝廷。

竞争中的大臣们是极为可怕的，对于权势与利益的渴望迷乱了他们的心性，使他们费尽心思去打击政敌，为自己在朝堂上争得一席之地；这些大臣又都是可悲的，因为在对他们行为评价上没有一个客观公正的标准，有的只是皇帝的偏好和势力的强弱，如果有强大后台，所奏言论便会掷地有声，倘若形单势薄，即便言论再有建设性，也是白费口舌，甚至还会招致不必要的麻烦。

徽宗虽然贵为一国之君，但也实属常人，自然也会在朝中大臣的影响下表露出个人的喜好。他在登基的第二年，便将自己的年号改为“崇宁”，其与神宗年号“熙宁”有极为相似的地方，这表明他有心恢复神宗之法。这时候，朝堂内的各种党派之间的争斗，还是在无休止地上演。徽宗那昙花一现的改革，还未见到成效，便被送入乌有之乡了。

曾布算不得正人君子，早期曾得到过王安石的提携，但王安石未曾想到，他绝对不是大宋可以倚重的大臣。他排挤走了韩忠彦后，大权在握，恣意横行，这样一位大臣绝对算得上是大宋王朝的祸害。他虽然身居要职，却不能尽一个臣子的责任，一心想的是如何巩固自己的权势，谁与他稍稍作对，便会受到他的排挤或打压。可以说，他有极重的心机，整人的手段极为残忍。

正所谓臭味相投，曾布在排挤其他大臣的同时，又将大奸臣蔡京推上了宰相之位，这便加速了大宋王朝的覆亡。蔡京是比曾布更为狡猾、奸诈的人物。在宋神宗时，他投靠改革派。在司马光打击改革派、废罢募役法时，他在开封又依司马光的要求，五天之内将开封府属县的雇役全部充作了差役，获得了司马光的高度赏识。随后，他又支持章惇全面恢复募役法。在徽宗即位后，他曾被向太后赶出朝廷，出知杭州。后来因为对书画极具鉴赏力，受到了同样爱好书画的徽宗的赏识，进京城做了宰相。

蔡京当政后，大张旗鼓地扬言又要开始变法，不仅要恢复新法，还要完成神宗没有完成的改革事业，并且对元祐党人给予进一步的打击，将曾经赏识他的司马光以及其他 120 人定为奸党，由徽宗亲自书写，刻石于皇宫的端礼门，称为党人碑。他们将那些已经去世的人追贬官职，没有去世的人发配到边疆苦寒地区。凡元符末年宋哲宗死后提议要恢复旧法的人，共 500 余人，被定为“邪类”，降官责罚。后来，李清臣以及王安石的弟子陆佃等许多的变法人物，因为得罪了蔡京，也都被打入“党人”一籍，屡遭打压。据史料记载，从元祐到崇宁（1086—1102 年）的十几年间，由于政治局势的多次巨变及党派之间的相互倾轧，给北宋的政治统治带来了沉重的灾难，也使北宋的统治实力不断地削弱。

另外，蔡京为了讨好徽宗，稳固自己的权力统治，他学着投其所好，逢迎拍马。他已经彻底摸透了徽宗对于声色犬马的嗜好和粉饰太平的虚荣心理。对于权力欲极强的蔡京来讲，为一个荒于政务的君主服务绝对是一件好事情。徽宗的无所作为正好使这位奸臣在朝中玩弄权术有了可乘之机。徽宗懈怠政事，这位老奸巨猾的臣子非但不加劝阻，反而一有机会就极力地恭维、奉迎皇上，纵容徽宗为所欲为而将朝政多托付给自己处理。蔡京也凭借其善于奉迎的功力，在官场上游刃有余，他先后四次担任宰相，共计长达17年。他与宦官童贯、杨戬、李彦、梁师成、高俅等人，相互勾结，贯通一气，控制朝廷，为讨得宋徽宗的欢心，不惜大肆地搜刮百姓的钱财，倾尽全力供徽宗玩乐。

宋徽宗自此也开始贪图安逸，走上了荒淫无度、祸国殃民的罪恶之路，而且在这条罪恶的道路上越走越远。此时的宋徽宗完全不理朝政，他每天关心的只是自己的琴艺是否有所提升，与人切磋一下诗词，与周围大批的美人共享快乐时光，放纵自己的欲望，完全沉溺于骄奢荒淫之中，全然忘了自己还是宋朝的君主，当初致力于做一个有作为的皇帝的壮志荡然无存，他认为蔡京完全可以将朝政处理得得体妥当。可他未曾知晓，这位忠心耿耿的蔡爱卿在一点点地吞噬他的江山，在浑然不觉中慢慢将一顶亡国之君的帽子扣在了他的头上。

宦官掌权，太监童贯的祸国之路

奸臣当道，宦官当权，宋徽宗处于尸位素餐的位置，这也预示着这个王朝已经接近尾声了。而沉溺于声色犬马中的宋徽宗则是全然不知，在他的眼中，蔡京是最有能力的朝臣，有了这位能人，他完全可以高枕无忧了。殊不知，这位徽宗最为信赖的“能臣”却慢慢地将大宋江山推向了灭亡之路。

蔡京本来是受过贬谪的人，当他得势后，便开始大肆地迫害忠良，打击异己，任用奸佞的小人，并在朝廷中培植自己的爪牙。而童贯就是他的爪牙之一。

童贯是位太监，早期在宦官李宪门下供职，并且跟随李宪学习宫中的规矩。李宪是神宗时期的监军，曾在西北边境上供职多年，并且也立下过战功，因此在朝中有一定的地位。童贯与一般目不识丁的太监不同，他读过几年的私塾，有些文字功底。再加上童贯跟随李宪出入前线，对军事也有一定的了解，而且他曾经数次深入西北，对当地的山川形势有相当的了解。这些资本足以使他在宦官中出类拔萃，可他入宫20多年了，仍旧没有多大的成就，这也使他极为郁闷。

徽宗精于诗词，对金石、书画、戏曲都颇有造诣，算得上是极具才华的皇帝之一。正是其才华，让他对花石草木、宫室园囿有着特殊的偏爱。即位之后，他便命人到苏州和杭州添置了造作局和明金局，并且征集了工匠数千人，琢磨雕刻象牙、犀角、金银、玉器，编织竹藤、针织刺绣等，总之让他们为皇帝提供各种奢侈品。这也就为童贯在仕途的上升开辟了一条道路。徽宗任命童贯为供奉官，南下苏州、杭州，为自己收集各种奢侈品。虽然供奉官的官职并不高，但是由于与皇室所需物品的采购密切相关，可从中获取不少的好处。可童贯并没有满足于捞到好处，他想利用这次机会出人头地。

童贯的平步青云源于杭州，他在杭州主持明金局时，蔡京恰好赋闲于杭州，精明的蔡京巴结上了这位徽宗身边的红人，并且通过童贯与徽宗建立了联系，并得到了徽宗的赏识，迅速从一个被贬官员变得前途无量。

后来，蔡京得到重用后，为了报答童贯的恩情，便极力地向徽宗推荐他担任军事要职。崇宁二年（1103年），徽宗为耀国威，计划征讨西北的羌族，收复青唐，开疆拓土。蔡京抓住这个机会，极力地推荐童贯。徽宗听其言，任命童贯为监军。就这样童贯走马上阵了，他并非凭借自己的才华，而是蔡京对他恩情的报答。刚刚上任的童贯也极力地想好好发挥自己的军事才能，让徽宗能对自己刮目相看。童贯在主帅王厚、副帅高永年的陪同下来到了熙州，准备开赴西北。当童贯的队伍到达湟川时，开封的太乙宫不幸遇大火，迷信的宋徽宗认为这是凶兆，是上天在反对他出兵。于是他马上传信给童贯，命他停止前进，火速返回。可此时的童贯正头脑发热，不肯放下这次立功的机会，对徽宗的命令根本不予理会。

童贯带领大军继续前行，在真刀实枪、箭矢横飞的战场上平时耀武扬威的童贯立刻现了原形，他虽任监军，对用兵打仗却是一窍不通，敌军戒备森严无法进攻之时，他则全然不知所措。幸亏主帅王厚身经百战，有勇有谋，与副帅高永年配合密切，兵分两路攻击羌人，全军士兵同心，奋勇无比，终于大获全胜。

捷报传到京城，徽宗是欣喜异常，在徽宗眼中，没有比前线告捷更好的消息了，这场战争的胜利似乎也让徽宗看到了希望，因此他不仅没有怪童贯不听从命令，反而以战功封他为内皇城使，果州刺史，并命他继续西征，攻打青唐。

第一次出征固然取得了胜利，但童贯并不懂军事，也没有什么指挥才能。如果没有王厚的正确筹划以及高永年、辛淑献、冯贯等足智多谋的将领们的全力配合，后果将不堪设想。接下来，又在这几位将领的带领下，宋军很快占领了惶城、宗哥城、都州、廓州、洮州等地。大将刘仲武立下不小的战功，不但收复了积石军，还招降了羌人首领。可是童贯却将战功都统统地计在了自己的名下，并上报朝廷为自己邀功，宋徽宗随即晋封他为校检司空、宁军节度使。

得宠的童贯逐渐飞扬跋扈，居“功”自傲，对权力的渴望越来越强烈，不仅企图独揽军政大权，还企图左右皇帝的命令，将提拔他的蔡京冷落到一旁。蔡京自是深受打击，逐渐地显露出对童贯的不满。当徽宗授予童贯开府仪同三司时，蔡京拒不奉诏，但这并没有影响徽宗的决定。如此行事的童贯并不晓得他人对自己的不满，于是便暗中派遣方劭探听消息，倘若听见有人议论他的罪过就第一时间向他汇报。可时间一久，猜忌心过重的童贯对方劭也越来越不放心，所以又命人暗中监视方劭，生怕方劭将听来的话再传出去，为了除掉心里的隐患，阴狠的童贯居然找了个罪名，将方劭处死了。

在朝中，童贯算得上是一个心狠手辣的小人，但在混乱的朝廷中，这样的小人却得到了重用，可谓是讽刺。对他来说，自己虽无才无德，但却遇到了一个好时代，昏庸无能的徽宗给他打开了升官发财的方便之门，一丘之貉的奸相蔡京为他铺平了成功之路。然而，大宋朝江河日下的趋势是不可阻挡的，童贯的好日子也快走到了尽头。

花石纲之祸，百姓悲苦谁人知

怀着对艺术的热爱，宋徽宗即位后大肆地在民间搜罗奇石异珍，可谓是劳民伤财，搞得底层的民众怨声载道，最终亡国。他不仅是一个极端荒淫的皇帝，还是一个昏庸的皇帝，在他统治期间，先后由朱勔等人主持，搜运天下奇异，称为花石纲。

他即位后，为了修景灵西宫，便派人到江苏苏州、浙江湖州开采了4600多枚太湖石，这些千奇百怪的石头立即引起了这位少年天子的浓厚的兴趣。不过当时他只是刚登大宝，不便过分地搜求，以防惹人非议。虽然只是区区几千块石头，但从千里迢迢的江南运往京师，也颇费了一番周折，这便是运花石纲的滥觞。

善于逢迎巴结的蔡京得知宋徽宗垂意奇花异石后，便暗中指使市井无赖朱冲、朱勔父子取浙中珍异进贡。宋徽宗见后大喜，索性成立专门的机构苏杭应奉局和花石纲。当然，所谓的花石纲具体是指往京都运送花石的船队，一队为一纲，故名曰“花石纲”。从此之后，从东南巧取豪夺来的奇花异石便源源不断地运送到汴京。

朱勔原籍苏州，其父朱冲精通医学，家境渐富后建造庭院，广泛地结交各界人士，一时声名鹊起，并与蔡京有过交往。蔡京曾到苏州，准备建一座寺庙。寺院的僧人向蔡京保举了朱冲，朱冲答应一定可以完成任务。几天之后，朱冲请蔡京去工地上视察，建造所需的砖石和数千根巨木堆积如山，蔡京极为满意，命朱冲监督这个工程。朱冲同儿子朱勔共同督造蔡京交办的这一工程，只用一月便完工，这令蔡京颇为满意。一年后，蔡京奉召还朝，就将朱冲、朱勔父子一同带回京师，安置在童贯的军中。后来经过蔡京的一番操作，朱冲父子居然摇身一变成为朝廷的命官，父子二人也成了蔡京的心腹。

蔡京知晓徽宗对花石之类非常喜爱，便暗中嘱咐朱冲父子采集苏州珍玩，随时进献。朱冲果然干练，第一次就寻觅到三株高达八九尺的黄杨树。黄杨树是一种极为稀有的物种，生长极为缓慢，据说每年只张一寸，闰年不长。宋代的人又经常用到黄杨树，使这种珍贵的木材甚是少见。徽宗对朱冲的表现十分满意，后来，朱冲又送上了另外的奇珍异宝，于是徽宗对他赞赏有加。

朱勔与他父亲一样，也是极善逢迎拍马的人。他知道徽宗喜好奇花异石，于是每年都会从户部领取数百万贯钱币，到江南去采求花石。他还在手下养了一大批耳目，专门负责在民间采集奇珍异石。但凡民间的一棵树，一块怪石，只要是值得把玩的，他就会命人贴上封条，指为贡品，让那家人小心保护，等着搬运，稍有不慎，便以大不敬之罪论处。他的这种做法搞得老百姓怨声载道，苦不堪言。可是此时利欲熏心的朱勔眼里哪还顾得上百姓的死活，一心只想要为自己的功名富贵寻求机会。

开始时徽宗还是极为谨慎的，运送花石纲的动作不大，只是从东南地区运送。然而几年后，徽宗肆无忌惮起来，开始大规模地运输花石，还设立了专门搜集贡品的机构。随着徽宗贪欲的增大，各地官员纷纷向汴京进贡花石，并且这在当时已经成为了一些官员得以加官晋爵的有效手段。看到如此多的奇珍异石，当时的徽宗只是欣喜若狂，宋徽宗久居深宫，自然不知道底层的百姓为它们付出了怎样惨重的代价。

石头愈来愈多，式样也愈来愈奇。久而久之，不仅是东南地区进贡花石，就连中原地区也开始有人向徽宗进献花石了。朱勔在太湖发现了一块巨石，长、宽、高各两丈有余，为了运这块石头，朱勔专门打造了一艘巨船，沿途中凿去城墙，毁掉桥梁、堤岸不计其数，历经几个月才将巨石运抵汴京。巨石抵京后，由于城门不够高，无法将其运进城中，徽宗竟然下令拆掉城门，将石头运进城。看到这样的大石头，徽宗自然是欣喜无比，特赐役夫每人金碗一个，朱勔的四个仆人被封官，朱勔本人也被封为节度使。而且，徽宗竟然将这块石头封为盘固侯，真是滑天下之大稽。

此时的宋徽宗眼中只有那些从全国各地运来的奇珍异石，而官员的心中只是希望自己通过进贡奇石能够博得徽宗的一笑进而加官晋爵，没有人顾及这所有的一切都是建立在百姓的痛苦之上的。

花石的征发，前后共持续了20多年，徽宗的这种小爱好，迫使东南地区和运河两岸的许多民户家破人亡，百姓怨声载道。花石纲之祸，也给北宋的人民带去了无尽的灾难。徽宗在宫内玩着各地官员呈上来的石头，内心极为高兴，自己的喜好得以满足。官员们内心愉悦备至，尽管采石的过程是辛苦了点，但采集石头经过一番努力，运送石头也不容易，沿途还有不少的坎坷，不过最终却为自己换来了高官厚禄，如此一算也是值得的。但最终受苦的还是底层的百姓，他们或被拆了房子，或被毁了院子，一切都被破坏得体无完肤，还不敢有半句怨言，稍有不慎，恐怕连命都保不住了。所谓的“兴，百姓苦；亡，百姓苦”，说的就是此种情景吧！

方腊起义，压榨至极必然反抗

中国的封建统治有个怪圈，王朝初期的统治者其政治都比较清明，他们懂得休养生息、安民抚民，渐渐地会出现百姓安居乐业的盛世局面，而到了一个王朝的末期，统治者一般都比较昏庸，开始出现民不聊生的悲惨现状。这些生活不下去的农民便会揭竿而起，不断地撞击着王朝的统治基础，有不少的王朝都是伴随着农民起义的爆发而宣告了统治的结束。

大宋王朝似乎也没能走出这个怪圈。就在宋徽宗轻歌曼舞、宴安逸豫之时，老百姓却食不果腹、家徒四壁，两者形成了鲜明的对比。再加上蔡京、童贯、朱勔等奸佞之臣败坏朝纲，藐视法纪，使大宋的统治摇摇欲坠。尤其是受花石纲之扰最为严重的东南地区，百姓们倾家荡产，十室九空，那里是饿殍遍野，为了求得生存，人们不得不铤而走险，纷纷揭竿而起。宣和二年（1120年）十月，睦州青溪人方腊登高一呼，顿时便群起而响应，很快便汇成了一股声势浩大的起义洪流。

青溪位于浙江省的西部，那里地势险要、土地肥沃、物产丰富，许多百姓都聚集在那里。这里有不少的少数民族，而且有大量的汉族人口，还有许多的富商大贾。方腊家原本是当地的富有人家，但是很喜欢帮助别人，所以深得百姓的爱戴。造作局成立之后，官府对方腊家进行层层的盘剥。因为花石纲的事，当时的百姓也被搜刮殆尽，无以为生。在看到当时百姓的生计无以为继后，方腊便利用百姓对朝廷的怨恨，揭竿而起，发动百姓与官府进行对抗。他先是聚集约万余人，打着杀死朱勔的口号，发动了起义，他们先是杀了里正方有常，焚烧了公署衙门，又杀死了官吏、公使等人。那里的穷苦百姓对官府也早已忍无可忍，纷纷投奔义军，十数日间势力便发展到数万人。

方腊自称“圣公”，建元永乐，设立官制，封赏将士，俨然一个朝廷一般。将士们戴着各色的头巾作为标志，附近一带的百姓都被压榨怕了，也都纷纷响应方腊参加了义军。另外，方腊还利用了民间摩尼教的影响来组织和发动民众。

该教主张“是法平等，无有高下，”信教者都是一家，同时还主张不喝酒，不喝肉。摩尼教还主张节省钱财，教友中实行钱财等多方面的互助。方腊本人是摩尼教的信徒。他四处传教，并且利用这些教义来吸引百姓，使他们加入义军。

方腊起义受到了人民群众的热烈拥护。起义军所到之处，凡捉到贪官污吏一律处死，决不饶恕土豪恶霸，起义军也对他们实行坚决的镇压，毁其宅院，没收其家财并分给穷苦的百姓。另外，起义军纪律严明，对群众秋毫未犯，为此，起义军每到一处，百姓都为其烧火做饭，并为他们治疗伤员，竭尽全力支持。正因如此，起义军很快便控制了睦州、歙州、衢州以及周边的几十座县城，还一举拿下了杭州。此时的宋徽宗还是一味地沉浸在花天酒地之中，过着极为放荡的生活，全然不顾风雨飘摇中宋王朝的存亡。

方腊起义后，当时官员派兵全力镇压，但都失败了。在极短的时间内，起义军获得了一系列的战果，起义队伍也不断地得以壮大，已经发展到有百万人之多了。此种发展速度大大地超乎了朝廷的想象，东南是朝廷的财源之地，当徽宗得知他的财富之源出了问题时极为震惊，于是忍痛割爱，将造作局、花石纲等一律废除撤销。为了重新安定民心，他宣布免除起义地区三年的田赋，想以此来瓦解义军的斗志。同时，他任命童贯为“江淮荆浙宣抚使”，令其统领 15 万兵马南下，还从湖南调集人马前往协同作战。起义军始终势单力薄，与官军殊死搏斗，最终也未能够逃脱失败的结局。在接连失利后，方腊不得已只好放弃杭州，撤回青溪，但仍继续坚持战斗。起义军退入帮源洞后，方腊不幸被捕，很快被押送汴京，不久便被处死了。

这次农民起义固然失败了，但却给宋朝腐朽的统治以沉重的一击。徽宗看到了民众的力量，于是下令将所有收买花石、造作供奉之物及有关的机构一律废除。如果以后还有人以供奉的名义盘剥百姓的一律以违背御笔论罪，朱勔父子、弟侄等也因此丢掉了官职。

宋江起义，草莽英雄义薄云天

福无双至，祸不单行。宋徽宗、蔡京组成的当政者，亲小人，远贤臣，暴殄天物、鱼肉百姓，使民众忍无可忍，他们进而进行了一次次的反抗斗争。北宋末年，除了方腊领导的起义军外，还有一股颇具影响力的起义，那便是宋江起义。在南方的方腊起义如火如荼地进行着，以宋江为首的英雄好汉，在梁山打起了替天行道的旗帜，誓为人民杀尽天下的贪官污吏。

提及宋江，都会想起《水浒传》中一百单八将的头领。然而，那只是文学作品对宋江的描述，真实的宋江是郓城人，自小饱读诗书，满腹经纶，有经天纬地之才，他存着入将之志，满怀报国情怀。他曾在郓城县任押司，是个底层官吏。他本想着通过科举可以进入仕途，在朝中求得一官半职，实现治国平天下的宏图大志，无奈其生不逢时，科考黑暗，他曾经连续几次参加科举考试，都没被录用。他写得一手的好文章，但却总是失望而归。在报国无门的情况下，他不得不在县衙求了差役的活儿，只为了能够养家糊口。

宋江为人极为豪爽、慷慨，喜欢结交江湖上的朋友，自己虽然不富裕，却仗义疏财、慷慨解囊，经常拿一些散碎的银两接济孤弱贫寡之人与落难的江湖人士，被人称为义薄云天的“孝义黑三郎”。

在县衙当差期间，他只因无法忍受官府的黑暗，私自释放了关在牢中的犯人，还因为杀人被官府通缉，因此也被抓入大牢，并被判杀头之罪。宋江是一个讲朋友义气的人，平时交友甚广，因此在危难时刻，他的那些朋友救了他。一帮江湖好友劫了法场，使宋江逃过了一劫，从此他便与大家一起上水泊梁山落草为寇。这是一帮草莽英雄，他们不同于一般打家劫舍的土匪盗寇，他们主张替天行道、劫富济贫，因此深受底层民众的敬仰。

宋江的起义是以梁山为根据地的，位于今山东省梁山、郓城、巨野、汶上县之间，那里有个大湖泊，湖面宽广，物产丰富。在湖北部，有一个名叫梁山的岛屿，宋代统治者早就盯上了梁山泊，王安石变法时，就有人主张将泊中的水排干，使之变为良田。当时这里聚集着一群被逼得无路可去的农民，政和年间，有个叫杜公才的小吏，想出了一个主意，就是检查所有农家的田契，并且逐一追查证明人，只要有一张田契无法证明，就将土地没收为公田，趁机收取田租。大宦官杨戬听从了这个主意，在朝廷设立括田所，将京东西、淮西北、河北、河东等地区的荒山野岭以及无法找到证明人的私田共三万多亩都归为公有。耕种田地的农民被迫向朝廷交纳田租，即使有灾情，田租也分文不减。所收田租，全部供皇帝挥霍。鲁山全县的土地无一幸免，以前的田契都被付之一炬。提出控诉的人都被逮捕入狱，拷打致死的不计其数。在这样的情况下，梁山也未能幸免，湖周围的良田都被括为公田，原田主被要求向朝廷纳租。在湖上打渔捞蒲的船，都要按其大小交纳船税，稍显怠慢，就遭严惩。如此一来，周围的人纷纷被逼上梁山。

在当时，北宋王朝荒淫无度的皇帝、穷奢极欲的官员、层层的封建剥削，使北宋的百姓陷于水深火热之中。人为刀俎，我为鱼肉。此时北宋的百姓就如案板上的鱼肉一般，处于任人宰割的状态。人的忍耐力是有限的，一旦突破了有限的界限，其所发挥出来的爆发力则是极难控制的。宋徽宗没有意识到这一点，官员们也没有意识到这一点，依然是我行我素，欺压百姓，终于使形势变得一发不可收拾。江浙一带的方腊起义已经让朝廷忙得焦头烂额，哪知北方宋江的农民起义又给朝廷增添了诸多的烦恼，此时的大宋王朝已经精疲力竭了。

与方腊起义相比较，宋江所带领的起义军人数不算多，据史书记载，仅有 36 人，作战的规模也不大，但确实可以称得上是精锐部队。他们作战极为英勇，多次以少胜多，打败官府的军队。仅几个月的时间，这支军队就攻克了郓城县、兖州府、青城府。所到之处，义军皆打开粮仓赈济百姓，发放银库的银两解救百姓。另外，义军还杀贪官，惩治地方上的土豪恶霸，深得百姓的拥护。

随着宋江起义的节节胜利，在开封的宋徽宗终于坐不住了。按如此的速度发展下去，后果将不堪设想。江浙一带的方腊已经将朝廷搅得不得安宁，宋江的义军又让徽宗与大臣们感到极为头疼。毕竟军力有限，一时还不能够调集有效的兵力去对付宋江一伙，而且以硬碰硬不见得是一个好办法，搞不好会两败俱伤。于是，经过多方的考虑，北宋政府希望能够招抚宋江的义军。他们以此法企图去降服宋江，以保天下太平。但宋江根本不吃这一套，他继续带领兄弟们替天行道。无奈，徽宗只好派军队前去镇压。

宋江的义军只是一群草莽英雄，没受过什么军事训练，更没有严格的军事纪律，只是凭一时的激愤而群起反抗，行事匆忙。而且他们的武器装备也极为简陋，人数又少，很快就被朝廷的军队打败了。朝廷派曾孝蕴为将领，先是攻打梁山根据地，宋江弃地而逃，转而向南发展。在转战的途中，他们不断与朝廷的军队发生冲突，在此过程中义军不停地被削弱，终因寡不敌众，起义宣告失败。

宋江的义军战败后，在走投无路的情况下，率领义军的余部投降了朝廷，接受了朝廷的安抚。而这次朝廷却利用宋江的义军让他去南方与方腊的义军进行对抗，这也意味着宋江的义军成了为朝廷卖命的工具。绍兴二年（1132 年），此时的宋江大概已经死去，其部队由当年梁山的另一位好汉杨志率领，随从童贯北上伐辽，失败以后，队伍竟然不知所踪。

金国崛起，铁骑南下徽宗逃离

在北宋的统治集团荒淫无度，其王朝正处于内忧外患的夹击之下时，北方的形势发生了极大的变化，一个强大的国家金国正在不断地发展自己的势力。此时的辽国已经奄奄一息，西夏虽然不断地支援辽国，但辽国还是抵不住金朝的攻击，终于在宋宣和七年（1125 年）二月灭亡。而大宋王朝的昏庸无能也在宋金联合攻辽的过程中，暴露在金国的面前。

为了夹击辽，童贯率领的宋军曾于宣和四年（1122 年）两次攻打燕京，均被辽守将耶律大石打败。但是金军方面，却在攻占上京后连连得胜，中京和西京也被他们拿下。童贯为了掩饰其失败的丑行，竟然要联合金朝夹攻燕京。在宋军的配合之下，金朝竟然毫不费力地攻占了燕京。后几经周折，金答应交还燕京及蓟、景、檀、顺、涿、易六州给宋，但条件是宋要向金进献财物。金军撤出时把城中的财物洗劫一空，宋只得到几座空城。这样，北宋成了金帝国虎视眈眈注视着的下一个猎物。

1125年，金朝以北宋接纳辽作为借口，由完颜杲率军攻打宋朝。他们极快地攻下了河北的许多州，形势十分严峻，宋廷得知消息后乱作一团。不久，金兵已经包围中山府，此时的大宋王朝已无人能来抵御敌人。徽宗这才知晓蔡京、王黼、童贯平日里只会对自己逢迎拍马，粉饰太平。徽宗是个才子，每天只是沉迷于艺术的世界中，哪里懂得治国之策和政治之道。为了挽救大宋王朝，徽宗按惯例下旨承认自己的错误：一是未广开言路，听取群臣的意见；二是亲近小人，使大权落在奸臣手中；三是疏远贤臣，使他们无用武之地；四是赋税沉重；五是奢侈腐化，浪费了诸多的钱财和人力……他罗列了诸多条罪状。然后他哀求说，希望贤臣们能看在北宋几代皇帝恩德的份上，献计献策挽救危机。为表诚意，他当下颁布了几项应急的措施：撤销西城所，将新括的分田归还给原有的主人；减少宫廷的日常开销，减发侍从官以上官员的俸禄；撤销应奉局，将其中的钱财充作军饷；撤销道官，关闭道场，收回其占有的房屋土地；关闭都茶场、行幸局、采石场等。

从以上的几条罪状便可以看出徽宗统治时期的种种弊政，当然这都是奸臣蔡京、童贯的主意。徽宗已经意识到了自己的错误，但这些人却像没事人一般，依然我行我素。他们相信，朝廷中全部都是他们的亲信，没有人敢对他们怎么样。面对金军的铁骑，贪生怕死的童贯的第一反应便是劝徽宗逃走，既然形势已经无法逆转，何必要白白地搭上性命呢。所以作为朝廷派往西陲的最高军事统御，童贯就这样弃大队兵马于不顾，自己先逃走了，他的这种行为致使军队群龙无首，马上陷入极为混乱的状态。

大宋的不堪一击，内部政权的腐朽不堪，致使金军南下进攻极为顺利。此时的宋朝军心已失，无论是将领还是官兵都已经无力抵抗了。一方面他们已经对徽宗的统治丧失了信心，另一方面他们知晓宋朝的败局已定，他们也没有必要为这样一个腐朽的王朝做出无谓的牺牲。当时的军帅将领郭药师便是一例，他先是投降了金军，被宗望任命为燕京留守，在郭药师的帮助下，金军更加了解了宋朝的虚实，并且很快地占领了燕山府所属的州县。

童贯弃城逃跑，郭药师叛国投敌，宋军上下毫无战斗力，大片大片的领土就这样落入金人之手。宋徽宗慌了，他当下面临的是国破家亡的险境，无论他做何种努力，都无人能与之抵抗，金人也不接受与他们讲和，徽宗极为无奈，但却无能为力，皇帝之位他再也无法继续坐下去了。于是，他也决定逃跑。当然在逃跑之前，他还将京城好好安顿了一番。他任命太子赵桓为开封牧。在宋朝，任开封牧官职的，在未来都是要登基称帝的。此时徽宗如此安排，其意愿已经极为明显了。

也就在大宋王朝内部混乱不堪时，金国又派人送来一封书信，这是金主讨伐宋徽宗的檄文，檄文里尽是指斥徽宗的昏庸无能，而且语气极为激烈。徽宗看后，之前还犹豫不决是否要逃跑时，此时他终于有了主意，他决定让太子监国，自己向东南方向逃跑。

消息一经传出，太子少卿李纲指出，现在情势极为危险，金军兵临城下，所面临的是国破家亡的危险，此时皇帝却要弃城而逃，让太子监国，就现在太子的地位而言恐怕难以服众。在李纲看来，在国家面临生死存亡的这一刻，如果不另立年号，恐怕无法扭转颓势。也就是要徽宗将皇位传给太子。

此时的徽宗知道自己已经无力挽救当下的局势了，金军兵临城下，他想到的只是逃跑保命，现在对他来说，没有什么是比保住性命更为重要的事情了。既然大臣们要他放弃皇位，那他正好来个顺水推舟，将这个烂摊子推给赵桓算了，自己也好落得个一身清闲。于是，此时的徽宗对皇位没有做出丝毫的留恋，他拿起笔，很快地拟好了诏书，正式将皇位传给皇太子。

皇太子赵桓得知自己即位要做皇帝了，竟然没有一点欣喜之色。当时金军的铁骑正在城下，他们的目的就是推翻宋朝。徽宗与大臣们绞尽脑汁也没有想出办法来解决问题，现在却将这个难题推给自己，自己即便是做了大宋的皇帝，又如何呢？

钦宗惩恶，奸佞小人终受惩处

宋徽宗在位时，宠信奸臣宦官，尤其是人称“蔡京六贼”的一帮人搞得朝廷上下不得安宁，百姓们对他们也是恨之入骨。而现在的形势急转直下，面对金人咄咄逼人的进攻，徽宗丢下这个烂摊子跑到江南避难去了，将大宋王朝的江山交给了他的儿子赵桓。

为了破解大宋王朝的危机，赵桓对金军采取了和战策略，对他们又是送金银，又是割地，使尽了浑身的解数，经过一系列的途径，金人终于退兵了。尽管宋人蒙受了极大的耻辱，也丧失了大量的钱财，不过金人目前确实撤军了，赵桓可以舒舒服服地过几天安稳的日子了。自从赵桓登基以来，就没有过过几天好日子。兵临城下的金军让他疲惫不堪，如今看来他也算是为大宋王朝立下了点功劳。

然而，一波未平又来一波。有谣言传来，此时正在江南避难的太上皇宋徽宗不甘寂寞，在童贯等一批奸人的怂恿下，想要在镇江复位。无论这个消息是否可靠，赵桓听到此消息后都极为恼火。在国家危难的紧要关头，父皇扔下这个烂摊子就跑掉了，现在局势刚一稳定，他就又想重新做皇帝，世间哪有这么好的事情呢？

当然，从徽宗的心理角度分析，也是可以理解的。他在开封做了20多年的皇帝，每天都受尽大臣们的极力逢迎，此时他将皇位让与他人，自己心中难免会失落难过。徽宗禅位时曾表示过不再干涉朝政，但他俨然还是将自己当成一国之君，钦宗心中当然会不痛快了。金人此时已暂时退去，京城也算是安定，于是有人提议将徽宗接回皇宫。

钦宗心里也有打算，他知道原皇帝回宫并不是一件好事。现在真正的皇帝是他，只要徽宗回宫，就会对他身边的大臣有所控制，他的权力就有可能被架空。尽管钦宗有百般的不愿意，徽宗还是回宫了，但他遵守了他传位时的诺言，不过问政事。

其实，在钦宗即位不久，便有人上书请求他诛杀蔡京、王黼、童贯、梁师成、李彦、朱勔六贼，历数六贼的种种罪行，朝野对此一片赞同。徽宗的退位使围在他身边的这批奸佞小人一下子失去了靠山，朝中许多大臣都早已经对这六贼的行为看不惯了，而今六贼没有了后台，大臣们便群起而攻之了。

赵桓在做太子时，就对这六人心存不满。他们结党营私，残害正义之士，贪污腐败，使朝廷上下一片乌烟瘴气。只是苦于自己当时没有实权，无力将这根基深厚的六人扳倒。而今自己身登大宝、大权在握，完全可以依自己的意图做事了，这些祸国殃民的贼子们的好日子也就到头了。

靖康元年（1126年）初，钦宗便下诏将朱勔放归田里，将王黼贬黜为崇信节度使副使，将李彦赐死。几天之后，又下诏指责梁师成与王黼朋比为奸，贬为彰化节度使。梁师成接到被贬诏书后，以为徽宗对自己开恩了，要免自己死罪。殊不知，在行路过程中，开封府的诏书又被递了过来。这个横行于朝廷数十年的奸臣终于为他的罪恶付出了惨重的代价。

在诸人的要求下，钦宗又贬蔡京为秘书监，贬童贯为左卫上将军。在徽宗当政的20多年中，蔡京曾经权倾朝野，依靠徽宗的宠信，在朝廷里作威作福，呼风唤雨，堪称政坛上的不倒翁。而童贯身为宦官，在徽宗朝竟然掌握朝廷兵力多年，并且与蔡京狼狈为奸，其罪恶也是罄竹难书。

其实，在徽宗朝时，这两贼也是作恶多端，权倾朝野，大家都是有目共睹的。宋朝落到今天这个地步与他俩是脱不了干系的。钦宗对他们的处置似乎太轻了，虽然被贬官，但只是异地安置而已，对他们来讲也没有什么实质性的打击。朝廷上下文武百官与天下百姓对这个处置结果十分不满。为了安抚民心，消减民众心中的怨气，钦宗下诏赐死蔡京的两个儿子。随后，蔡京的官职一再受贬，被发配到海南省的儋州。

俗话说，树倒猢狲散，墙倒众人推，曾经权倾朝野的一帮祸国殃民的奸臣们如今得到了应有的惩罚。可谓多行不义必自毙。蔡京把持朝政，无人敢在朝廷上多说一句话，而如今赵桓不断对蔡京进行处罚，也助长了朝中诸位官吏的胆量，他们纷纷站出来揭露蔡京的罪行。

曾经叱咤朝野的蔡京终于没有了当日的威风。当日的风光与现在的惨淡形成了极为鲜明的对比。官职没了，家没了，财产没了，就连自己的儿子也被赐死了。在被押往儋州的途中，80 多岁的蔡京病倒了，他深知自己已经走到了生命的尽头。终于在七月的一天，他没能够坚持下去，结束了自己可耻的一生。

蔡京死了，钦宗又下令杀死童贯，作恶多端的童贯也没能够逃过一劫，也为自己的行为付出了惨重的代价。就这样，一个个的奸贼都被钦宗给处置了。他们犯下的罪行实在是数不胜数，诛杀这六贼对安抚当时的民心起了一定的作用。然而，这也似乎太晚了，北宋王朝现在也只留下一副空壳子了，在徽宗在位的 20 多年里，北宋王朝的根基已经被这六贼啃噬干净，灭亡只是顷刻之间的事。

金朝崛起，敲响大宋亡国丧钟

11世纪，宋周围的几个国家辽和西夏都逐渐地走向衰落，而居住在东北的女真族却强大了起来。女真人身上有着一种精神，坚毅勇猛、奋进不止、搏击长空，也正是这样一种精神促使了女真族的崛起。

女真本是中国最古老的民族之一，他们世代居住在东北地区，靠河流而居，黑龙江下游、松花江、乌苏里江流域还有长白山地区都可以追寻到他们的踪迹。虽然是少数民族，他们却与中原地区的政权有着密切的联系。隋朝时被称为黑水部，其首领曾派使者到隋朝进贡。在唐朝时期改称黑水靺鞨，贞观年间，唐太宗在攻打高句丽时曾得到过靺鞨的帮助，开元年间设黑水都督府，双方之间的朝贡不断。到了五代时期，才开始称为女真。

五代时，战乱不断，政权更迭频繁，契丹首领耶律阿保机趁中原王朝，即唐王朝衰落之际在北方建立了一个辽政权，女真开始分裂为南北两个部落。辽国凭借自己强大的军事力量将女真一部分大宗大族迁到了辽河流域，并将他们编入了辽人户籍之下，直接接受辽国的统治，被称为熟女真，剩下的一部就是生女真。生女真各部大的有数千户，小的只有千余户，他们自己推选酋长，各自为政，互不干涉，过着渔猎、渔牧、采集的原始生活，没有被纳入辽国的统治范围。生女真人的生活不受辽国的统治，相对来说比较自由，发展空间也较大，为以后的崛起奠定了政治基础。

完颜部就是生女真中较大的一个部落。辽国试图将生女真控制在自己的政权统治之下，就以完颜部为切入点，进而统治整个生女真部。辽国君主拉拢完颜部酋长乌古乃，封他做生女真的节度使。从此之后，乌古乃便自己设置了衙门、打造武器、训练军队，逐步地走向强大。直到后来完颜盈哥做了女真首领后，其侄子完颜阿骨打辅佐他处理事务，此时女真的势力也强大起来。

此时强大的女真族对辽国的统治越来越不满，而且当时的辽国内部已经相当腐化，政治腐败，军事衰败，但当时的女真还未有十足的把握能撼动辽的统治，他们在不断地寻求时机。

完颜阿骨打是个极强势的人，他上台后对女真的政治、经济进行了一系列的改革，使女真变得更为强大了。面对辽国，他采取的是十分强硬的态度，他不想再受制于辽国人的统治。所以，完颜乌雅束死后，他决定不向辽国报丧，并且在没有经过辽国人同意的情况下即位，自称都勃烈极，俨然一个独立政权的样子。完颜阿骨打的做法激怒了辽国的统治者，辽天祚帝派人前来问责，没想到完颜阿骨打拒绝接见辽国的使者，他的这一做法等于完全同辽国撕破了脸面。

当然这一切都并非偶然发生，辽国依仗着自身的强大，开始肆无忌惮地欺压女真人。长期受欺侮的女真人，在完颜阿骨打接任后便开始变得强硬起来，他们不愿意再受制于辽的统治和欺侮。更何况，当时的辽国政治腐败，军事力量已大不如之前，这也是攻打辽国的绝佳时机。

要攻打辽国，必须要先建立独立的政权。于是在政和四年（1114 年），完颜阿骨打在松花江畔，聚集族人，召开誓师大会，祷告天地，鼓舞士气，起兵攻辽。第二年的正月，阿骨打正式称帝，建立金国，阿骨打成为金太祖。

辽国听说金建立了自己的政权后，大为震惊，马上意识到了问题的严重性。金政权直接威胁到辽政权的统治地位。但此时的辽国犹如一个病倒的、软弱无力的狮子，他们早已经不想再与他国动刀动枪了。于是，辽天祚曾派家奴试图说服完颜阿骨打，使金国成为辽的附属国，但是被完颜阿骨打拒绝了。双方经过多次的信件来往，辽以激烈的言辞要求金投降，金在信中也不甘示弱，要求辽国答应金国开出的条件。经过几次的书信往来，双方始终都不肯让步。

既然书信交流毫无成果，强硬的完颜阿骨打索性就打算与辽撕破脸，他整顿军队，筹备好粮草后，便向辽国发起了攻击。金军一路上势如破竹，直捣黄龙府。而此时的辽国战斗力极为虚弱，黄龙府很快被女真人侵占。

在女真人的全力支持下，再加上完颜阿骨打杰出的军事才能，金军表现得极为英勇强悍，而辽军则是节节败退，溃不成军。金军乘胜出击，杀掉辽军无数，夺得了粮草辎重、兵械、战马不计其数。就在辽金两军激战时，饶州的渤海人也趁机起事，辽不得不派兵镇压乱民。此时东京辽将高永昌乘机起事，率兵攻入东京，拥兵自重，自立为大渤海皇帝。天祚帝想招降，但被高永昌拒绝了。此时的辽天祚帝不得不承认完颜阿骨打的强大，丢掉了辽国的大片河山。

对于宋朝来说，在得知金政权建立后，压力倍增。因为宋长期以来都将夏和辽作为自身统治的威胁，而此时又多了个金政权，这让宋感到自己四面楚歌。

金国成立之后，积极地对辽国展开了军事进攻，辽国的东京、上京、中京等纷纷陷落，眼看辽国的半壁江山沦落到金人的手中，辽天祚帝也在积极地寻求多方面的援助。

得知金军大举伐辽，辽军节节败退的消息，宋徽宗与大臣们也是欣喜若狂，认为事情有了转机。原来徽宗一直想着要收复燕云十六州，他在苦苦寻求收复的良策，只是碍于辽国的兵力强大。而此时的金军将辽打败的消息让他看到了希望。既然辽军是如此的不堪一击，宋朝如若能与金人结成联盟，共同攻打辽国，按照目前这种战争的态势伐辽，必定能大获全胜。到时候大宋既能清除一个劲敌，又能收复丧失已久的土地，可谓一石二鸟。但现实却并未像徽宗所想的那般，他幻想着靠投机取巧来解决自己的问题，但没想到这个决定却将大宋推向了深渊。

宋徽宗立即派使者向金国表达了想要与之结盟的意愿。经过协商，宋金最终结成盟国，共同夹击辽国。完颜阿骨打的强悍早已让辽军闻风丧胆，这次在与宋军的联合中，他也看到了宋军的疲软无力、腐败透顶。在攻打辽之前，金曾表示等取胜后，就会将燕云十六州归还给大宋，但等完颜阿骨打目睹了宋军的不堪一击后，对宋的态度却发生了极大的变化。最终，两国攻辽大获全胜。金决定将燕京及蓟、景、檀、顺、涿、易六州送给宋朝。而且金人在撤离燕京地区时，将城内的金帛财物、官员百姓洗劫一空，仅仅将一片狼藉的空城留给了宋朝。宋徽宗又不得不为了维持这座空城的发展投入大量的人力物力，但是宋徽宗似乎没有意识到自身的损失，他与官员们一直沉浸在收复燕京地区的喜悦之中，完全忽略了自己为这座空城所付出的巨大代价。他未曾想到，此时强大的金兵野心更大了，他们已经将大宋作为下一个攻击的目标，大宋王朝的亡国钟声已经敲响了。

金人灭掉辽国后，从宋朝获得大量的财物，实力大增，野心也进一步得以膨胀。此时，宋金的矛盾也凸显出来。宋徽宗宣和五年（1123 年），金太祖完颜阿骨打去世，其弟弟完颜晟即位，即为金太宗。在金国服丧期间，原本已降金的辽国将领张觉叛金投宋，而且宋徽宗也接纳了张觉，这激怒了金人。金国以此为借口，对大宋大举进兵，攻占了太原，夺取了之前归还给宋的燕京，并准备南下攻入开封。此时的大宋江山危在旦夕，懦弱无能的宋徽宗看到局势不妙，便仓皇逃脱，并将皇帝传给了太子赵桓，此时大宋江山处于一片风雨飘摇中，随时面临着覆亡的危险。

金兵南侵，在乞和中彻底败落

靖康元年（1126 年）十一月，金军的铁骑还是攻入了汴京，宋朝廷在无奈之下，便派使者与金进行“议和”。与宋朝君臣无耻媚金的丑态相比，开封城内的百姓则表现得非常勇敢。京城虽破，但城内的百姓却不甘心做亡国奴，他们没有向金人妥协，而是继续战斗。数以万计的军民自发地组织起来，共同抵抗金人的入侵。群众力量是不可小视的，军民联合起来共同战斗，杀死了前来议和的金朝使者，有30多万人要求发给武器来对抗金人。金军将领见此，便残忍地下令纵火焚城，百姓蜂拥而至，以至金兵在城上不敢下来。

金人有些害怕了，经过这一次的进攻，金军的兵力已经受到了不少的损失。现在虽然已经攻入汴京了，但是军队需要整顿，士兵需要休养生息。可是此时汴京城内数十万的百姓气势汹汹，一旦全部投入反抗金军，金军可能会陷入不可自拔的状态。当务之急只有依靠大宋朝廷来共同对付城中的百姓了。

金朝也明白，宋朝一向是主张和谈的。当然，所谓的“和谈”不过就是要宋投降罢了。于是，他们便主动提出议和，宋钦宗与大臣们又从中看到了希望，令全民停止抗战，向金人乞和。

得知金人同意议和的消息，宋钦宗欣喜若狂。立即派何栗与济王赵栩前往金营中议和。宋钦宗奉上降表，表示正式向金人投降。金将完颜宗翰、完颜宗望认为，占领宋朝的京城还不能够完全满足他们，擒贼先擒王，他们还想俘获诱擒北宋的皇帝，于是便说：“自古以来，有南就有北，二者是缺一不可的。只要他们答应割地，议和就不成问题，不过条件是必须让太上皇亲自来议和。”何栗回朝廷后，就将金人开出的条件转告给了钦宗。钦宗说：“经过这么一劫，太上皇又惊又忧，大病一场，哪里还经得起这么一番折腾呢？倘若一定要去，那就由我亲自去吧。”

不得已，赵桓率何栗、孙傅等人硬着头皮来到金营议和。宋钦宗送上降表，并屈辱地下跪。金人自视强大，态度傲慢，对宋钦宗百般刁难。无奈钦宗只能够忍气吞声，任金人凌辱。

金人此次完全是漫天要价，实质上就是要灭了北宋王朝。完颜宗望提出割让两河之地，并且索要金一千万锭，银两千万锭，帛一千万匹。迫于金人的淫威，宋钦宗无奈只得答应了金人提出的条件。宋钦宗回到东京时，百姓夹道欢迎。一想到自己在金营里所受的屈辱，想到自己堂堂一国之君竟然落得如此的下场，还得看这帮蛮夷之人的脸色行事，忍不住号啕大哭起来。

既然金人已经开出了条件，而且钦宗也不得不答应了，那就必须要实施行动了。赵桓命何栗、陈过庭、折彦质等人为割地使，分别到河东、河北给金人割让土地，还派人到各处州县，通知地方官投降金国。

对于金人索要的金帛问题，宋钦宗也是丝毫不敢怠慢。为了给金人筹集钱财，宋钦宗大肆地搜刮民间的金银。但当时的开封府城中已经被搜刮殆尽了，赵桓便命令不管是宗室、权贵、商人还是娼妓，甚至包括僧道，都必须要出资犒军。名义上是出资犒军，实际上是公然抢夺，稍有反抗者，便会被官府关押。开封府内被搞得一片狼藉。除了索要金银之外，金人还向宋廷索要 1500 名少女。一时间，钦宗命人到处去搜捕年轻的女子，搞得百姓不得安宁。许多少女不甘受辱，自杀而死。因为金人索要的女子数量较多，钦宗一时难以凑齐，便让自己后宫的嫔妃、宫女予以充数。

此时的宋钦宗对国内的百姓则表现出的是欺压之态，他将金人带给朝廷的灾难完全地转嫁到百姓身上；对金人则表现出屈膝献媚的态度，对其再无理的要求也表现得百依百顺。金人也正是摸准了宋钦宗的这一心理，便狮子大开口，漫天要价，百般地刁难，将宋朝的百姓折磨得困苦不堪，几乎要将大宋朝洗劫一空。

即便如此，金人还是不肯放过大宋皇帝，靖康二年（1127 年）正月，钦宗再次入金营，恳求金人进一步做出让步。赵桓刚一出朱雀门，就被闻讯而来的数百万百姓团团围住，仿佛生离死别一般。赵桓身上寄托的是百姓的希望，然而这个责任是如此的巨大，对手是毫不讲信用的金人，赵桓不免流露出伤感来。

赵桓抵达金营后，受到了极为苛刻的待遇。他被囚禁在几间简陋的小屋子里，屋外还有重兵把守，完全失去了自由。堂堂大宋天子，竟然成了金人的阶下囚。金人扣留了钦宗，声称金银帛数一日凑不齐，就一日不放钦宗回宫。在金人的强大威逼下，宋廷再一次对百姓进行疯狂的掠夺，使底层的百姓是苦不堪言。

但是，金国也知道，宋朝已无多少油水可榨取了。宋朝官吏所搜集的财物与金人的要求还差十万八千里。金人没有就此善罢甘休。既然没钱了，总该有其他东西吧！祭天器物、图书典籍、乐器等，都成了金人的囊中之物。同时对开封城内的技工、女人进行丧心病狂的掠夺。

宋朝君臣对金人俯首帖耳，唯命是从，反而更加助长了金人嚣张的气焰。灭宋，是金人的既定方针，无论宋人如何的委曲求全，最终也是难逃一劫。金人认准了宋朝人软弱无能的本质，在金人眼中，灭掉大宋犹如囊中取物一般容易。

靖康之变，徽、钦二帝命丧黄泉

面对金人的诸多无理要求，宋朝只是一味地妥协。但是这种妥协和忍让并没有为大宋赢得和平，而只是纵容和助长了金朝进一步扩张和侵略的野心。靖康二年（1127 年）二月初六，这天对于大宋朝来说，是一个耻辱难忘的日子。金人废除钦宗，将其贬为庶人。当钦宗被迫脱去龙袍时，随行的李若水抱住钦宗不让脱，大骂金人背信弃义，金人恼羞成怒，将他折磨至死。

金人此举是为了另立皇帝，从而将大宋王朝完全掌控在自己的手中。宋朝既然是赵家的天下，当然赵家的人也在劫难逃。钦宗已经成了金人的阶下囚，他们也不会轻易放过宋徽宗和其他的皇室成员。

二月初七，金人又传来旨意，让太上皇徽宗和太后等人出城前往金营，美其名曰使一家人早日团聚。宋朝大臣莫不放声大哭，大臣张叔夜认为，金人诡计多端，钦宗皇帝已经一去不复返，此次金营之行一定是凶多吉少，太上皇万万不可前去。他当即表示，愿意率领众将士保卫太上皇突围。怯懦的徽宗哪里有这样的胆识，他当政期间就没有对抗金军的气魄，更何况现在是国破家亡的悲惨时期。他没有这个胆量，金人说什么他就会做什么，而今金人让他去金营，他也不敢耽误。此时的他也未曾想到，金人此次就是要将赵姓皇室的子孙一网打尽。徽宗和太后最终还是乘车缓缓地驶出了京城，走上了一条不归路。

接下来，金人又对赵姓皇室所有成员下手了。他们先是拟定了一份赵氏宗室的名单，接下来，徽宗的儿子、帝姬、嫔妃、驸马等还有钦宗的太子、嫔妃以及所有赵氏宗室的人无一幸免。而且全城搜捕宗室的工作也展开了。开封府尹徐秉哲命令坊巷五家联保，不得藏匿皇室的成员。在短短的几天时间里，共抓获皇室三千多人，并将他们的衣袖绑在了一起，相互挽行至金营。这也意味着北宋政权的灭亡。东京汴梁被金人轻而易举地攻破了，国土沦丧，财物、人口几乎全被抢劫一空，皇子皇孙全部都成了阶下囚。宋朝的江山成了金人手中的玩物。金人为了在未来更好地统治大宋，决定选一个傀儡政权，他们选中了张邦昌这个卖国求荣的人。

张邦昌曾与康王赵构一起在金营做过人质，对金人摇尾乞怜，极尽谄媚。所以在金人眼中，张邦昌似乎是一个不错的人选。三月七日，在金人的主持下，为张邦昌举行了册封典礼，建国号为大楚。另外，金人在建傀儡政权的同时，也未曾忘记过对北宋民众的掠夺。其所到之处，无不烧杀抢掠。金人的野蛮行径给广大民众带来了沉重的灾难。

整个大宋王朝已被金人完全颠覆，宋徽宗、郑太后以及亲王、皇孙、驸马、公主、嫔妃等在内的一批人，由完颜宗望负责押解，沿滑州北上；另一批宋钦宗、朱皇后、太子、宗室及大臣何栗、孙傅、张叔夜等人由完颜宗翰负责押解，沿郑州北上。各路人马约定在燕京齐会合。当然，被金军掠去的还有朝廷各种各样的礼器、古董文物、图籍、宫人、内侍、倡优、工匠、技工等人，北宋王朝的府库积蓄被扫荡一空，这便是历史有名的“靖康之耻”。

一路上，东路太上皇等人坐着由金人驾驶的上百辆车。西路钦宗骑马，其他人则穿戴破旧，饮食粗糙。一路上他们受尽辛苦，还饱受金兵的折磨。由于当政者亲近小人，置国家于贫困之中，老百姓所受的苦比他们要多上百倍。如今金兵南下，还派兵四处抢夺财物，在东自沂、密，西到曹、濮、兖、郓，南到陈、蔡、汝、颍，北到河朔的广大地区，大肆地杀戮。京城百姓更是悲惨，由于被围困了极长的时间，许多人由此也染上了疾病，病死的人就有总数的一半。城内米价高涨，许多人都被饿死了。百姓们没有食物，只有以椿、槐等树的叶子，以及猫狗等家畜当作食物。家畜吃光了，就吃死尸。有的人气还未绝，肉就叫人割去了。

到达幽州之后，金人命令徽、钦二帝穿着孝服去阿骨打庙行礼，然后去拜见太宗。这是中原皇帝的一贯做法，如今却被金人拿出来整治他们。金太宗还学习隋文帝和宋代先王的做法，将太上皇封为昏德公，将钦宗封为重昏侯。后妃都被送进洗衣院，许多的王公大臣都被卖为奴隶。不久，金人将他们迁到韩州，分给他们五十顷地，让他们自食其力。

绍兴五年（1135 年），徽宗在五国城病死。在绍兴三十一年（1161 年），金主完颜亮与辽王、宋王等人一起喝酒，喝到尽兴时，完颜亮将辽王耶律延禧射死了。后来完颜亮在与诸王竞射之际，又将钦宗乱箭射死。徽宗和钦宗两位大宋帝王，就这样走完了他们的人生之路。

大宋王朝这两位皇帝，在他们的一生中，被刻在历史中的不是他们执政时的辉煌，而是他们执政时的昏聩与无能，还有他们被俘后的落魄。他们不仅仅输掉了大片的疆土，赔上了大量的黎民百姓，输掉了自己的名誉，更是赔上了整个北宋王朝。

第六章

偏安南隅，走向衰败：中兴无力崖海沉沦

徽宗和钦宗被金兵掳走后，康王赵构于南京应天府（今河南商丘）重建宋朝，即为宋高宗，史称南宋。宋高宗即位后，以李纲为相，大力地整顿朝纲。李纲积极抗金，引起以高宗为首的主张对金妥协投降的统治集团的不满，随即被罢免。抗金行动受阻后，朝中大臣滋生了诸多的不满情绪。苗傅、刘正彦借机兵变，逼高宗退位，后失败，苗、刘随即被杀，高宗复位。

1129 年，金军又挥师南下，中原沦陷。宋将韩世忠与金军展开了殊死搏斗，大败金军。后来，宋臣张浚由于决策上的失误，富平一战，宋军失利，金军遂占领了陕西大部。金朝由此改变策略，扶植伪齐政权，同时对南宋实行了诱降与军事进攻并重的政策，自此宋金进入相持阶段。

随后，南宋的统治越发地黑暗，农民起义此起彼伏，两湖地区的钟相、杨幺起义是规模较大的一支，后在南宋政府的镇压下失败。

赵构登基，南宋政权自此建立

靖康二年（1127 年）四月，等徽宗、钦宗以及皇室成员与文武百官被金兵掳走，金人走后，其所立的张邦昌政权受到百姓的唾骂，在开封的统治摇摇欲坠。康王赵构被宗泽等宋朝一些官员拥立为帝，于靖康二年（1127 年）五月在南京应天府即位，重建宋朝，改年号为建炎，史称南宋。

赵构即为徽宗的第九子，钦宗之弟，其母亲是韦贤妃。康王不仅才华横溢，而且还有胆有识。在靖康之役中，赵构作为皇室子弟，本应被金军作为俘虏的对象，但因为他早在金兵南下时，被钦宗派去金国与其议和，但是他还未到达金国，金军的铁骑却先到达开封，上演了“靖康之耻”的丑行，赵构因此也免去了一难，并在应天重立大宋河山。此时在开封行使统治权的张邦昌内心却不怎么安稳。自从金军走后，他每日如履薄冰，胆战心惊。伪楚政权本是金人所立，宋朝军民百姓对金人那是恨得咬牙切齿的。此时金人已经忙得不可开交，哪有工夫顾及张邦昌。虽说张邦昌是迫不得已被推上皇位的，但民心可不会向着他，底层的百姓对他极为不齿，朝中的一些大臣也不愿意听从他的号令。

张邦昌骨子里带着浓厚的正统观念，他如今的所作所为也完全违背了他的价值体系，背负着良心的谴责，张邦昌生不如死。他左思右想，觉得将这个位置让出去才是上策。此时的他早已经物色到了合适的人选，那就是孟氏。

孟氏是北宋哲宗的皇后，她因为得罪了皇帝，出家做了道士。在金兵围攻开封的时候，其所住的殿恰逢失火，于是便暂住在弟弟家里，所以才避开了金兵的俘虏。张邦昌虽然知道孟氏不姓赵，但她毕竟是赵家的媳妇，将政权还于她，由孟氏垂帘听政，这也说得过去。

就这样，张邦昌的大楚皇帝仅做了 33 天，皇后孟氏入朝，恢复元祐的年号，中原政权又一次得以变革。当然了，孟氏垂帘也只是权宜之计，张邦昌认为要找一个真正能继承大统的合适人选才是长久之计。于是，他便想到了康王赵构。

此时，康王赵构正在济州避难，见金人撤兵了，他便又回到了相州，屯兵、养精蓄锐。开封城内所发生的一切，赵构只是冷眼旁观，都不曾插手。此时康王已经手握重兵，并且是徽宗众多皇子中仅存的一位，这也决定了光复大宋的重任只能由他来承担了。

张邦昌亲自去见赵构，一到赵构的府邸便开始失声痛哭，他将自己怎么被逼迫做皇帝，以及做皇帝的种种不痛快，通通一把鼻涕一把泪地从头道来。然后他又信誓旦旦地说自己对赵氏绝对没有亵渎之意，对赵氏是如何如何的忠心耿耿，说得赵构都不忍心责罚于他。临走时，张邦昌还将刻有“大宋受命之宝”的传国玉玺献给了赵构，赵构推辞一番，终不抵张邦昌的坚持，最后以代为保管的名义收下。

随后，张邦昌力劝赵构即位，他说赵构即位完全是大势所趋、众望所归，将赵构比喻成历史上有名的中兴之主光武帝和晋文公。张邦昌在处理这件事情上，表现得毕恭毕敬，这不仅使他获得了赵构的同情，保住了脑袋，还使得他在赵构那里谋得了一份太宰的好差事，当然这里面还包含着赵构对张邦昌让位于己的感激之情。

孟氏在垂帘听政之后，响应朝中大臣的号召，正式下旨给赵构，让他“由康邸之旧藩，嗣我朝之大统”。朝中大臣也纷纷上书给赵构，要他继承大统，重振大宋的山河。

靖康二年（1127 年）五月初一，赵构在南京应天府即位，改元建炎，史称南宋，赵构即宋高宗。这一年赵构刚满 20 岁，他用其稚嫩的肩膀担负起了大宋王朝的历史使命。

赵构虽然有过做皇帝的念头，但并没有做好准备。赵构被推上皇帝的龙椅之时，一切仿佛还在梦中。然而，在危局之中的皇帝也不是那么好当的，要想重振徽宗毁掉的大宋王朝，谈何容易！

就这样，赵构在众大臣的拥护下登上了皇帝的宝座。诸位大臣也只是想将赵构当个替代品。钦宗被金人掳走后，金人的傀儡政权张楚政权横行，此时朝中无主，秩序混乱。先让赵构当政，从而让大宋从此休养生息，待到强盛之时再攻打金国，再迎回徽宗、钦宗。到时候，二帝再登宝座，赵构也算是功德圆满了，这是多数朝臣的想法，但赵构却不这么想。虽然他表面上自称“权听国事”，暂且先做皇帝，不过这也仅仅是谦虚之词。若是要将他当成代理皇帝，他心中自然不甘。

在这样的情况下，康王赵构登坛受命，在应天府即帝位。高宗即位之后，大赦天下，也不追究张邦昌及其他奉金人命令的大臣的罪过。并下旨不得录用童贯、蔡京、朱勔、李彦、孟昌龄等人及他们的子孙；因遵照王命而殉难的都追加恩惠；不再征收青苗税，拜黄潜善为中书侍郎、汪伯彦为同知枢密院事。当天，元祐皇后也不再听政，在东京撤帘。高宗怕金人问罪，便当众夸奖张邦昌随机应变，是有功之臣，拜其为太保、奉国军节度使，封为同安郡王，并令张邦昌以天下不忘赵宋而归位于赵宋之意告诉金人。此外，高宗自外召回李纲，拜为尚书右仆射兼中书侍郎。自此，以高宗为开国皇帝的南宋政权得以建立。

赵构是在北宋江山的废墟中登基的，他虽然重建政权，但北宋王朝的一系列政治、经济制度却没得到改变，在这种腐朽制度的统治中，依然难改宋王朝积贫积弱、贪腐严重的现象，此时的大宋朝也只是在苟延残喘中延续其仅存的一点气息。

李纲拜相，中兴之梦彻底破灭

赵构登基后，大宋王朝已经被金兵掠夺一空，面对百废待兴的局面，赵构有些茫然。他的皇位坐得有些“名不正言不顺”，而他本人除了握有兵权外，在朝中毫无依仗而言，没有可以信赖的能够辅佐他的人，也没有充足的钱财收买人心。

当时的天下刚刚平复，他登基后首要的就是要稳定人心，这时他也迫切地需要找个有威望的人来协助自己。这时，他看中了李纲。李纲虽为一介书生，但个性却极为强硬，在金兵南下时，就多次请兵抗金，这在当时软弱不堪的北宋皇帝与官员之中显得格外难能可贵。他甚至在开封被金人围困之时，亲率军民抵挡住了金人的进攻，取得了东京保卫战的小小胜利。恰恰是李纲的这种行为，使他在军中的威望得以提升，声震一时，高宗觉得他是个可用之才。

事出紧急，高宗来不及多想，便任命李纲为尚书右仆射兼中书侍郎，这也意味着李纲成为南宋一人之下，万人之上的开国宰相。听闻李纲被任命为右丞相，黄潜善和汪伯彦再也坐不住了。他们两人自认为为高宗的登基大业立下了汗马功劳，跟高宗又是患难之交，平素两人又颇得高宗喜欢，这左右丞相应该由他们来做的。突然半途杀出个李纲，确实让人有些不服气。两人上书进言说："李好用兵，今召用，恐金人不乐。"高宗当然知晓这一点，但是眼下自己的根基未稳，笼络人心是第一位的。而李纲深得民心，如今必须要扶李纲上马不可。

等李纲上任后，便与朝中的议和派颜歧因为是否抗金的问题产生了分歧。李纲先将这个问题放下，为了进一步得到高宗的信任，也为了显示自己的治国才能，他连夜将自己的治国方针总结为十个方面，上书给高宗。

李纲拟定的这十个方针，总结起来无非是议国事、议巡幸、议赦令、议僭逆、议伪命、议战守、议本政、议责成、议修德。高宗看后，认为他洋洋洒洒写了那么多，无非就说了两个事情，即杀掉张邦昌和练兵北伐，迎回徽宗和钦宗。这是李纲为高宗制订的一个治国方针，仔细来看，这十个方针显得有些武断，但也不无道理，如果高宗能够抛却种种顾虑，认真地实施，那当金人再次入侵之时，就不会落得个狼狈出逃的局面。只是高宗此时所想，仅仅在于如何建立他皇帝的权威，坐稳皇位而已。

李纲激烈谏言说："陛下欲建中兴之业，而尊僭逆之臣，以此显四方，其谁不解体……如此，何以励天下士大夫之节？"高宗一听此话，觉得他说得有理。张邦昌虽然对自己的登基大业有功，但如今要为他一人而失德于天下，就显得得不偿失了。于是，高宗下令将张邦昌处于斩刑。

李纲所说第二件事，便是说到了高宗的痛处。他主张"募兵""买马"，让底层民众资助军费，然后对金出兵，救回徽、钦二帝。这很快便遭到了谏议大夫宋齐愈的反对。他指出，招兵会使部队士兵增加，国家为此要多支出诸多的军饷。此时新朝刚立，战争此起彼伏，再加上宋被金搜刮一空，哪有这么多的钱去支应。再说买马之事，先不说钱粮的问题，就算朝廷有钱，那又该去哪里买马呢？西夏的马是好，可人家不卖给宋。宋朝的马到战场上，根本无用武之地。最后说百姓捐资之事，百姓如今自己的温饱都解决不了，如何有钱财捐赠出来呢？要是将百姓逼急了，他们一定会造反。这三件事虽对国家重要，但是一旦执行起来，将会招来无穷的后患。

宋齐愈将自己的看法写成奏折，想要呈给高宗。可这份奏折却意外地到了李纲手中，他看到宋齐愈对他的治国方针的反对，很是气愤，便利用手中的权力将宋齐愈处死了。

至此，高宗对李纲也愈发地不满起来。如果以上的事情可以容忍的话，那接下来的两件事，李纲更是激怒了高宗。

一是都城问题。李纲力主高宗回銮开封，认为"宗庙社稷之所以，天下之根本"。而在高宗的心中，开封已被金人攻打过，以他的意思，就是都城应该远离金人为好。所以，当李纲苦口婆心劝高宗回开封重设都城时，高宗心中颇为不愿意。

后来，李纲看到高宗无意定都于开封，便又劝解说，不回开封也行，那最起码要在中原定都。因为在古代，哪个帝王如若统治了整个中原，才能更好地治理好其他的地方。但李纲的这个建议也没有得到高宗的同意。

二是在对金的态度上，两人存在极大的分歧。金人听闻自己建立的傀儡皇帝张邦昌被高宗所杀，便以此为借口再次出征。高宗建议与金议和，而李纲则主张对金用兵。李纲以“偷安于一时，忘祸于其后”力劝高宗不可怯战怕事。这让高宗很是恼火，他对李纲的忍耐已到了极点。恰在此时，黄潜善、汪伯彦开始大肆地弹劾李纲滥杀无辜，有伤新政，整顿朝纲时又“独断专行”，给李纲加了十几个罪名，要求罢免李纲。李纲在朝中已左右树敌，自知无法前行，就提出了解甲归田的要求。高宗也借此机会罢免了李纲，李纲这个宰相仅做了 77 天便被贬为平民，可谓是一介忠臣良将的命运的悲哀。

随着李纲被罢官，大宋欲通过李纲变革而实现“中兴之梦”也彻底破灭，在腐败泥潭中不断挣扎的大宋王朝，即便出现再多的忠臣良将，也挽救不了终将覆灭的命运。

高宗南逃，苗、刘上演兵变闹剧

金人听闻张邦昌被高宗所杀，便于建炎元年（1127 年）九月再次挥师南下。此次南下分中、东、西三路大军，倾其所有，有克中原、灭宋之势。三路大军势如破竹，一路南下，中原地区除开封外竟全部被拿下。

这时的高宗不是积极备战，而是抛下他的臣民百姓南逃扬州。胆小如鼠的高宗最终还是没能够肩负起挽救大宋于危难之中的重任，在大祸来临时选择了苟且偷安。这时，大宋朝内部还是出现了主张抗金的将领，那便是镇守在开封的宗泽，他以其坚固的防御与正确的战术取得了东京保卫战的胜利。金军正是在他的阻挡下，一连数月攻不下开封城，最终因为粮草短缺而撤兵。

而在此期间，宗泽上疏高宗请求其回开封，前前后后共有 24 次之多，这便是著名的《乞回銮疏》，但宗泽的一片爱国之情并没有得到高宗的体谅。宗泽一心为大宋着想，高宗可不这么认为。功高震主，是历代皇帝都担心的事情。宗泽因为坚持抗金，赢得了广大士兵和民众的人心，声望日益增高。同时，他又手握重兵，而且深得民众的爱戴。此时如果他举兵起义，便很容易取得成功。在国难危急时刻，高宗想的不是如何体恤抗金将士，而是在猜忌有功劳的大将，可见，大宋王朝已经难以挽回覆亡的命运了。当高宗接到宗泽的一道道奏折后，没有体恤他的良苦用心，而是对他日渐疏远。宗泽是个光明磊落的人，他搞不清楚高宗此时的心思。当初满腔的热情终究还是冷却了，壮志未酬的宗泽对高宗彻底失望，不禁悲愤交加，积怨成疾，疽发于背，病倒在床，不久便悲愤地死去了。

金人见宋大将宗泽已死去，开封的防御也彻底地瓦解，其南下的铁骑再无顾忌，于是便又大肆地进犯中原。也就是说，让金人为难的开封防御，是宋高宗自己销毁的。此时，金太宗下了一道讨伐高宗的诏令，要对高宗“穷其所往而追之”。金军一路南下，渡过黄河，眼看就要打到扬州城了，战报传来时，高宗正在寝宫中淫乐逍遥。听到金军又打到自己家门口了，他便推开怀中美人，穿上衣装，出了殿门，骑上快马狂奔而去。他狼狈不堪地逃离扬州，乘船渡过长江，然后直奔镇江。

残酷的金军攻到扬州后，看到大宋皇帝和宰相都逃走了，便对百姓举起了屠刀。他们烧杀抢掠无恶不作，致使扬州城的百姓死伤无数。

高宗到达镇江稍作休息后，便又一路南逃，直到杭州，这才安顿了下来。按常理来说，此时经历了惊心动魄的逃亡后，他该振奋起来整顿朝政，训练士兵，以做好防御的准备。可他到杭州后，便忘了逃亡的耻辱，全身心地投入到歌舞升平、风花雪月中去了。

黄潜善和汪伯彦二人是随着高宗一路南逃的朝中官员，其在逃亡的过程中作恶多端，招来了军民百姓的痛恨。于是便有人向高宗弹劾说，此二人臭名昭著，已经激起了民怨。高宗自知南逃不得人心，如果再继续任用二人，必然会成为众矢之的，于是便下令罢免二人。然后又任用朱胜非为宰相，王渊为枢密院兼御营都统制总揽朝政大权。此二人是高宗南逃时一直追随其左右之人，在高宗南逃过程中，对他嘘寒问暖，照顾极为周到，高宗对此二人心存感激之情。但是此时将王渊推向高位，实属不妥。王渊虽在年轻时立过战功，但是为人却是极为贪婪的，他视财如命，平日里积怨甚多。

不仅如此，王渊还与宦官康履、蓝珪等人走得很近。此次王渊能够高升与康履在高宗身边不断地吹耳边风有关。康履、蓝珪虽为宦官，却屡次干预朝政，使得诸多人对他们心存不满。另外，军中的士兵对王渊执掌兵权极为不满。苗傅、刘正彦两人此时挺身而出，此二人屡立战功，却在军中被封了个芝麻小官，因而对王渊的上位表现出极大的愤怒情绪。于是两人就在军中慷慨陈词，诱导军队起来造反。

一天，王渊退朝后，便被苗傅、刘正彦捆了起来。王渊大惊，顿时六神无主，他平日里与这两人积怨已深，若落到他二人之手，肯定没有好下场。正如王渊所想，他们二话不说，就将王渊的脑袋砍了下来。

苗傅与王正彦为一介武夫，缺乏政治头脑。二人想着将王渊除掉后，此事便了结了。这时，军中有人喊，“杀宦官、杀康履、杀蓝珪”。这一喊，军中顿时大乱。苗傅和刘正彦看局势已不在自己的控制范围内，便带领着诸位将士提着王渊的头向高宗的宫殿奔过去。之后，众将士杀红了眼，诸多的宦官都被诛杀了，而此时唯独不见康履、蓝珪。众将士哪里肯罢休，便以苗傅与王正彦为头领，要求高宗交出康履与蓝珪。

此时的高宗正在寝殿休息。他听闻外面隐隐有喧哗声，便见内侍慌慌张张地向他奔来。他知道大事不妙，但又无计可施。此时的张浚、韩世忠等诸位大将全在远处，无法调遣。于是便硬着头皮出去和苗傅与王正彦谈判。

高宗走上城门楼，苗傅与王正彦带着士卒高呼“万岁”，然后又哭诉着将对王渊和宦官的不满倾吐给高宗，并要求高宗交出康履和蓝珪。高宗虽然心有不忍，但无奈之下，只好将二人送下城。这二人当即被斩杀。

苗傅与刘正彦在杀掉宦官康履和蓝珪后，仍旧不满足。他们二人竟然威逼高宗退位，二人说高宗无才无德，不思进取，还宠信小人，残害良臣，根本没办法担当重任，不如退位，将皇位让给高宗三岁的儿子，并拉出元祐太后孟氏来辅政。此时的高宗实属无奈，只好按照苗、刘二人所说，拥立自己三岁的儿子即位，自己做了历史上最年轻的太上皇。皇太子被推上皇位，太后垂帘听政，改年号为明受。自此，朝中一切大权都操纵在苗、刘二人手中。

这两个小人当政后，先是罢免了张浚的军政大权。此时的张浚早已听闻京中事变，正准备发兵组织平叛，此圣旨对他来说犹如一纸空文。此时，韩世忠、吕颐浩也正带兵赶往京师平叛。

苗、刘二人见势头不对，立即请出高宗，然后一番好言相劝，恭请其复辟。此时经历了生死大浪的高宗倒显得异常镇定。他心想，如今这两个小人暂且得志，有朝一日等他有了兵，就等着受死吧。果不其然，当韩世忠、吕颐浩的大军一到，高宗便下旨讨逆，将苗、刘二人诛杀。

苗、刘二人在朝中酝酿这场兵变闹剧，充分说明了此时的南宋王朝内部的腐化与衰败已经到了极为严重的地步。此时的南宋王朝虽然刚刚建立，但是面对金兵的追杀，高宗只是一味地南逃，这种怯懦和软弱的态势，最终只能是任人宰割。

继续南逃，抗金将领名垂千古

面对金人的追兵，高宗一味地南逃，这让武将韩世忠心中极为不快，但慑于权威，他也只能忍耐。韩世忠是高宗时期的光州观察使。面对金兵的一路追击，高宗一路南逃，到达杭州稍作休息后，金兵还是很快地追了上来，而且矛头直指高宗。

金人最终攻破了杭州城，此时的高宗已经完全被完颜宗弼的勇猛吓破了胆，一路先是逃往浙江又跑到温州，最后再由温州逃到海外。而此时的金将首领完颜宗弼也是铁了心要抓高宗回去立功。他在得知高宗南逃入海后，便命人备了船只，准备渡海活捉高宗。

高宗本以为逃到海上就安全了，但却万万没想到金人居然下海追击。幸好金军的士卒都是北方人，根本不习水战，晕船晕得厉害，更别说在船上打仗了。而此时也恰逢梅雨时节，雨说来就来，上一刻还是晴空万里，这一刻便是大雨滂沱，顿时海上雾茫茫的一片，军队根本分不清方向，无奈之下，金人只好选择退兵。

而此时的高宗在逃亡过程中，可谓是吃尽了苦头。因为时间仓促，此时南逃的高宗一行没有准备充足的粮食。后来，船上的粮食吃没了，高宗也只能忍饥挨饿。有时候实在忍不了了，便也顾不上金兵在岸，就停船上岸乞讨。一代皇帝竟然落得如此的下场，可悲可叹。

完颜宗弼捉拿高宗不成，便北上班师回朝。其军队所途经之处无不是对当地进行一番大扫荡，金军将金银珠宝、丝绸玉帛这些能够带走的尽其所能全部带走，将不能带走的都放火烧光，纵火屠城。大宋江山一时间生灵涂炭、满目疮痍。

完颜宗弼在回京的途中听属下来报，说有宋将在镇江积极备战，准备抗金，而此人正是韩世忠。他是大宋王朝中为数不多的主战将领。当高宗南逃杭州的时候，他便义愤填膺地对高宗说："国家已失河北、山东，若又弃江、淮，更有何地?"这话掷地有声。面对金人的追兵，他希望高宗能够站在第一线积极备战，鼓舞士气。如果士卒备受激励，那么抵挡金人南下也是有可能的。但是韩世忠的劝解都是徒劳的，指望一个贪生怕死的皇帝出来抵抗金人，结果可想而知。此时准备继续南逃的高宗也看到韩世忠抗金决心坚定，金人又渐渐地逼近，他便派韩世忠去抵挡一阵子，好给自己腾出逃跑的时间。于是他就任命韩世忠为浙西制置使，分兵八千余人给他，命他镇守镇江。

就在完颜宗弼班师回朝时，韩世忠带领着八千人在镇江积极备战，以抗击金人。当时的金军有精兵十余万人，曾一路势如破竹，所向披靡，无论从人数还是气势上，韩世忠都不是完颜宗弼的对手。其实当时的宋朝有百万大军，能够勇敢站出来阻挡金人的也只有韩世忠领导的八千人，这不禁让人产生疑问：皇帝是贪生怕死之辈，上行下效，如此的南宋如何能成就大业？只求偏安一隅，苟延残喘尚且不能的局面，如何唤醒这些人沉睡的灵魂？

镇江是长江天险，过长江必须要经过镇江。韩世忠积极备战，四处派人打探金人的军情。他知道自己将要面临的是完颜宗弼的十万大军，如若单凭力量肯定是拼不过，只有运用计谋，出其不意攻其不备。韩世忠知道，完颜宗弼到达镇江后，一定会先派人观察地形，如果他预先设下埋伏将这些人一举击毙，必定能给金人一个下马威。

运筹之后，韩世忠马上部署，他安排三百精锐在料定金人定会来勘察的地方设伏。果真如他所料，金人的侦查兵刚到金山龙王庙，便被韩世忠的伏兵打了个正着，负责此次行动的金兵几乎全军覆没，唯独让完颜宗弼一人得以逃脱。这让韩世忠捶胸顿足、后悔万分。

完颜宗弼回到营中，气愤难当，自己若不是逃得快，差点就成了宋军的俘虏，那也意味着十万金兵就彻底失去了方向，成为一团乱麻，任宋军宰割。完颜宗弼想到此，觉得惊恐万分。但他立即振作精神，一拍桌子道："此仇不报非君子，发誓也要杀韩世忠报仇雪恨。"

第二天，双方的水师在江中展开了激战。此战中，宋兵虽然仅有八千人，但个个都是忠勇之士，而且所配备的战船先进，都是一些大型的战舰。金兵数量虽多，但却不善水战。更何况他们的船只都是临时抢来的渔船，根本无法与宋军的大船相比。金军士卒伤亡惨重，落水淹死的、被箭射死的不计其数。可由于金兵数量多，不断地又补充上来，双方大战数个回合，仍旧是胜负难分。

这时，韩世忠的妻子梁红玉挺身而出，冒着生命危险亲自擂鼓助威，这极大地激发了宋兵的士气。此时的金人便扛不住了，败下阵来。这时完颜宗弼已经有些撑不住了，看着金军锐气大减，便派使者去与韩世忠谈和。使者传话说，只要能放金人过江北归，这一路所抢来的财宝，都留给宋军。

尽管当时宋军军饷并不充足，但韩世忠断然拒绝。韩世忠义正词严地提出“复我疆土，还我两宫，则可以相全”。完颜宗弼是在万般无奈的情况下才向韩世忠服软，没想到他竟然如此不识抬举，提出如此苛刻的条件。

两军的战斗进行得异常惨烈，金军节节败退，最终被逼进了黄天荡。黄天荡是个死水港，金军前不能进，后还有宋兵围堵，被困在这里，插翅难逃。谈判又不成，这可急坏了完颜宗弼。正当他一筹莫展的时候，有个当地人因贪图钱财，给完颜宗弼出了个主意，即将一条通往长江的被淤泥堵住的河道挖通，然后再成功脱逃。完颜宗弼遂命人日夜挖掘，终究挖通了。韩世忠正计算着时日，金人本来粮食不多，被困数日，等着其弹尽粮绝之时再出兵将完颜宗弼全部围剿。但此时的完颜宗弼已经率兵成功从河道逃脱。

听闻金兵逃脱，韩世忠马上予以追击。此时的完颜宗弼汲取上次水上作战失利的教训，将一些小船连在一起，并在上面铺上木板，这样与宋军作战便与在陆上无异。另外宋军的战船是以船帆扬风前进，若是船帆着火战船便没办法前进。他运用这个方法，果真在水上打败了宋军。

这次黄天荡固然没有全部消灭金军，但是韩世忠以区区八千人对抗金军十万大军，并将他们围堵在黄天荡48天之久，这不仅仅助长了宋军的士气，更是给金人以当头一棒，他们再也不敢轻易南下了。韩世忠也因此役名扬南宋，流传千古。

将相失和，川陕战场屈辱败兵

完颜宗弼在韩世忠那里吃了大亏，狼狈地逃回老家，惊魂未定之余，也让他感到意外。原来宋军并不如自己想象的那般不堪一击。此次出兵失利，也让完颜宗弼在金国的声望扫地，他想再次出兵，为自己挽回颜面。这一次他从失败中认真地总结经验教训，改变了以往的进军战略。他认识到，此次金军南下与宋军打水战，根本就是以卵击石。他清醒地认识到，金军的强悍之处在于骑兵，只有在平原地区才能发挥其长处。以己之长攻彼之短，才是制胜的重要策略。为此，金军此次制定了一个由西往东打的战略方针，选定川陕地区为突破口。

刚刚稳定下来的南宋政权，在听到金人这么快又卷土重来时，顿时乱了阵脚。四年中，高宗在一路南逃的过程中受尽苦楚，这种颠沛流离的逃亡生活让高宗心惊胆战，每当回想起那段日子，就如噩梦一般，那样的日子，高宗再也不想经历。当听闻此次金军进攻的方向是川陕地区，便又松了一口气。但是金兵进犯，他必须要派个值得信任的人去应对。此时的他想到了张浚。在苗傅和刘正彦叛乱时，张浚及时带兵赶到，解救了高宗，因此也赢得了高宗的信任。于是，高宗就将到川陕抗金的任务交给了他，任命他为川陕宣抚处置使外加一些便利条件，比如允许他不经上奏就有权力罢免和任用当地的官员。获此殊荣的张浚对高宗感激涕零，暗下决心一定要知恩图报，不负众望。

当时镇守川陕的宋将领是曲端和吴玠。金军南下伊始，曲端就在关陕地区招兵买马，整治军队。他带领的军队，纪律严明，公私分明，平时又注意安抚地方百姓，因此在这个地区曲端颇有威望。吴玠是曲端的副将，作战有勇有谋，屡立战功。当地人评价他们二人“有文有武是曲大，有谋有勇是吴大”，这二人本是一对完美的将领组合，但是在权力争斗中，两人的关系便生出了嫌隙。再加上二人在作战方针上存在较大的分歧，于是两人渐渐不和。

张浚到该地区后，首要的就是要立威望，他知晓曲端的声望颇高，才能又强，便想方设法地想要拉拢他。但是曲端久经沙场，作战经验丰富，自然会有些恃才傲物。再加上他本是这里的头号人物，突然朝廷又派来一个人来压制自己，自然心生不快。而张浚是进士出身，本一介书生，偏偏要做武将来领兵打仗，一方面他经验不足，另一方面他又不善用兵，这让曲端很不服气。

张浚为了拉拢曲端，想要给他升职。但曲端对张浚不冷不热，还表现得十分反感，并以无功不受禄为由断然回绝了。张浚作为皇帝的钦差大臣放低身姿去讨好曲端，却被人家无情拒绝，感到很没面子，便对曲端产生了敌意。见拉拢曲端不成，张浚又想去争取吴玠。他早就听闻吴玠与曲端之间有嫌隙，此时如若给吴玠升职，一定会让吴玠成为自己人。随即，张浚便提拔吴玠为统制后，又将其升为秦凤路副总管兼知府。见张浚如此看中自己，吴玠自然也想做点什么报恩于张浚。此时的曲端见吴玠站在张浚一边，更是对他冷眼相待，二人的矛盾已经到了水火不容的程度。

大敌当前，宋军内部却发生了严重分裂，两个将领为一己之私闹得不可开交，这样的军队犹如一盘散沙，其前景也令人担忧。金军已至，作战计划迟迟未定，内部的分歧仍未解决。张浚立功心切，要集中全力正面出击，而曲端则认为金兵强悍，不宜正面出击，而应踞城坚守，打小股的游击战。二人为此闹得不可开交，但张浚是钦差大臣，在愤怒之余，当即就将曲端贬职。曲端当然不服，口无遮拦地说，张浚此仗必败。张浚不服，于是两人随即立下军令状，发誓谁输了就砍掉谁的脑袋。

张浚本是书生出身，哪懂什么战略战术，他竟然在开战前先给金人下了战书。完颜宗弼接到战书后，根本不将其当成一回事。此时的张浚像发了疯似的，一封接着一封给金军发战书，但却始终得不到回信。他料想，此次一定是完颜宗弼胆怯了，不敢应战。如此想着，张浚更是洋洋自得，傲慢起来。

几番周旋之后，两军终于开战了。金兵的铁骑步步为营，宋军处于被动状态。宋军以步兵为主，金人的骑兵冲进宋营，犹如秋风扫落叶一般，片刻间宋军便所剩无几，死的死，逃的逃。张浚还没有回过神来，就已惨败，最后还是在部将的保护下才得以保全性命。

张浚战败之后后悔不已，此时的他已经意识到自己在作战方面确实存在诸多的问题。事实也证明曲端是对的。这时候他想到了那个军令状，不觉惊出一阵冷汗出来。但是大丈夫一言九鼎，驷马难追，难道张浚要命丧于这个军令状？此时的吴玠看出了张浚的心思，他觉得自己该为张浚做点什么。他告诉张浚说，曲端手下部将张中孚、赵彬投奔金人，是受曲端所蛊惑。张浚一听也不细查，就以谋反罪将曲端收押，交给了康随。康随本是曲端的部下，曾因犯事被曲端以军法处置，对曲端恨之入骨。曲端此时落入他手中，自然不会有好果子吃，竟然被康随活活地折磨而死。

曲端作为大宋王朝的一员猛将，没能够死在沙场上，而是无端地屈死在自己人手中，这说明当时的大宋并非是无力与金对抗，而是其内部的政治已经腐败透顶。

以汉治汉，伪齐政权黯然退场

数次南下的金军吞辽、灭掉北宋、重创南宋，几次战役后，金兵已经占据包括中原在内的全国大片的领土。要如何统治这些地区，便成了金国最大的难题。金人虽然有极强的军事力量，但其文化体系与大宋是无法相提并论的。

宋与辽偌大的领土都被金人占领，但他们却不懂得如何统治，也不会统治，这使得他们虽然占夺了这些地区，却无法在这个地区立足。金人在占领区实行的是最为野蛮的屠杀政策，他们每占领一个地区，总是会先搜刮此地区的金银珠宝，大抢特抢绫罗绸缎，然后再大包小包地带回家去。若是遇到当地抵抗的，便会将他们带回去当奴隶。金人的这种野蛮的统治政策，激起了当地民众的强烈反抗，相当一部分人加入到了抗金大潮中，各地的抗金义勇军组织纷纷成立。人口众多、力量强大、影响深远的有王彦领导的八字军，还有河东红巾军与河北五马山起义军，金军统帅完颜宗翰就曾差点被红巾军活捉。还有被金人掳去做奴隶的中原人，也发起过起义。尽管被占领地区人民的抗争没有取得过实质性的胜利，但却在一定程度上牵制着金人的兵力。这让金人颇为头疼，想要更好地统治自己辛辛苦苦打下的江山，最稳妥的办法就是以汉治汉。所以，他们想找出第二个张邦昌来为自己的统治服务。

建炎二年（1128 年）金军进攻山东，不日山东就被攻下。山东就这么快被金人拿下，与时任济南最高长官刘豫有着极大的关系。

刘豫出身贫寒，进士出身。他贫且无志，品行不端，史书记载："豫少无行，尝盗同舍生白金盂，纱衣。"也就是说，刘豫此人品行是极有问题的。此次，刘豫任济南官员也是被逼无奈的。他早就听闻山东地区盗寇猖獗，刘豫极为害怕，怕有一天被盗寇杀害。他曾上书请求要到东南地区就职，可惜，统治者无视他的请求，刘豫只能硬着头皮上任了。

金人一到，刘豫便赶忙防备抗敌。但是此时的金兵将领完颜昌以丰厚的利益来引诱刘豫，提出若刘豫投降，便让他做第二个张邦昌，即金统治汉的傀儡皇帝。这对世代为农、家境贫寒的刘豫来说，诱惑力实在是太大了。于是，他便一口答应了金人的条件：开城投降。

此时镇守济南的将领是关胜，此人忠勇善战，屡克金军，金人多次都想活捉他。刘豫心想若将关胜活捉了送给金人，也是大功一件。此时刘豫卑鄙小人的丑态完全暴露出来，刘豫是关胜的顶头上司，关胜对他自然没有防备，刘豫轻而易举地将他拿下送给完颜昌。完颜昌自是喜不自胜，并于建炎四年（1130 年），册封刘豫为皇帝，国号为大齐。金国规定，刘豫要“奉金正朔”“世修子礼”，刘豫点头哈腰全盘答应，乐颠乐颠地当起了这个儿皇帝。刘豫这个傀儡政权，在名誉上统治着中原地区，成为宋金之间的缓冲地带。刘豫的大齐政权，实际上是金控制北方领土的一个傀儡政权，而刘豫也只不过是金人统治中原的一个工具而已。

当然，刘豫这个丑陋的小人自投降金后，自是对金死心塌地，毫无二心。此时也有许多人站出来劝解刘豫不能做如此逆天的大事，而刘豫非但不听，还将劝解之人拉出去斩首示众。自此以后，再也没有人敢拿命出来劝刘豫，刘豫也忠心耿耿地做起了金人的走狗。

刘豫做了皇帝后，尽心尽力地帮金人治理起地方上的政务来。他自认为尽心竭力做皇帝，没有辜负金人所托，甚是得意。此时的他只是沉浸在美好的皇帝梦中，未曾意识到宋、金两朝关系的微妙变化。

刘豫的大齐政权建立之后，高宗所建的南宋政权似乎更得人心了。本来高宗的皇帝之位来得“名不正，言不顺”，所以诸多将领对他并非忠心。南宋的主战派官员李纲、宗泽、韩世忠都是以收复中原、迎回二圣为己任，也就意味着，在这些人的心中，要效忠的仍旧是徽、钦二帝，而非高宗。高宗一路南逃时，沿途观望的将领也不在少数，他们之所以袖手旁观，里面掺杂的部分原因就是没将高宗放在眼里。此时突然横空出世个大齐政权，而且还是金人所立，这便显得高宗的南宋政权高尚、正统得多了。这时原本似一盘散沙的南宋政权，终于团结起来。

金人内部一场争论下来，阵营越来越分化。原来，拥刘豫为大齐皇帝这件事情只是完颜昌和完颜宗翰二人的一厢情愿。这件事情也引起了金内部诸多将领的不满。刘豫一没军功，二没才能，凭什么他就能捞得这样的美差来做，在金廷内部，刘豫这皇帝也是做得“名不正，言不顺”，无法服众。这就让刘豫的位置岌岌可危。对此，刘豫也是知晓的，为此，他想做出点成就来，给那些看低他的金人瞧瞧。但未曾想到的是，他很快便遭到了金人的怀疑。

绍兴四年（1134 年）九月，刘豫率军南下，在大仪镇被韩世忠击败，十二月，金、齐联兵进犯淮南，遭到了岳飞的痛击。绍兴六年（1136 年），刘豫率 30 万军队分三路进攻两淮，东路军遭到韩世忠重创后又在藕塘受到张浚部将杨沂中的围攻。刘豫接二连三的失败，让金人对他倍感失望，也对他失去了耐心。恰在此时，刘豫又遇到了他人生的“滑铁卢”。

一次，金人在大齐境内截获一封书信，信上的内容立即惊动了金人。这信竟然是张浚写给刘豫的亲笔书信，信中希望刘豫能够诱金兵南下，消耗体力，最后一举将其消灭。金人万万没有想到，一直忠心耿耿的刘豫会做出此等事情。不过，单凭这封书信就断言刘豫要叛变的事实未免太过武断了。

而恰在此时，刘豫派人到金国来请兵。理由是，宋军北上，刘豫请求支援。这一下子，便将刘豫叛金的罪名坐实，金人大怒。

其实，这都是宋将领张浚的计谋，金人已经中了他的圈套。此时的刘豫还被蒙在鼓里，他完全不知道自己的末日即将来临。张浚的离间计，确实起到了至关重要的作用。只是刘豫还在做最后的挣扎，他上书请求封其子刘麟为皇太子，遭到了拒绝。由此便可看出，杀刘豫只是早晚的事了。

一切如同预料的那般，金人先是废掉了刘豫。此时的刘豫惊慌失措，便跑去完颜昌那里哭诉，完颜昌根本不予理睬。刘豫明知自己做的是离经叛道的事，可还是去做，不被金人所杀，已是万幸了。他就如同一个跳梁小丑一般，粉墨登场，又黯然退场，徒留下“汉奸”的千古骂名，遗臭万年。

岳飞报国，高宗只想偏安一隅

当时韩世忠在黄天荡围剿金兵时，其队伍中有一名小将名叫岳飞，就是后来南宋有名的抗金英雄。

岳飞，河南汤阴人。靖康元年（1126 年），枢密院官员刘浩招募士卒，岳飞便应征入伍。他最初在相州参加了大元帅府的军队，因为作战英勇而屡建战功，被提拔为秉义郎。高宗在应天府称帝不久，金军南下，朝中群臣仓皇南逃。对此，岳飞很是不满，他与韩世忠一样，都是当时南宋为数不多的抗金派。当时的他虽为一名小卒，但却对高宗呈上了《上皇帝书》，洋洋洒洒几千字，斥责高宗与诸位朝中大臣，并要求高宗“亲率六军”收复中原。身为武将的岳飞，个性耿直，心中有怨愤便只图一吐为快，却没想过后果。结果他的言辞激怒了高宗，被夺官归田，理由是“越职言事”。这也意味着，岳飞又从一名小士卒沦为一介平民，要实现自己的理想，必须从头开始。

身负报国之志的岳飞又一次参军，这次他加入了王彦领导的八字军。此时的岳飞颇有胆识，他曾经单枪匹马入金营，杀金将黑风大王而回。在跟随王彦收复新乡后遇到金军，惨遭失败。在作战方面，王彦是个保守派，而岳飞与其个性完全不同。于是，两人在作战方面经常发生分歧。在岳飞与金的作战行动中，王彦竟然断了他的粮草，致使他兵败，损失惨重。岳飞极为气愤，负气离开。他出走后，弹尽粮绝又无所依托，而王彦则越来越受到高宗的重视，实力越来越强。此时的岳飞已经懂得一些人情世故，他认识到，“要做俊杰，必须要先识时务”，于是就返回王彦的军营中负荆请罪。王彦还算大度，没有动用私刑，而是将岳飞交给了主帅宗泽。

此时的宗泽已经听闻岳飞的勇与谋，对他极为赏识，就将他留在了自己的身边，任命他为都统制。岳飞有勇有谋，更有才艺，但却不按章法出牌，打仗极为随心所欲。宗泽本是一介书生，后来依兵书自学兵法，打仗极为讲求布阵，但是岳飞却恰恰与之相反，宗泽看不下去了，就狠狠地教训了他一顿。岳飞却说："阵而后战，兵法之常，运用之妙，存乎一心。"宗泽一听，心想，这小子还真是有一套，认定他非等闲之辈，对他极为赏识。

宗泽一心报国却被高宗忽视，最终郁郁而终。之后，高宗让宠臣杜充接任了宗泽的职务。在打仗方面，杜充完全是个大草包，他接任东京留守职务后立即进行了大刀阔斧的改革，不仅将宗泽辛苦建立起来的东京防御体系破坏殆尽，还将宗泽招抚的抗金队伍纷纷遣散，自己则成了一个光杆司令。这种做法，立即引发了诸位将领的不满，纷纷离他而去，其中也包括岳飞。

金人南下后，杜充立即投降。而岳飞带领的一支队伍则是奋勇抵抗。一场大战下来，两军实力相当，但由于金军支援不断增加，而岳飞由于孤军奋战，最终难逃溃败的命运。随后，他又率部将转到宜兴境内。在此期间，他召集残兵败将，练兵抚民，静待时机。后来金军南下没捉到高宗，无奈只能又转战北上，在北归途中，岳飞一路对金兵进行围堵追杀。

金军在镇江被韩世忠痛击后，顺利逃回建康，并且着手建康城的防御工作，扎营结寨，开凿护城河。金军做这些都是为了虚张声势，是为北逃做掩饰。可高宗听到这个消息后，极为害怕，他觉得金兵这是要与自己杠上了，要久留江南等待时机卷土重来，他赶紧召兵，以求抵御之策。此时的宋军已经被金兵吓破了胆，都不敢去冒险。这时，岳飞率军来到距建康城不远的地方驻扎下来，他侦察到金军这是在虚张声势，于是便打算主动出击。他率军直入建康城，将金军打了个措手不及。这时候建康通判率乡兵，从侧面夹击金军，金军两面受敌，狼狈地从建康城撤出，建康城这个军事重地顺利回到大宋的怀抱。

这次战役让岳飞声名大震，岳家军的大名也不胫而走。金人狼狈北逃的喜报传来，高宗欣喜不已，他决定亲自接见岳飞，并封岳飞为通泰镇抚使兼泰州知府。可这是岳飞极不情愿的，这是个清闲官职，他心怀报国之志，想领兵到前线去与金人真刀实枪地拼命。为此他犹犹豫豫，迟迟不去上任。

无奈之下，他上书给高宗，请求高宗授予自己招兵买马的权力，独立成军，以完成收复中原的大业。他在上表中这样写道：

照得飞近准指挥，差飞充通泰州镇抚使，仰认朝廷使令之意，除已一面起发前赴新任外，契勘金贼侵寇虔刘，其志未艾，要当速行剿杀，殄灭净尽，收复诸路；不然，则岁月滋久，为患益深。若蒙朝廷允飞今来所乞，乞将飞母、妻为质，免充通泰州镇抚使，止除一准南东路重难任使，令飞招集兵马，掩杀金贼，收复本路州郡，伺便迤逦收复山东、河北、河东、京畿等路故地。庶使飞平生之志得以少快，且以尽臣子报君之节。

在此处，岳飞立下了抗金报国的决心，他以妻子、母亲为人质，换来了高宗的信任与支持，给予他自主招兵买马的权力，以实现他收复中原的志向，尽到人臣的义务。他的这番报国之心，实属难得。不过这并没使高宗为之动容，对岳飞的这种请求，他根本不予理睬。

此时的高宗宠信奸佞之臣——杜充、秦桧之辈。此时的高宗并非是糊涂到底，对于岳飞的请求，他有自己的想法。岳飞的这番诉求，触动了高宗敏感的神经。高宗一直不愿北伐，认为北伐一旦成功，中原失地得以收复，固然是好。但北伐成功之后，徽宗和钦宗便会归来。再者，在诸多次战役中，高宗已经领教了金兵的厉害，依岳飞所诉，北伐成功好说，若失败，他又要开始南下流亡的生活。四年被金兵四处追杀的日子，让高宗受尽了苦楚和折磨，情况严重的话，可能还会被金人追着打回来，如此想来，宁愿丢掉那半壁江山，也不愿北伐。

高宗有了这样的心思后，便一直倡导与金议和，无论金开出怎样的条件，也决不出兵开战。此时他考虑的是如何让自己过得舒服、安稳，根本不管大宋江山和百姓疾苦。

但是高宗还有别的顾虑，这个顾虑又使他重新考虑拉拢和重用岳飞。宋朝的地方将领，大都是拥兵自重，真正为高宗出力的不多。高宗自己手中能够控制的兵力更是少得可怜。以当时的境遇，如若哪位将领起兵造反，高宗也只能束手无策。这时他又想到了岳飞。他想，如若岳飞不提北伐、迎回徽宗和钦宗这个建议，他一定会大大地重用岳飞。

在大宋国危难之时，高宗想的不是如何力挽狂澜、重用名将化解危机，而是在心中打着自己的小算盘，然后猜疑良将，打压有心报国之臣，可谓是迂腐透顶。大宋国在这样的皇帝手中，自然难逃处处挨打、被动受敌的命运。

精忠岳飞，图复中原以兴王朝

岳飞的一腔爱国之情并没有感动高宗，但他看在岳飞对宋立下汗马功劳的份上，开始重视他了。当时的南宋一直忍受着金人不断南下的侵扰，但自黄天荡一战之后，金人再也不敢轻易南下了，南宋的政权终获一时的平静。但是南宋内部的问题却凸显出来。

绍兴元年（1131年），李成拥兵十万叛乱，成了南宋的心腹大患。高宗要平叛，却一时找不到合适的人选。大臣范宗尹提议派韩世忠去，韩世忠自从平定苗刘之变后，屡立战功，高宗对他甚是倚重。此时如若派韩世忠去镇压，那就是在动摇国之顶梁柱。在高宗心中，此时的韩世忠已经成为镇守南宋的主要将才。在慎重考虑之后，高宗便任张浚为江淮路招讨使，将岳飞的部队也归于其名下，由他指挥。

李成所率领的一支游寇，于建炎三年（1129年）被宋兵打败后归降大宋。后李成看到大宋国力衰败，又重操起了旧业，四处劫掠。李成的一个谋士劝他，“顺流而过江陵，号召江浙，一贯天意”，李成则是犹犹豫豫，虽然没有及时采纳，但显然已经动心。李成趁金人南下，占领了江淮数郡。李成之意，如司马昭之心路人皆知。李成要自立朝廷，高宗自然不答应。

岳飞率部将受高宗指使平叛李成。此时，江州城已经被李成部将马进攻破。岳飞部队退居洪州，张浚率军也及时赶到。马进与张浚所率领的士卒，相持半月之久，谁都不先出兵。这次战役显然耗的是双方的耐性，张浚表现得战战兢兢、惶惶恐恐，马进乐不胜收，认为张浚怯战。又这么耗了半月，马进实在是等不及了，命人送去了战书。双方就此开战，此时的马进骄傲自大，很是轻视张浚，这就为其后来的失败埋下了伏笔。岳飞在张浚的密切配合下，将马进打了个措手不及，马进狼狈逃走，却为追兵所杀。李成看马进兵败，便率领部将投降。

在此次战役中，岳飞显示了他的军事才能，遂被任命为神武右副将军，高宗命令原洪州知府的兵马都交给岳飞统率，使其实力得以大大地提升。除了这些实际的恩惠外，岳飞还得到了名誉上的奖励，高宗亲自书写“精忠岳飞”制成军旗赐予岳飞。此时的岳飞意气风发，十分感谢高宗的知遇之恩，心中更是坚定了自己精忠报国的信念。

建炎四年（1130年），孔彦舟镇压湖湘地区农民起义军。领导人钟相和钟子昂被杀害，杨幺接管了他的职位，在洞庭湖地区建立了大楚政权，自称“大圣天王”，又一次举起了起义的大旗。

杨幺公然建立政权，必为高宗所不容，便慌忙派兵镇压。但屡次镇压，屡次失败。最后，高宗便决定派岳飞前去，慌忙将岳飞召来，命他去洞庭洞镇压。岳飞到达洞庭湖后，采取分化瓦解的战略，先是招降杨幺亲信，然后里应外合，一举将其打败。杨幺被捕，不肯投降，投水而亡。在镇压过程中，岳飞严明军纪，深受士卒们的爱戴。此次岳飞收编精兵五六万，岳家军的实力再一次得以增强。

随后，岳飞又被任命为镇南军承宣使、江南西路舒蕲州制置使兼黄复州汉阳军德安府制置使，高宗命其收复襄阳地区。此时的岳飞势头正旺，屡立战功，无往不克，深得高宗器重。岳飞也是兴致勃勃地接受了高宗的命令。他带领岳家兵乘船北上，当船行至江心时，岳飞便对人讲：“飞不擒贼帅，复旧境，不渡此江！”可见岳飞此次行动的凯旋信心之大。岳飞确实有这个资本夸下如此海口，他虽兵力不多，但平时的训练极为严格，士卒个个都练就了一身的本事，再加上作战纪律森严，鲜少出现畏战逃跑的情况。另外，岳飞指挥注重战术，灵活多变，时常会打对方个措手不及，并以此取胜。

首战在郢阳，岳飞便轻松告捷。他一路往襄阳奔赴，守卫襄阳的是李成。李成曾见识过岳飞的厉害，自是十分的谨慎，精心布置了防御体系。岳飞上次让李成脱逃，这次下定决心要给予重创。岳飞与将领张宪和徐庆密切配合，一起发起进攻，势不可挡，李成狼狈而逃，金齐联军顿时溃败。

就这样，不出三个月，襄阳六郡便被岳飞收复。高宗听闻此捷报，自是喜不自胜，便封岳飞为清远节度使、湖北路荆湘潭州制置使，后来又晋封为武昌开国侯。当着群臣的面，高宗给予岳飞史无前例的评价：“有臣如此，朕复何忧，进止之机，朕不中制。”后来又将岳飞拉到寝宫，无比信任地委以重任，“中兴之事，悉以委卿”。信任到了极点，接下来就会心生嫌隙。

岳飞的志向就是北伐，接回徽宗和钦宗，而这正是高宗对他心存疑虑的原因。他曾数次面见高宗，与其商讨收复中原的策略。岳飞正在计划大举北伐之事，恰逢秦桧主持议和，于是下令王德、郦琼的军队不得隶属岳飞管辖。朝廷诏令岳飞到都督府同张浚商议军事，张浚对岳飞说：“王德这人在淮西军中颇有威信，现在我想提拔他做都统，并且让吕祉以都督府参谋的身份统领这支部队，你觉得怎么样？”岳飞回答说：“王德同郦琼不相上下，一旦提拔王德位于郦琼之上，那必会引发纷争。而吕祉对军队事务不甚熟悉，恐怕极难服众。”张浚说：“张宣抚这人怎么样?”岳飞回答说：“他为人残暴而缺乏智谋，尤其为郦琼所不服。”张浚又问：“那么杨沂中怎么样?”岳飞回答说：“杨沂中并不比王德强，也未必能统御这支军队。”张浚不高兴地说：“我知道现在就剩下你一个能人了。”岳飞说：“都督郑重其事地征求我的意见，我不过是直言相告，哪是想争夺这支人马的指挥权呢?”当天便上书朝廷，请求朝廷解除自己的兵权，回家服丧，并让张宪代理指挥军队，自己则步行回家，在母亲墓旁建了一座小屋，继续服丧。张浚又气又恼，奏明朝廷让张宗元任宣抚判官，监督岳飞的军队。

高宗曾经多次下诏催促岳飞回军复职，岳飞却极力推辞，于是高宗便命令岳飞的幕僚到岳飞守丧的地方，以死相求他回去复职。六天之后，岳飞才答应，并赶往朝廷请罪。高宗安慰他后又派他回军队。监督岳飞军队的张宗元回来后报告说：“岳飞的军队将领团结和睦，士兵骁勇善战，人人心怀忠孝，这都是岳飞平日里训练得好啊!”高宗听后十分高兴。随后，岳飞又请命：“臣愿带兵北进，屯驻在淮甸，伺机讨伐，一定可以平定叛乱。”高宗却没有答应，诏令他驻军江州作为淮浙地区的后援军。

在刘豫政权覆灭后，岳飞又上奏：“应该乘金废刘豫的大好时机，打他个措手不及，长驱直入收复中原。”但却没有得到高宗的批准。

绍兴八年（1138 年），岳飞回到鄂州。王庶到江淮地区视察军队，岳飞给王庶写信说：“我希望可以在今年出师北伐，如若行不通，我就只好交还符节请求回家颐养天年了。”王庶对北伐予以积极的支持。同年秋天，岳飞被召往杭州，高宗命令他到资善堂会见皇太子。岳飞退下后高兴地说：“复兴国家的斗争可能有新主人了，看来中兴大计很可能就会实现。”适逢金朝派使臣前来准备归还河南失地，岳飞上奏说：“我们不能相信金人，也不能对议和抱有太多希望，在这件事情上丞相恐怕处理得不当，要叫后人耻笑了。”也因此事，时任丞相的秦桧开始忌恨岳飞。

绍兴九年（1139 年），由于收复了河南的失地，朝廷大赦天下。岳飞上表朝廷以示感谢，同时奏折中流露出不满“议和”的意思，其中有“燕云之地唾手可得，雪耻复仇报效国家”等语。朝廷授予他开府仪同三司，岳飞极力推辞不受，说：“在今天的形势下，我们要有危机感，决不能以为安枕无忧了，我们应时时心存忧患之心。”高宗曾三次诏命他都不接受，后来在高宗温和的劝慰下，他才接受。

后来，朝廷要派人朝谒先人的陵墓，岳飞上奏请求带领轻骑跟随使者去为先帝扫墓，其实他想借机侦察金朝的虚实，然后制订北伐的方略。上奏说：“金人没有理由请求和解，其中必有诈，名义上把土地归还我们，实际上不过暂时寄放在我们这里罢了。”但由于秦桧上奏高宗不准岳飞前往，岳飞也终未成行。

岳飞心怀北伐之心，几次都被高宗予以否定，而这也便等于纵容了金人的野心。绍兴十年（1140 年），金军进攻拱州、亳州，刘锜向朝廷告急，朝廷命令岳飞迅速出兵给予援助。岳飞派遣张宪、姚政率军前去增援。高宗亲自给岳飞写信说：“你全权安排对金作战的计划吧。我不会在朝廷对你遥加控制、横加干涉。”岳飞于是派遣诸位部将，分道出兵。而自己则率领主力一路北进，其志在收复中原。不久，岳飞派出的各处将领都先后传来捷报。岳飞大军进至颍昌，命众将领分路出战，而自己则率领轻骑兵在郾城驻扎，军队士气高涨，气势如虹。

此时的金军将领兀术极为害怕，与龙虎大王商议对策。他们知晓，当时的岳飞部骁勇善战，极难抵挡。于是，他们打算以智取。他们打算引诱岳飞军前来，集中兵力决一死战。朝廷方面听到这个消息，告诉岳飞要小心，无论在何种情况下，都要保住军队。岳飞指出，金人已经无计可施了。于是当天出兵挑战，不断地辱骂金军。兀术大怒，会合各方兵力，逼进郾城。岳飞派儿子岳云率领骑兵直穿金军阵中，警告说道：“不能取胜，我先杀掉你。”双方激战数十个回合，金军伤亡惨重。

后来又经过几个回合，金军以惨败告终。当郾城之战再次获胜时，岳飞对岳云说："金人屡战屡败，他们一定不甘心，会同时进攻颍昌，你应当赶快领兵前去支援。"事实果然如岳飞所料，不久兀术率军进逼颍昌，早有准备的岳家军又将兀术打得个落花流水，兀术仓皇出逃。

随后几场仗，岳飞所带部队与金展开了几次战役，都取得了极大的胜利，为南宋立下了汗马功劳。可就是这样一位心怀报国之心的优秀将领，却被朝中的奸佞之臣秦桧谋害了。

根据岳飞的战绩来说，当时的南宋王朝的军队并不弱，如若朝廷内部没有像秦桧这样的小人当道，收复中原、重振大宋河山也是极有可能的。但此时的高宗却不是一个明君，他为了贪图安逸，宠信奸佞小人，残害忠臣，这样的南宋王朝即便有多个岳飞，也难以挽回其覆灭的命运。

奸佞当道，阴险小人秦桧掌权

秦桧，江宁人，曾入太学学习，拜奸相汪伯彦为师，后成为汪伯彦的得意门生。秦桧年少时便工于心计，善玩阴术。他在太学学习时，便被人称为"秦长脚"，因为他表面上总与人和和气气，背地里却总爱打小报告，挑拨离间。

徽宗政和五年（1115年），秦桧中进士，后金兵南下，徽宗传位于钦宗。朝臣分化，主战派与主和派总是争论不休，而秦桧权衡利弊，游离于主战派和主和派之外，这样对任何一方都不得罪，反倒是成了两派争相拉拢的对象。秦桧在两派斗争中渔翁得利，最终任何一方得势或失势，都于自己无碍，秦桧这一招着实高明。但是任何权术都是有破绽的，终有马失前蹄之时。

金人攻下开封，掳走了徽宗和钦宗，为了防止赵氏东山再起，金人欲立张邦昌为帝。正统观念根深蒂固的众朝臣义愤填膺，纷纷反对，身为御史台长官的秦桧被推到了浪尖上面。此时的秦桧，退也不是，进也不是，左右为难。箭在弦上不得不发，不得已秦桧向金人上书反对立张邦昌为帝。此次秦桧上书，仍发挥了其左右逢源的心计，秦桧知道此时上书必然会惹怒金人，唯有从金人利益角度出发，将其害降到最低程度。秦桧的上书，完全从金人的利益出发，他帮助金太宗分析了张邦昌为帝的不可行之处，博得了金人的好感。

金廷虽然未采用秦桧的意见，但完颜宗翰对其非常赏识，认为他是可用之才，遂携其一并北上。秦桧审时度势认为好汉不吃眼前亏，就跟随完颜宗翰入了金营，并对金人表现出了极大的忠诚，对金人之命更是唯命是从。

秦桧溜须拍马的功夫真是炉火纯青，一番马屁拍下来，令金太宗不知所以然，倍感舒服。于是金太宗便将他赐予其弟完颜昌予以重用。秦桧自是感恩戴德，更是尽力出谋划策，以报知遇之恩，此后，秦桧完全变成了金人的走狗。

凡此种种，完全能够看出秦桧是个墙头草类的人物，其阴险狡诈，完全是个奸佞小人。如果说其前期的行为是以自保为宗旨，那么当权倾天下的他能够操纵南宋政权之时，将一朝君臣百姓玩弄于股掌之中祸国殃民的罪恶行径，却是十足的败类行为，是世人所无法容忍的。

金人几度南下欲抓高宗不成，又被宋军重创，狼狈北逃。面对南宋著名将领韩世忠、岳飞等将领，金人发现灭宋并非是件容易的事。正当金国朝臣一筹莫展之时，秦桧经受住了金人的考验，金太宗认为其忠心可鉴，谋略有余，值得信赖，遂将其遣送入宋。

秦桧入朝，很快便得到高宗的信任和重用，虽然朝中对他身份持怀疑态度的人有很多，但却拿不出确凿的证据。但是高宗却根本不管这些，觉得秦桧给自己带来了福音，因为与金议和一直都是高宗的对外之策。再加上秦桧在高宗面前吹嘘金人有议和的意愿，一心只想议和的高宗已将秦桧当成了一根“救命的稻草”。但无奈的是几次盼来的都是金人南下的铁骑。

秦桧经常在真宗面前溜须拍马，因此也越发受重用。秦桧先是被任命为礼部尚书，却辞而不受。此乃秦桧的一点小伎俩，他要放长线钓大鱼，意在谋取更高的职务。不久后，秦桧被升为参知政事，此乃南宋副宰相，其职位升迁之快，前所未有。

这时，已经位高权重的秦桧心中又开始算计起来，位高才能权重，金人赋予他的使命时刻敲击着自己，独揽朝政大权那样才好办事。在短期内再往上爬上去实在是不容易，更难办的是，如今高职无缺，没有人下来，就没有机会上去。

秦桧心生一计，他想到了范宗尹，他对范宗尹之职觊觎已久。范宗尹本是秦桧的同窗好友，在秦桧归来众臣对其怀疑之时，范宗尹极力为其辩护，秦桧入朝伊始，范宗尹对其也十分照顾。可秦桧却恩将仇报，参奏其私下斥责当今圣上滥赏无度。高宗极为宠信秦桧，便将范宗尹罢免。秦桧顺理成章地坐上了宰相之位。这样大权在握的他，肆意妄为，无往不利。

秦桧靠阴险之术平步青云，步步高升。他身为金国的奸细，秘密地为金人效力。秦桧到金国，靠溜须拍马之功获得了完颜昌的赏识，后金人又将其放回南宋，让其做内奸。秦桧到了南宋之后，如鱼得水，步步为营，为金廷推波助澜，里应外合。秦桧还在那里学会了“南自南，北自北”的理论，后来经过自己的精心改造，将“南人归南，北人归北”的治国方略献给高宗，甚得高宗之心。为了更好地为金国服务，秦桧便动了杀害岳飞和韩世忠的心思，因为这两将是当时金国攻打南宋最大的劲敌。

这个时候，在前方不断立功的岳飞和韩世忠的威望日渐盛隆，这种显赫的战功也给了宋高宗谋害韩世忠与岳飞的心思。当前方的捷报一个个地传来，岳家军、韩家军正以每战必胜的气势不断地北上，高宗的眉头却越皱越紧。此时高宗担心的不是岳家军、韩家军能否打胜仗的问题，而是两人在未来是否会拥兵自重的问题。经过几年的磨炼，这两家军队已经是战无不胜，而此时朝中根本没有压制两军的力量。这时的高宗便动了杀两人之心。而极善察言观色的秦桧已经察觉到了高宗的心思，便立即为高宗献策，收了二人的兵权，以解后患之忧，此计也正合高宗的心意，于是一场收兵权的阴谋由高宗和秦桧在暗地里展开。

岳飞被杀，秦岳忠奸的角力

绍兴十一年（1141年）四月，岳飞正在前线与兀术作战，高宗突然将他和韩世忠召回，理由是要封赏二人，给两位加官晋爵。秦桧担心走漏风声，采取的是“瓮中捉鳖”的政策。他先将两人召回，立即让高宗给二人颁下诏书以封赏，诏书写道：封韩为枢密使，岳飞做枢密副使。官衔都很高，地位尚在参政之上。但是秦桧耍了个手腕，既封两人为枢密使、副使，两位大将原来统帅的军队如何处置？按照之前的惯例，每一次加封，都是原领兵权不变，但此次制书对此却只字未提。两人以为仍然与之前一样，便糊里糊涂地上殿谢了封赏。等他们发现制书中没有“原领兵权不变”之类的话时已经迟了。岳飞受封后立即上疏，请求缴还兵权。朝廷谦让一番，其实，他的兵权已经被剥夺了。从此韩、岳两人都在朝堂办公，韩世忠自知因反对和谈，得罪了秦桧，怕惨遭毒手，入都堂时，将一字巾裹在头上，一身文士打扮，身边还有亲兵保护，一副大敌当前的模样。而岳飞出入一直都是便服，身边一个侍卫也不带，与韩世忠截然相反，从不将个人的安危放在心上。可在秦桧看来，韩世忠这样做是把他当成仇敌，岳飞的行为是表示对他的轻蔑。他对二人同样仇恨。

五月十日，高宗为了便于以后的宋金和谈，便诏命张俊、岳飞前往楚州，将驻扎在那里的淮东军撤到镇江府。这自然是秦桧的主意。因这支军队是韩世忠旧部，将韩留在京城高宗身边，而只派张、岳前往，是宋朝政府兵将分离的惯用伎俩。张、岳二人来到楚州后，主张修筑楚州城壕，岳飞道：“我们应当图谋收复中原，不能只着眼于眼前的防守。”岳飞检查兵籍才知，韩世忠部总计才三万人，然而驻扎在楚州十多年，金军始终不敢入侵，而且还曾进攻到海州地区。心中连连赞叹："真是奇才！"依朝廷的规定，移驻镇江的淮东军，除楚州兵外，还有韩世忠的一支亲兵，即所谓背嵬军，不在迁移范围之内。张俊私下与岳飞商量，要将这支军队分成两半，分别归两人管治。岳飞道："这是乘人之危，落井下石，我如何能做如此不仁不义之事呢？"张俊心中很是不快，暗暗骂道："早晚有一天我会叫你知道什么叫不义！"平分背嵬军的想法被韩世忠的将士们知晓了，军吏景著对朝廷派来的总领官胡纺说："听说二位枢密大人要平分韩元帅的军队，这样做会酿成大祸。"胡纺将此言上报朝廷。秦桧灵机一动，立即便觉得机会来了，在景著头上加了个"煽摇军心、图谋做乱"的罪名，并将其投入监狱，然后又多处取证，严刑审讯，一定要让此事牵连到韩世忠。岳飞听闻，急忙派人告知韩世忠。韩世忠赶紧找高宗辩解。高宗也不知秦桧用意，谅解了韩世忠，赦他无罪。张俊又将此事告知秦桧，秦桧才知道这番努力已付之流水，从此更痛恨岳飞。适巧金朝的兀术在与岳飞几次交战失败后，认定了岳飞是金国最强的劲敌，暗中派人给秦桧密信，说，你朝夕向我大金请求和谈，而岳飞却要以武力夺我中原。不杀掉岳飞，又怎么"和谈"呢，你一定要先杀了岳飞。否则，想和谈是万万不能的。秦桧这时横下了一条心，一定要置岳飞于死地。

秦桧对高宗的心思颇为了解，高宗一心想向金乞和，此时秦桧就将金军的指令添油加醋地向高宗汇报，高宗将此件事情看得太过简单，认为岳飞一除，议和大业也就无碍了，一心想议和的高宗当然不会因为一个岳飞而任其议和大业半途而废，想方设法地要尽快除去岳飞。

完颜宗弼这招借刀杀人的计谋完全是抓住了高宗的软肋，以议和来诱杀岳飞，以高宗求议和之迫切，无论完颜宗弼提出如何尖酸刻薄的条件，高宗也绝对会毫不犹豫地答应。

从前线回来，一路劳顿不堪的岳飞刚到临安城，来不及休息，便被高宗紧急召见，原来岳飞遭到右谏议大夫的弹劾：

“今春敌寇大入，疆场骚然，陛下趣飞出师，以为犄角，玺书络绎，使者相继于道，而乃稽违诏旨，不以时发，久之一至舒、蕲、匆卒复还。

比与同列按兵淮上公对将佐谓山阳不可守，沮丧士气，动摇民心，远近闻之，无不失望。”

万俟卨所说的两件事情，一是岳飞在受命支援淮西时，延误时间，没有按时到达；二是撤除淮东的防务，动摇了民心。

其实，万俟卨是秦桧的死党，此次弹劾岳飞完全是秉承高宗的旨意，但岳飞忠心为国，能有什么罪证，秦桧动员其爪牙也找不出令人信服的证据了。既然找不出确凿的证据，那就只能是“欲加之罪”，这是秦桧惯用的伎俩。

万俟卨所奏二事，可谓是吹毛求疵，岳飞赴淮西，动作是慢了一点，但也是有原因的。一方面是岳飞正值患疾，二是张俊军中以缺粮草为由，阻止岳飞进军，以独享成功。所奏二事其二可谓栽赃陷害，当时主动放弃楚州、撤销淮东防务的明明是张俊，这罪责完全是扣错了帽子。

继万俟卨弹劾完岳飞后，在秦桧的指示下御史中丞何铸也相继上书弹劾岳飞，其内容无非还是以上两条罪状。

这让岳飞极为寒心，自己的忠心报国却成为了众矢之的，对朝廷绝望透顶的他再也没有待下去的勇气了，便向高宗请辞。纵使岳飞的职务被罢免，但高宗和秦桧二人却仍不死心，非要置他于死地不可。但是岳飞此人为人正直，忠心报国，要想从他身上开刀是不可能的。对此，秦桧很是花了一番心思，然后将突破点转到岳飞其子岳云和爱将张宪这边来。

秦桧以威胁、利诱等手段收买了岳家军都统制王贵和副都统王俊。王贵与张宪感情一向不融洽，更因犯事遭岳飞处罚。王俊则是因受到岳飞的训斥，而对其怀恨在心，又一心想结交权贵，便抓住了秦桧这棵大树。

秦桧指使二人诬告岳云、张宪密谋发动兵变，并煞有介事地捏造出一些书信为证据。岳云、张宪被抓了起来，投入狱中，无论如何严刑拷打，此二人俱不承认谋反之事。岳飞为人做事一向光明磊落，其子、其爱将做人也不输于他。但是秦桧却将岳云、张宪屈打成招，秦桧便又想到了另一招，召岳飞前来对证，以便将其一网打尽，秦桧这一步棋走得不可谓不狠毒。此时在庐山赋闲的岳飞根本毫不知此事，秦桧便派人请岳飞前往朝中对质，岳飞对于当前面临的形势完全不知，认为清者自清，上天自有公道。岳飞便无畏前往，到杭州当日，便被捕下狱了。

高宗将此案交予大理寺审理，主审官员是御史中丞何铸。何铸此人曾受秦桧之命弹劾岳飞，但在审理岳飞一案中，被岳飞父子反驳得无话可说。他反复地询问仍找不到任何岳飞谋反的罪证，又被父子二人的忠心所打动，便向秦桧汇报，岳飞父子是被冤枉的并为他们极力辩护。秦桧一番辛苦却落得这样的结局，何铸这个御史中丞的位子自然保不住了，再次的审讯，主审官成了万俟卨，此人正是秦桧的爪牙，他所做的一切都必须要遵照秦桧的意思。没有证据，那就"制造"证据，一切仿佛顺理成章。岳飞此时终于明了，高宗——那个自己无比维护、效忠的人，要他死。既然如此，再多的辩解已经毫无意义，便写下"天日昭昭，天日昭昭"八个大字，含恨而去，随后岳云、张宪也被斩首。

此时的韩世忠已经辞官在家，不理朝政。他听闻岳飞含冤而死，气冲冲地跑去秦桧那里要岳飞谋反的证据，秦桧当然拿不出任何证据，还大言不惭地说："其事体莫须有"，一代名将竟以"莫须有"的罪名含冤而死，实乃南宋王朝的悲哀。

第七章

议和以图安逸，蒙古崛起：在退让中苟延残喘

秦桧设计杀害岳飞后，并将抗金的武将韩世忠、刘琦的兵权夺了过来，为其一心议和之路扫清了障碍。从此之后，高宗力求与金达成议和，并签订了丧权辱国的“绍兴议和”，此时的南宋王朝内部已经腐败透顶：邪恶当道，正义不伸。1162 年，高宗终于决定退位，将皇帝位传于孝宗。孝宗继位后重振朝纲，重用主战派将领，积极发展经济与军事实力，鼓舞了军民抗金的热情。

后来孝宗组织北伐，由于高宗与主和派的阻挠，符离一战宋军失利，北伐失败。后宋金签订“隆兴和约”，双方进入相对和平阶段。

1189 年，孝宗又传位于光宗。1194 年，光宗被迫退位，宋扩登基为帝，即宋宁宗。外戚韩侂胄把持朝政。开禧北伐失败后，韩侂胄被杀，南宋主和派得势。后宋金签订“嘉定和议”，史弥远专权。宁宗死后，史弥远废太子而立赵昀为帝，即宋理宗。史弥远实行投降政策，统治黑暗，致使南宋国力更为衰弱。

力求自保，绍兴议和卑躬屈膝

高宗杀抗金名将岳飞，主要是为了除去议和路上的障碍，他先是收回兵权，本来最先想拿韩世忠开刀，幸得岳飞发现得早，命人快马加鞭赴杭州，密告韩世忠逃过一劫。个性耿直的韩世忠并没有猜透高宗的心思，从中吸取教训，仍上书反对议和，并将矛头指向秦桧，斥责其“误国”。当时的秦桧是南宋王朝炙手可热的人物，颇受高宗的宠信，对于韩世忠的话，高宗根本听不进去，但却由此得罪了秦桧，想方设法让其爪牙弹劾韩世忠。韩世忠万念俱灰，看到秦桧在朝中手握大权胡作非为，在绝望之余向高宗请辞。此时的高宗巴不得及早摆脱这个议和路上的拦路虎，便欣然应允。

解决掉了韩世忠，又设计杀害了岳飞，高宗和秦桧可以在议和的道路上大显神通了。其实，高宗自登基以来，对外政策一贯是主张“议和”。他十年如一日地坚持着议和的志向，坚定，执着。如果高宗能将此志向改为抗金，并为之不断奋进，那也不会早早地致南宋王朝于覆亡的境地了。

高宗十几年不改议和的志向，究其根源就是其内在个性的软弱，他力求自保，从来没将大宋的基业放在心上。以自保的角度来分析，抗金无论是获胜还是失败，其结果都是高宗不愿意看到的。胜利了固然是好，他可以光宗耀祖，但是抗金需要大量的财务支出，这样会摧毁他安享荣华富贵的梦想。如若失败，那可能连自己的命都难以保住。

另外，高宗的亲身经历让他更加明白了一件事，那便是武将是永远不可信赖的，更不可全力依赖他们。靖康之乱时，众武将眼睁睁地看着徽宗和钦宗以及各皇帝亲族被金人所掳。他在被南下的铁骑追得喘不过气来时，更是少有武将陪在他身边，且在苗、刘之兵变中险些丢掉皇位，丢掉性命。另外，抗金必然会使部分的武将功高盖主，他们凭借赫赫战功，如若起兵造反，那比金国的铁骑还要可怕。所以，只有持之以恒地议和之策，才是高宗最好的选择。

秦桧追赶着完颜宗弼商议议和之事，完颜宗弼总是躲躲闪闪、含糊其辞，只为争取到更多的利益。几次南下，完颜宗弼都是碰一鼻子灰，在遭遇极大的创伤后狼狈撤兵。顺昌之战中被大宋将军刘琦打得屁滚尿流，后来又被岳飞、韩世忠穷追不舍，之前所占的领土又渐渐地失去。完颜宗弼是个政治谋略家，他知道如此继续打下去绝对不是上策，便改变了策略，以议和诱降，以便获取更大的好处。他先是放回被掳走的南宋官员，这用意十分地明了，这是要与宋议和的征兆。

高宗听闻完颜宗弼有议和之意，自是喜不自胜，赶紧紧锣密鼓地张罗议和之事，派人携带重金到完颜宗弼处商洽议和之事，此次去议和的官员是刘光远、曹勋二人。高宗为表达最大的诚意，命在长江以北的军队都撤回到长江以南，撤销中原地区的防务，还命令张俊到长江沿岸观察，以确保各路将领按旨意办事。高宗的积极迎合甚得完颜宗弼之心，完颜宗弼在放出议和的消息的同时，却在积极地整顿军务，准备再次大规模地进攻南宋，完颜宗弼从未放弃过要以武力解决问题之道。

议和之路并没有像想象得那般顺利，高宗派去的使臣垂头丧气地归来，原来是完颜宗弼认为刘光远、曹勋职位太低，不足以跟他谈判。高宗马上又派魏良臣和王公亮这两位官位较高的使臣前去，此二人带去的是高宗的最高旨意，只要金人答应议和，一切条件都不成问题，这就将高宗卖国求荣的嘴脸暴露殆尽。

经过几番周折，南宋终于于绍兴十一年（1141 年）与金签订了合约，史称“绍兴议和”。对于南宋来讲，这完全是一次卑躬屈膝的卖国条约，也是高宗经过层层让步换来的结果，高宗欣喜若狂。对于本次和谈所取得的“成功”，他还大摆宴席，对秦桧这些卖国奸臣大为赞赏，加封他为太师，魏国公。从此之后，秦桧也变得更加肆无忌惮了。

“绍兴议和”的内容大致可分为以下几个方面：

1. 宋高宗向金称臣，并且是世代为臣；

2. 宋金两国以淮水为东边界，西以大散关为界；

3. 宋每年给金白银 2.5 万两，绢 25 万匹；

4. 宋割地唐、邓两州及商、秦的一半给金；

5. 金归还死去的徽宗以及高宗生母韦氏。

绍兴议和之后，宋金南北对峙的局面最终确立下来，高宗以称臣、割地、纳贡等巨大的代价换来了偏安一隅的梦想和死去的徽宗及其生母韦氏。

从设计陷杀岳飞，到对金屈膝求和，这些事实说明，一个王朝的兴亡是与最高统治者密切相关的。最高统治者软弱无能，毫无志向，只求获一己安稳，就算其王朝内部有再多的贤臣良将都挽回不了王朝悲惨的命运。

孝宗掌权，力求抗金以振朝纲

绍兴三十二年（1162 年），做了 30 多年皇帝的宋高宗，在和金政策失败后，因抗战声高而自己又觉威信扫地，难以发号施令，便以“淡泊为心，颐神养志”为由宣布退位，其养子赵昚即位，即为宋孝宗。从此宋金对峙形势进入了一个新的阶段。

孝宗名为昚，字元永，是宋太祖赵匡胤少子秦王赵德芳的后代。孝宗与高宗不同，他在做皇子时便目睹了大宋江山被金军铁骑一步步践踏，国破家亡，百姓流离失所。而高宗一味地求和，换来的则是南宋更多江山的破败和主权的丧失。于是，在对外政策上，他是力主抗金的。所以，在他继位后，收复失地便成了第一件要做的事。他一方面想通过此事来为自己树立威信，另一方面也想如自己的前辈们那样为大宋江山做出一些事情来。

孝宗即位伊始，便立即召见抗金名将张浚，支持他出兵抗金。张浚，汉州绵竹（四川）人，身经两朝，目睹“靖康之耻”，一生不主议和，力求抗金，并为大宋王朝立下了赫赫的战功。但后来由于秦桧的排斥，20 年不曾受到重用。朝野上下听说张浚被罢官全部都替他惋惜，而且他是克制金兵的重要将领。每次金国出兵前都会事先打探张浚的消息，就是为了避免与张浚的正面交锋。此时孝宗上位，张浚被召见后，劝说孝宗抗金而不要重蹈真宗时期的覆辙。孝宗皇帝对他的行为极为赞赏，便封他为江淮东西两路宣抚使。

为了伸张抗金正气，表达朝廷对抗金的支持，孝宗又下诏恢复岳飞和岳云的官爵，依官礼改葬，岳飞的子孙也被提拔。起用张浚，追封岳飞，表明对抗战派的支持，南宋民众为之振奋。

但是南宋朝廷上下推行议和政策的时间太长，所以他们极难从思想上转变。当时朝中反对抗金的主要力量是右相史浩，他是高宗时期的老臣，长期坚持高宗的议和政策。当时金主完颜亮发兵侵略大宋时，宋将吴璘从四川出兵一举收复秦陇三路，而史浩上位后，要求孝宗下令，迫使吴璘放弃收复的陕西州郡，回来防守四川地区。他对孝宗说：“因为陕西离四川太远，极容易被金兵偷袭，搞不好便会丢了蜀地。”远在川陕的虞允文反对撤军，但孝宗采纳了史浩的建议，发出了诏书令吴璘退师。

陕西前线的虞允文见孝宗没有采纳他的建议，便日夜兼程地赶回，亲自面见孝宗陈词利害关系。讲到激动之处，就用朝笏在地上比画起来，孝宗才恍然大悟，当即叫道：“史浩坏了我的大事！”急忙派出使者通知吴璘，阻止人退守四川，但此时已经迟了。

陕西前线的吴璘接到班师的命令后，感到很是不解，手下的将官也认为将在外君命有所不受，不能轻易还师。吴璘猜到是议和派的主张，但自己掌握着重兵，不敢因此违抗圣旨，欺凌新主，经过再三考虑，还是忍痛下令撤军。当时的宋军撤军之时，金军也乘胜追击，吴璘惨败，伤亡部将数十员、士卒三万多人。宋军将士全部都伤心痛哭，天地为之动容，宋朝收复的秦陇三路之地，尽数被金人侵占。孝宗第一次与金人进行较量，就落得如此的败局。

隆兴元年（1163 年），孝宗传命张浚为枢密使，执掌江淮两路军马，并且再次启用数次被贬的辛次膺为同知枢密使。同时，孝宗又命史浩为右相兼枢密使。这个由战和两派组成的领导班子，表明孝宗在抗金问题上的犹豫不决。但此时的孝宗大致上仍是主张抗金的。不久，孝宗召见张浚，让他制订出具体的对金作战策略，张浚请孝宗马上下令，先占领建康（南京），以鼓舞士气，然后进行北伐。但是史浩百般阻挠，劝孝宗收回成命，勿与金对抗。而张浚直接对孝宗说："史浩已经不可救药，若再听他的意见，迟早会误国。"面对两位大臣的争论，孝宗左右为难。他同意张浚的意见，但又无力说服史浩。在无奈之下，孝宗命张浚单独做出对抗金兵的策略，可不与史浩商量，以免产生冲突。史浩得知此事后，极为恼怒，于是，便辞去相位，为南宋的北伐开辟了道路。

但是，朝中诸位大臣在战与和的问题上争论不休，致使贻误了战机。本来，从绍兴三十一年（1161 年）到第二年九月这段时间里，金朝内部也发生了混乱的局面。在此期间，金军一直忙于镇压国内的叛乱，他们内部的混乱为北伐提供了一个绝佳的机会。但此时在位的高宗根本不想打仗，让位之前甚至撤销了为抗金而设立的军事机构"招讨司"和"宣抚司"，遗留给孝宗的是一个只能求和不能抗战的战局。孝宗虽主张抗金，但即位初期，由于受史浩的迷惑，始终犹豫不决，贻误了对金出兵的战机。此时孝宗让张浚出兵时，金内部的叛乱已被镇压，并且整顿军队，已经做好了与南宋作战的准备。

绍兴三十二年（1162 年）五月，张浚命令濠州的李显忠、泗州的邵宏渊率领军队多路开战，打起了抗击金侵略的大旗。李显忠依计划收复了灵璧县，邵宏渊攻打不下虹县。李显忠派灵璧投降的小兵招安了虹县的守将，另外两员大将蒲察徒穆、大周仁献也弃城投降南宋。所以这两仗的功劳全为李显忠所得，邵宏渊极为嫉妒。当时有一位投降的金军千户长诉说邵宏渊手下夺去了他的佩刀，李显忠因此大为恼火，斩杀了夺刀的士卒。邵宏渊很是愤怒，因此，前方的两将产生了极大的矛盾。

李、邵两军会师后，共同进攻宿州。宋军渡濠登城，英勇杀敌，展开了殊死的巷战，杀敌数千人，擒敌八千人，一举收复了宿州城。南宋人民为这一喜报甚是欣喜。孝宗任命李显忠为淮南京东河北招讨使，邵宏渊本是一个心胸极为狭窄的人，因攻虹县无功，位在李显忠之下，心中极为不满。此后，金兵纥石烈志宁部自睢阳攻打宿州，被李显忠击败。此时，金军派来大批援军，李显忠请求支援。面对强大的金兵，邵宏渊应以国家安危为重，出兵支援，但他坚持按兵不动。金兵攻至宿州城下，李显忠极力抵抗，邵宏渊却极力主张撤退。李显忠孤军难敌，只好乘着夜色撤离宿州。金军穷追不舍直到符离，宋军大败。张浚仓促组织起此次北伐，因符离之败而告终。

此次北伐的失利，表明孝宗对北伐持犹豫不决的态度，也表明了南宋王朝内部各种权力机构的烦冗纷杂，以致贻误了北伐的战机，南宋王朝也只能在被动中坐等灭亡。

不孝光宗，多情老父无情子

北伐的失利，让孝宗对重振朝纲之事感到失望至极，当时的主和派又掌握了朝政大权，心灰意冷的孝宗便将恢复大业撇在一边，过起了歌舞升平的日子。

光阴似箭日月如梭，眨眼间的工夫，十几年过去了。淳熙十四年(1187 年)，高宗赵构寿终正寝，驾鹤归西。孝宗以守孝服丧为由，申请退位。其实高宗退位后悠闲自得的生活对孝宗吸引极大，孝宗也一直心存向往。于是，孝宗总是思量着如何才能摆脱繁忙的政务，可以安安稳稳地过舒服的日子。终于在淳熙十六年（1189 年），孝宗正式退位，太子赵惇登上皇位，即为光宗，孝宗移居重华宫，做起了优哉游哉的太上皇。

孝宗总是念及高宗的禅位之恩，虽不是亲生，却对高宗总是恭敬有加，不敢有丝毫的忤逆之心。但到了孝宗当太上皇时，情况却不同了。光宗赵惇则是个不太孝顺的人，一年半载都不会去孝宗那里请安。每当孝宗问及，光宗便以政务繁忙等各种理由敷衍了事。纵使上了年纪的孝宗再糊涂，也能看出这个儿子在刻意地回避自己。回想起当年自己对高宗的情景，他不禁惆怅起来，同为人子，做人却有如此大的差距，这里面的具体原因，孝宗也不得而知。

光宗是个胸无大志之人，即便在做太子的时候，每当孝宗兴致盎然地大谈特谈恢复大宋基业的时候，他就表现出极为厌烦的情绪。但他每每故作镇定，并时不时地发表一下自己的见解。如今的他终于当了皇帝，受的这份罪自然要用后面的享乐来弥补。另外，光宗被立为太子后，苦等了十几年才等到孝宗退位，心中有些怨恨父亲太过眷恋皇位，迟迟不肯让贤。也许光宗对孝宗的不满，在其做太子的时候便产生了，只是慑于孝宗的皇威，没敢发作。

孝宗与光宗的关系极为紧张，又加上光宗的皇后李凤娘在旁边煽风点火，两人关系更僵了。李氏乃将门出身，成长于军营中，性格泼辣刁蛮，凭其美貌将光宗收拾得服服帖帖，光宗对她唯命是从。所以孝宗对光宗这个正妻也没什么好感。李氏贵为一国之母，却是个长舌妇，总爱搬弄是非，而且发起狠来六亲不认，将后宫折腾得乌烟瘴气，还时常干涉朝政。

另外，李氏也是心狠手辣之人，嫉妒心极强。她为了巩固在后宫专宠的地位，同大量的宦官勾结，宫中布满了她的眼线。只要光宗和其他妃嫔、宫女之间有一点风吹草动，李氏便会对其痛下杀手。一次，光宗在洗手时瞥见端盆的宫女手白细嫩，不禁出口称赞了一番。但未曾想这位宫女竟然因此招来了杀身之祸。光宗不久之后就收到了一个包装精美的盒子，以为是何礼物，打开一看，里面装的竟然是那个端盆宫女的手。由此也可以看出李氏的嫉妒之心有多强。

据记载，光宗宠爱黄贵妃，李凤娘妒恨难当，时刻惦记着要如何将黄贵妃除掉。她趁着光宗去祭祀的时候暗害黄贵妃，却将这个消息隐藏了起来，对外声称黄贵妃“暴死”。光宗怎么能不知道这是李氏所为。只是他敢怒而不敢言，对黄贵妃的思念也只是埋在心中。谁知第二天祭祀时突发意外，光宗本身就精神脆弱，被激得彻底得了失心疯。李氏的狠辣行为将后宫搞得鸡犬不宁，同时她还擅自干涉朝政，其愚昧、无知和短视的行为，加速了本已经积贫积弱、风雨飘摇的南宋的灭亡。

对于李凤娘的行为，孝宗看在眼里，曾一度想让光宗废后，并时时训斥她有失后宫之德，这便在李氏心中埋下了仇恨的种子。于是，她经常挑唆孝宗与光宗的关系，致使光宗失德于天下，也尽失民心。另外，李氏在当上皇后掌握大权后，便着手将自家的亲戚提拔到前所未有的位置。据载：李氏先后封娘家三代为王，侄子孝友、孝纯官拜节度使。只要沾点亲戚关系的，她一律都封官打赏。就连宫中看门、守夜之人都安排了她的亲戚，当时的南宋皇宫，朝廷里里外外，各个角落都是李氏的人。这些人都是乌合之众，无才无德，引起了朝中有识之士的反感。这也是导致光宗失朝臣之心的另一个原因。

女子本来是不能干预朝政的，但是光宗对李氏百依百顺，只要李氏一有要求，李家的人就会得个一官半职。

某日，宫中传出太上皇孝宗要立次子赵恺之子赵抦为太子的流言。此言一出，光宗和李氏都惊呆了，这完全在意料之外。光宗膝下有赵扩，而且还是李凤娘所生，明明是嫡出，却要立旁枝为太子，这不明摆着在对光宗的行为表达不满吗？

李凤娘与光宗越想越是不安，于是去找孝宗理论，问他何日立太子。

但是，孝宗却说立太子之事太过操之过急，还是过些日子再商议此事。孝宗此话一出，光宗夫妇更是难过，看来宫中所传之言是真的了。至此之后，两人更是不敢再去打扰孝宗了。

光宗去找孝宗理论的事情顿时传遍了整个朝野，在那个以孝治天下的时代，光宗如此对待父亲严重地违背了儒家伦理道德。光宗身为一国之君，应当以身作则，却如此不守孝道。群臣的指责不绝于耳，光宗也知道自己做得太过绝情，毕竟是亲生父亲，生养之恩大于天，况且其现在权倾天下也是继承于父亲的基业。光宗思前想后，从大局着想，他还是想前去看望一下孝宗的，但却遭到了李氏的反对。李氏再次在光宗面前哭闹撒泼，光宗无奈，只得将老父丢在一边。此后，每每光宗起了孝敬之心，李氏便会使用这么一招，而且屡试不爽。自始至终，光宗果然没有去看孝宗一眼。这让生活在重重围城之中的孝宗很是伤心，他思念儿子却时常见不到儿子，于是气急攻心，一病不起。为解孝宗的思儿之情，众臣再次上书，请求光宗去看望一下孝宗。此时被仇恨蒙蔽了双眼的光宗根本不相信孝宗生病的事实，反倒认为这是孝宗要陷害自己而设下的圈套，根本不去。

光宗神经过敏以至胡乱猜疑，不顾孝义，有如此儿子如何让人不心寒呢。光宗的这种做法，已经激发了朝中大臣们的反对和鄙视。无论朝中大臣如何劝诫，光宗是铁了心不再理会孝宗。最后，没有办法的群臣向光宗提交了请辞函，前后足有100多人。群臣认为，为这样一个连为子之道都不能遵守的君主效命是前途渺茫的；另一方面，他们也希望以罢朝辞官来威胁光宗，让其妥协，尽其孝道。

对于光宗来说，群臣一旦请辞，那自己就成了无臣之君，宋氏河山何以为继。光宗可以不理会朝臣劝其探望孝宗的请求，却无法不理会朝臣的请辞。于是，光宗便下诏挽留，但群臣所求并不在此，依然不肯罢休。然而光宗抱定主意认为孝宗要谋害自己，就是不肯去探望父亲。两边各不相让，群臣看光宗心意如此坚定，便不再抱什么希望集体辞官了。

孝宗最终没有等到光宗去探望便去世了。无论光宗在治理国家上有怎样的作为，单从孝道方面，他已经尽失民心了。

宁宗上位，江山留于后人愁

光宗由于生性懦弱多疑，再加上皇后李氏心狠手辣，朝中弄权，而且光宗其不孝行为激起了群臣的请辞，诸多的烦心事让他力不从心，很快便染上了精神疾病，无法处理朝政。南宋一时间面临极大的统治危机。不久之后，孝宗驾崩，光宗作为儿子，竟然拒绝为父守孝，这更是引起了群臣的激愤。

太上皇驾崩，是举国皆哀的大事，发丧迫在眉睫。可现在身为儿子兼一国之主的光宗却迟迟地不肯露面，无人主持丧礼，整个皇宫沉浸在进退两难的境况之中。再加上当时周边的一些国家如金、西夏等人出于礼节等各种原因，也要遣使者前来吊唁。这件事如若被他们知晓，作为天朝上国就会尽失颜面，威严荡然无存。事已如此，若不及时采取行动，便会引发可怕的后果。在此时，宰相赵汝愚力挽狂澜。

面对不孝光宗不愿守孝的行为，赵汝愚先是去求高宗的吴皇后垂帘听政，出面代行祭祀之礼，然后让光宗传位于赵扩。赵扩是光宗与皇后李凤娘的儿子，赵扩于淳熙十六年（1189 年）拜少保、武宁节度使，晋封亲王。绍熙元年（1190 年）被立为储嗣。为了达到这一目的，赵汝愚让韩侂胄出面前去说服太后。韩侂胄是名臣韩琦的曾孙，其妻子是太皇太后的亲侄女，是皇亲国戚。更何况，韩侂胄极善溜须拍马，一下子就说动了太后，便传谕于赵汝愚，决策让光宗禅让，传位于太子赵扩。这便是历史上的“绍熙内禅”。

赵汝愚力挽狂澜，拥立赵扩为帝，即宋宁宗。这件事发生在孝宗大丧服除的这一天，太皇太后吴氏在内宫举行内禅大典，宣布太子赵扩为皇帝，尊光宗为太上皇。而赵扩自小继承了其父懦弱的个性，听太后宣布要立自己为皇帝，顿时吓傻了，口中不停地默念道“做不得，做不得！恐负不孝之名”，一边绕着宫里奔逃，而此时的赵汝愚则追赶着要将黄袍披在赵扩的身上。肃穆的灵堂内，停着孝宗皇帝的灵柩，大臣们跪倒一片，而赵扩却和赵汝愚在你追我赶。

赵汝愚说道：“天子当以安社稷、定国家为孝”，以此来消除赵扩对“不孝之名”的恐惧。吴太后又气又急，看到赵扩如此不争气的模样，已经是老泪纵横。她气急败坏地命令左右从赵汝愚手中拿过黄袍，要亲自替赵扩穿上。赵扩又想逃跑，但见太皇太后心意已决，无奈只得穿上黄袍，叩谢太皇太后，直到最后还喃喃说着“使不得”，一副失魂落魄的样子。后来，他被韩侂胄拉上了朝堂，赵汝愚见大势已定，欣喜不已，率领众臣跪倒在地上，高呼万岁，就这样赵扩在不知所以然的情况下仓促即位了。

赵扩在22岁时便已经被立为太子了，他虽然天性愚笨，但身在深宫，耳濡目染，父亲光宗的这些经历无疑对他产生了影响。相对于父亲的十几年太子生活，自己在被立为太子五年后便登基，实在令他有些惊慌失措。而且自己的父亲已经背负了“不孝”的罪名，这在无形之中也会使赵扩产生压力。当黄袍被强加在身上的时候，赵扩的一句“儿臣做不得，做不得！恐负不孝之名”将他的内心暴露无遗。那身黄袍对他来说，与其说是权利、地位的象征，不如说是一张将自己牢牢捆绑、束缚住的大网，永远难以挣脱。

史书记载，“宁宗不慧”，就是说宁宗并不是位聪明智慧的皇帝，事实也证明，赵扩的确不是做皇帝的料。他初上位，虽然重用赵汝愚，拜他为右丞相，执掌朝中的大事，同时又封韩侂胄为枢密院都承旨。两位大臣在任职初期都能和平相处，但随着时间的推移，两人便开始各自结党，形成了对立的局面，两派也在朝中展开了激烈的明争暗斗。最终韩侂胄一党胜利，获得了更大的权力。而赵汝愚和朱熹一党则相继被罢官出朝。不久，赵汝愚便暴死他乡，可谓可悲可叹。从此之后，朝中大权便旁落韩侂胄手中。

另外，他的“不慧”还表现在他对奏章的批阅上。身为一国之君，批阅奏章、处理政事是必不可少的环节，国家的大事小事原则上都要经过他的同意才能进行。对于奏章中问题的处理，不仅关系到民生社稷，还关系到一个国家的兴衰存亡，其重要程度自是不必赘言。宁宗自小虽然也是博览群书，但是古人的智慧却没被他撷取丝毫，即位不久，由于不能及时批复，群臣的奏折堆积如山。对于宁宗来说，大臣们的奏折如同糟糠一般，难以“下咽”。既读不懂里面说的是什么，也分不清轻重缓急。各种国家大事也无法得以妥善的处理，无疑会造成局面的混乱，也为有心之人提供了可乘之机。

临朝听政是皇帝与大臣们交流国家大政方针的主要途径，但是宁宗在朝堂上，面对各位朝臣对各种大政的议论完全听不进去，更无法发表自己的看法。很多时候，宁宗就如蜡像一般端坐在龙椅上面，无论大臣们说什么，说多长时间，他都是一直保持沉默。

宁宗虽然“不慧”，但他却极有耐心。每次临朝，他只是静坐那里听朝臣们议论，而自己却不发表任何看法。在封建社会，皇帝的才能和智慧直接关系着一个王朝的强盛和衰败。皇帝若精明强干，能高瞻远瞩，对于江山社稷自然是好的。但如果是国家落在理政无方、无治国之才的皇帝手中，那便悲惨无比了。作为皇帝最基本的要求是批阅奏章，临朝听政，而这些宁宗都无法驾驭，便不用说其他的了。当时的朝臣都暗暗地讥讽这位傻里傻气的皇帝，面对这样的一个“白痴”皇帝，朝臣自然不会将其放在眼里，一有机会便为所欲为。

宁宗对政事毫无主见，只能依靠朝臣谏言。因此他对台谏的意见十分重视。宋代的台谏官有纠正帝王为政疏失、弹劾百官的权力，他们的议论一定程度上代表了当时的公众舆论，历代宋帝王都非常重视台谏奏议。宁宗深知台谏的重要性，曾对人说："台谏者，公论自出，必尝畏之。"但是，要发挥台谏的正常作用，前提是台谏官是正直之人，这就要求帝王有知人善任的能力才行。而宁宗却无识人之才，他一味地任由朝中的奸佞之人控制言论，如此一来，奸臣当道，本已昏暗的王朝更加地腐败不堪。

宁宗虽然好学，而且有着一副为民着想的慈悲心肠，但是光靠些是不会给民众带来真正的幸福的。朽木不可雕，上天给了宁宗高居皇位的好运气，却未曾赋予他过人的智慧，致使他在万年之后，被人冠以"不慧皇帝"之称，这是宁宗的悲哀，更是当时南宋王朝的不幸！

奸佞当道，多行不义必自毙

宁宗毫无治国之才，对朝中大事毫无主见，这也注定了他要成为别人操纵的木偶，任人摆布，而在其背后操纵的便是韩侂胄。

韩侂胄背后的势力极大，他有着强大的家族背景：北宋名臣韩琦是他的曾祖父，韩琦曾在仁宗、英宗、神宗三朝为相。正所谓"虎父无犬子"，韩琦的长子韩忠彦子继父业，在哲宗时期任枢密使，徽宗时任宰相，权倾一时。六子韩嘉彦的儿子韩诚，即韩侂胄的父亲，娶了宋高宗吴皇后的妹妹为妻；到了韩侂胄这一代，他也继承了家族的光荣使命，娶了吴皇后的侄女为妻，还高居宰相兼枢密使，总揽总政大权，而且他还是宋宁宗韩皇后的叔祖父，这就为他在后宫提供了强大的支持。

如此一来，对于韩侂胄来说，无论是前朝还是后宫都有极强的势力，于是他能在与赵汝愚的党派之争中顺利胜出，然后也让宁宗成了提线木偶。在与赵汝愚的党派斗争中，首先被扳倒的是赵汝愚的同党朱熹。朱熹是被赵汝愚提升上去的，当时任焕章阁侍制兼侍讲，为宋宁宗讲解道学，并乘机大量地任用和提拔道学派信徒。而之前论功行赏的约定也未秉承公平的原则，他的这种只顾及自己集团利益的行为彻底地惹怒了韩侂胄，这成了两人关系破裂的导火线，两人之间继而也展开了激烈的明争和暗斗。

韩侂胄对赵汝愚恨之入骨，欲除之而后快。他知道要战胜赵汝愚，必须要从他身边的人下手，于是便将目光瞄准了宁宗身边的朱熹。朱熹到临安后，立即与赵汝愚结为死党。韩侂胄因为力主抗金，得到参知政事京镗等主战派官员的支持。韩侂胄与京镗一派与赵汝愚、朱熹一派很快拉开了战幕。

朱熹在赵汝愚的推荐下入朝做了侍讲后，抓住一切机会向宁宗灌输“存天理、灭人欲”等理学观念。要求宁宗远离近幸、任人唯贤，并对宁宗的一些不良行为进行劝诫。然而，宋宁宗本身爱好诗词书法，对政治缺乏兴趣，对朱熹的大道理也不感兴趣。韩侂胄深知宁宗对朱熹很是反感，便利用这一点大做文章。他让宫中唱戏的伶人刻了一个峨冠大袖的木偶，借给宁宗献演木偶戏的机会，故意模仿朱熹的举止，并对其言行进行刻意的讽刺和嘲笑，以此来羞辱朱熹。这一刻果然加深了宁宗对朱熹的反感。韩侂胄又借题发挥，进言道：“朱熹过于迂腐，无甚大用处。”宁宗在其怂恿下，下决心要将朱熹赶出京城。

宁宗给了朱熹一个提举宫观的闲职，让他到地方上任。这让朱熹极受打击，当时的他心灰意冷，看到宁宗实在是朽木不可雕，觉得自己再在宫中待下去也无前途，便离开了都城临安，专心做学问去了。一代大儒朱熹从入朝做官到离开临安仅有短短的一个半月时间，可见韩侂胄手段的高明，他也借此完成了打击赵汝愚的第一步。

由于赵汝愚得罪了诸多的人，韩侂胄便利用这一点，想尽办法将这些人拉拢到自己的阵营中，大肆地结党营私。由于韩侂胄在绍熙政变中拥立宁宗有功，再加上他作为皇亲国戚势力强大，做人又圆滑低调，八面玲珑，因此得到了宁宗和韩皇后的极大信任，随着赵汝愚、朱熹等越来越受到宁宗的反感，他逐渐被委以重任，一手遮天。之后，他大力地打击道学派，于庆元三年（1197 年）发动了“庆元党禁”，宣布道学为“伪学”，并且大力地诬陷赵汝愚、朱熹、彭龟年等 50 多个道学名流为“伪学逆党”，大肆地给予打击。

革职流放、追夺官爵，誓将道学派一网打尽，使其永远不能翻身。赵汝愚不幸在此次政变中遭遇迫害，客死他乡。而所有的道学的门徒及其同情者一律被剥夺参加科举考试的资格，在全国严禁传播、谈论道学思想。韩侂胄运用此等卑劣的手段将赵汝愚一派铲除后，朝堂之上已经无人能与之抗衡，便又开始一手遮天。开禧元年（1205 年），韩侂胄已累官至太师、平原郡王、平章军国事，位在宰相之上，成为名副其实的大权臣，一人之下万人之上，呼风唤雨，无所不能。他利用自己职务之便，勾结宦官和后宫，或对御笔的批示施加影响，或在御笔的传达过程中上下其手，让御笔沦为自己统治政权的工具，甚至还假造御笔，代行皇帝之权。另一方面则大肆地引荐党羽进入台谏，控制言路，如此一来，对宁宗的控制变本加厉。

其实，宁宗沦为韩侂胄的牵线木偶，也是两人各取所需的结果。宁宗愚钝，无心于江山社稷，为了撇清繁杂的政务，逃离每天等待他批阅处理的成百上千的奏章，就需要一个他信得过并有能力在幕后代他处理难题的人。而韩侂胄虽有极大的权力欲望，但又不能篡权夺位，控制宁宗便成了实现自己权力欲望的最佳途径，两人可谓是各取所需，一拍即合。宁宗如此做法，也算得上是笨人有笨法。可是既然想找得力助手帮助自己减轻负担，就得先具备控制他不会僭越君主的能耐。无奈，宁宗只是图一时之快，本打算落得个一身轻松，却不曾想他所信任之人并没有那么忠心耿耿，到头来，皇权被削，沦为坐在龙椅上任人摆布的傀儡。哪里谈得上一身轻松，不仅不能按照自己的意愿行事，还得配合控制自己之人上演“场场好戏”，成了名副其实的工具。

韩侂胄将宁宗玩弄于股掌之中，呼风唤雨，极尽一时之能事。但好景不长，庆元六年（1200年），他的后宫靠山韩皇后去世，杨贵妃被立为后。由于他曾经反对立杨贵妃为皇后，因此遭到杨氏的记恨，为自己引来杀身之祸。而对他言听计从的木偶宁宗也落入杨氏的操控之下，以至自己被置于死地，也发挥不了任何的作用。权倾一时、作恶多端的韩侂胄竟也落得个悲惨的下场，正应了那句话：多行不义必自毙！

盛极必衰，金国的衰亡之路

大宋王朝历经几百年，曾与周边国家进行了无数的兵伐之战，其中，其最大的劲敌便是大金国了。金朝按照女真族的部落传统，是通过选举来推举首领的。自熙宁开始，由于受汉文化的影响，金国也做起了“一世二世以致万世”的美梦，开始了“家族产业”的苦心经营。金朝共有九帝。太祖完颜阿骨打于1115年称帝建立金朝，经过一路的建设，到第五位皇帝金世宗时，金朝达到了鼎盛时期。金世宗在任的前几任金国皇帝，也大肆地举兵南下，使国家背负了沉重的负担。而金世宗完颜雍上位后，停止了对宋的战争，励精图治，部分革除海陵王完颜亮统治时期的弊政。完颜雍十分朴素，不穿丝织龙袍，使金国国库充盈，农民过上相对富裕的日子，天下小康。实现“大定之治”的局面，为其孙金章宗明昌之治的鼎盛时期定下了基础，金世宗也因此被称为“小尧舜”。但是在金世宗之后，金国便开始走上了衰亡之路。世宗驾崩之后，在他之后称帝的君主才能都较逊色，金朝相应进入了“守、耗”的阶段，直到哀宗时期，终于破败亡国了。

大定二十九年（1189年），金世宗驾崩，其孙完颜璟即位，即金章宗。完颜璟的父亲完颜允恭早已经被立为太子，但由于他早逝，完颜璟被封为太孙。世宗病死后，完颜璟于同日在灵柩前继位，第二年改年号为明昌。

完颜璟非常热爱汉文化，是金朝汉文化水平最高的一位皇帝。他喜爱汉文，诗词创作甚多，并且能书会画，是个极有才华之人。他在朝中设立了书画院，搜集散佚的汉人书籍和书画名品。另外，他还大兴郡学，提倡儒术，进一步采用汉族礼仪服饰，废除国内的奴隶制度，提倡女真人和汉人通婚，促进了民族间的融合。在即位初期，各民族间都相安无事，和平相处，景象一片大好。但后来北方边境却屡次遭到蒙古、塔塔儿部等游牧民族的侵扰，章宗先后派兵征讨漠北各部，大败蒙古、塔塔儿部。他为了防御北方游牧民族的侵袭，命人在北方边境修筑了界壕。然而，屋漏偏逢连夜雨，1206 年，南宋宰相韩侂胄在宁宗的支持下，大举北伐金国。章宗用计谋收买了宋朝将士作为己用，并派仆散揆、完颜匡率领大军击败了宋朝的北伐军，最后逼迫宋朝杀死韩侂胄，并奉上他的人头来议和。虽然金国获得了最终的胜利，并逼迫宋朝签订了和议，以此获得了大量的赔款，但也蒙受了巨大的损失，而这些损失并非能用金钱可以弥补的。

而此时天公也不作美，金国又遇上了自然灾害：黄河先后三次大决口，淹没了附近的大片的田地、房屋，使得居民被迫迁移，饥寒交迫。修补决堤的防护大坝、安置灾民等，给金国带去了严重的财政困难。但是这时金朝的财政状况已不是很乐观，章宗为解决困境，大量地发行交钞，增加赋税。但这种做法不仅没有化解危机，反而使情况更为恶化。面对内外交困的危机，章宗忧心忡忡，积劳成疾，没有足够的精力来打理朝政，金朝逐渐地走向衰落。

1208 年年末，章宗病死，因为其膝下无子，便立遗诏说："朕尚无子，贾氏、范氏已经怀孕，即将分娩，如果两妃中生下男孩，便立即立为皇帝。"但他的这种美好愿望没能达成。当时金国内部党羽众多，觊觎皇位的人大有人在，他们不甘心让一个还未出生的婴儿来指点江山。章宗病死后，朝中一些心怀不轨之人便展开了行动，设计在章宗病死的同月拥立完颜永济为帝，称卫绍王。完颜永济是金世宗的第七个儿子，金章宗的叔叔。他无德无能，但却心狠手辣。在他即位后，为了保住自己的皇帝之位，竟然派人毒杀了章宗怀孕的贾妃，又令范妃堕胎，并让她削发为尼。

完颜永济在一群心怀叵测之人的帮助下，成功夺取皇位，但是他实在是缺乏治国之才，缺少高瞻远瞩的眼光。他在位期间，蒙古国迅速崛起。当时的蒙古王成吉思汗在大举进军西夏时，西夏王朝曾向金求助，而卫绍王却不顾及唇亡齿寒的道理，竟然坐视不理，致使后来蒙古在灭掉西夏后又对金大举进军。

1211 年，成吉思汗灭西夏后进攻大金，金兵屡屡溃败。第二年，契丹人耶律留哥起兵反金，并在不久后带领着庞大的军队依附蒙古，帮助蒙军击败了 60 万金兵。蒙古军有了如此强大的得力助手，如虎添翼，对金国的进攻有增无减。此时完颜永济做出了正确的决断：采纳主战死守的建议，命人顽强防守。在众兵士的顽强抵抗下，蒙古军暂时被击败。但是，这并没有使蒙古军队气馁，反而激发了他们灭掉金国的决心。

1213 年，成吉思汗又率大军进逼近中都。完颜永济用人不当，派胡沙虎出兵迎敌。胡沙虎是个贪生怕死之徒，在蒙古大军临近之际，依旧沉迷于玩乐，完颜永济便派使臣前去严厉指责并督促他出兵，未曾想到胡沙虎竟然怀恨在心，一气之下便起了杀心。他伙同一部分不轨之徒将完颜永济劫持出宫。不久，又派宦官李思中用毒酒将完颜永济杀死。完颜永济为人优柔寡断，没有治国安邦之才，且忠奸不分，更无识人之才，最终竟然死于自己万般宠信的胡沙虎手中，搬起石头砸了自己的脚。此时的金国内部也是奸佞当道，金国走向灭亡已经成为一种不可挽回的大趋势。

胡沙虎杀掉完颜永济后，立即拥立完颜珣为帝，史称金宣宗。完颜珣虽然是金世宗的孙子，但是能力平平，且胸无大志。让他来收拾当下的烂摊子，是不大可能的。面对蒙古的不断南下的铁骑，完颜珣也只是一味地求和，他答应了蒙古许多苛刻的要求，与蒙古签下了屈辱的条约，才获得了暂时的安宁。

因为宣宗在金国内大量地发行钞票，造成金国的经济濒于崩溃，民众苦不堪言，一时间怨声载道。面对内忧外患，宣宗不懂得励精图治，却又给自己招来一个麻烦。他听信当时总揽朝政的尚书右丞相虎高琪等人的建议，出兵南宋，受到南宋的奋勇抵抗，损失巨大。

当时的金国内部已经乱成一团，而在外部北有蒙古，南有宋朝，两面夹击，已是进退维谷。天兴二年（1223 年）末，完颜珣去世，金国顿时陷入了一片混乱之中。太子完颜守即位，即为哀宗，第二年改年号为“正大”。

金哀宗因为年轻，雄心勃勃的他对金进行了大刀阔斧的改革，使金国的状况得以好转。他顾虑到金军的力量过于薄弱，就主动与西夏、南宋停战，以集中力量抗击蒙古。虽然哀宗有不凡的才能，但当时的金国已经衰败不堪，纵使他百般努力也无回天之力了。终于在 1234 年，蒙古和南宋联合进攻金国，金国毫无抵抗之力，溃不成军。哀宗见救国无望，自缢于幽兰轩，自此，金国灭亡。

大金国由强盛到衰败，遵循了事物“盛极必衰”的定理。金国也难逃过一魔咒，金灭亡后，南宋又迎来了自己的另一个劲敌：蒙古国。

蒙古崛起，一代天骄的诞生

蒙古是中国北方一个古老的民族，始于唐代。约在 10 世纪前后，随着生产力水平的提升，蒙古族社会的私有制得以发展。在 12 世纪中期，蒙古在与汉、契丹、女真、畏兀儿等族的交往中，获得了大量的生产资料，并学会了鼓风冶铁技术，制造出了兵器以及铁质和生产工具。自此后，蒙古内部的相互攻击从未停止，直到铁木真之后，蒙古各部逐步获得了统一，蒙古汗国得以建立。

1162 年，蒙古与塔塔儿部进行了一场激战，在斡难河旁的跌里温盘陀山出生了一位男婴，他就是成吉思汗。此时其父亲刚打败了塔塔儿人，掳掠了大量的人口牲畜，并俘获其首领铁木真兀格。于是，父亲就给男婴取名铁木真以纪念此次的胜利。

身为蒙古贵族后代的铁木真，其父亲也速该是乞颜部的酋长。在他10岁时，不幸在他的身上降临。父亲也速该在途经塔塔儿人的住地时，吃下了有毒的食物，命丧黄泉。自此，乞颜部的奴隶、牲畜也大多被抢走，只剩下几匹瘦弱不堪的马还有几个弟弟。父亲一死，有人便落井下石，将铁木真一家赶走。一家老弱被抛弃，不但要忍受饥寒的侵袭，还要逃避塔塔儿部族仇敌的追捕。铁木真带领一家人及奴隶辗转于荒郊野外，风餐露宿。长达数年的艰苦逃亡生活使他形成了坚毅忍辱的个性，也学会了见风使舵的手段。

铁木真成年之后，其妻子被抢走，铁木真受到极大的侮辱与打击，在走投无路时，便利用父亲与克烈部王罕的昔日友谊，投靠王罕，拜他为养父。他与亲属一起将父亲旧有的奴隶和残余兵将带入王罕的部落中，为其出力卖命，残杀其他的部落。在投奔养父期间，铁木真逐渐地取得了王罕的信任，成为其得力的助手。但他不甘心一辈子都居于人下，而且他视复兴自己的部落为己任，就小心翼翼地利用王罕的权势，暗中培养自己的私人势力。

铁木真为人极为圆滑，他善于攀附有权势者来壮大自己的力量。王罕成了铁木真的第一个跳板，但久而久之，铁木真意识到王罕的力量还是太过弱小，不足以助自己完成大业，于是他开始千方百计地寻找自己的另一个靠山。他将目光瞄准了草原贵族札木合。通过王罕的关系，铁木真与札木合结拜成了兄弟。札木合对铁木真有情有义，为了帮助铁木真及其穷困潦倒的族人，就将两人的部落合在一起共同生活。在札木合的鼎力相助下，铁木真将被抢的妻子成功地夺了回来，也夺回了失去的男人尊严。铁木真与札木合两人虽情同手足，但时间久了，矛盾便逐渐地凸显出来：铁木真陆续提拔一些非贵族中的人物为将领，引发了札木合的不满。两人协调失败，矛盾升级，最终导致决裂。

在铁木真的努力下，乞颜部再次强大。而此时发生了一件对铁木真来说极其有利的事情：被金朝一手扶持强大的塔塔儿部一夜之间变脸，其首领蔑兀真笑里徒不知天高地厚，以为自己足够强大，就带领土部族反抗金朝，大肆地夺掠金朝边境的汉族地区的财产。这一不自量力的举动惹怒了金朝，金国皇帝立即派大将军完颜襄联合克烈部王罕和铁木真部共同出兵进攻塔塔儿部。塔塔儿部不堪一击，溃不成军，首领蔑兀真笑里徒被杀。铁木真为了报杀父之仇，便落井下石，趁塔塔儿部元气大伤时，彻底消灭了其残余势力，并对塔塔儿部实行了惨绝人寰的种族灭绝政策。就这样，铁木真借助金朝和王罕的势力彻底消灭了世仇塔塔儿部。

这次的合作成功使得铁木真受到了金朝的重视，使他成了金朝的重臣。此后，铁木真时常进贡，虽然只是小小的贡品，但是金朝为了显示自己的财大气粗，往往回赠给铁木真大量的物品。就这样铁木真以小换大，本来一贫如洗的他也逐渐积累起了大量的财富。

王罕年迈，权力的继承问题便引发了部族内部的矛盾。铁木真作为王罕的义子和王罕的亲生儿子桑昆之间发生冲突。血浓于水，在铁木真与桑昆的这场权力争夺战争中，王罕选择了与亲生儿子站在同一条战线上。铁木真遭到了父子两人的合力围杀，仓皇出逃。虽然这次追杀让铁木真损失惨重，但上天很快赐予了他翻盘的机会。铁木真乘王罕与金军作战后元气大伤之际，突袭王罕的驻地，以迅雷不及掩耳之势，仅用三天时间就完全消灭了克烈部。铁木真将王罕的人马归为己有，成为草原上最大的势力。之后，他降服回纥，突袭并灭亡了契丹族，统一了蒙古草原上七零八落的众部族。1206 年，铁木真在斡难河源头召开库里尔台大会，自称“成吉思汗”，建立了蒙古国，并且制订了一系列的制度，一代天骄就这样诞生了。

蒙古国建立后，成吉思汗开始了野蛮的扩张之路，四处征战，并将目光瞄准了在风雨飘摇中苟延残喘的南宋王朝。

第八章

奸佞误国，南宋灭亡：天子皇朝尘嚣尽散

随着蒙古的崛起，南宋的政权却越来越腐败，国力也越来越衰落。在端平二年（1235 年）初，蒙古终于向南宋王朝发起了进攻。蒙军分两路侵宋，分别由窝阔台次子、三子进攻四川和襄汉。从蒙军出兵四川、入侵南襄开始，宋朝逐渐地走向灭亡。由于南宋政府统治的黑暗，赋税增多，劳役沉重，土地兼并现象极为严重，致使民不聊生，农民起义遍布了南宋的统治区。此时的南宋面临的是内忧与外患的双重打击。

宋理宗亲政后，任用董槐为相。董槐因提出对皇亲国戚、达官权贵的不法行为进行制裁而遭到南宋统治者的反对，被罢去相位。之后丁大全为相，南宋政权日益败亡。

随着蒙古的不断强大，在其灭掉金国后，便开始南下对宋大举地进攻，前后战争持续长达 40 年。在此期间，蒙军先后三次向南宋发起进攻，最终于 1279 年破崖山。宋臣陆秀夫偕帝赵昺跳海自杀，南宋的天子皇朝尘嚣尽散。南宋的百姓与将士们在宋朝灭亡前后进行了不屈不挠的斗争，为宋史添加了悲壮的一页。

先发制人，史弥远玩弄权术

在南宋宫中，随着奸佞之臣韩侂胄阵营的败落，各种势力之间又开始了钩心斗角的把戏。当时的南宋政权腐败，朝廷中投机取巧、趋炎附势之辈最容易成为炙手可热的人物。当然，并非每个人都会在名利的角逐中胜出，重要的就是要选对依附之人，而且自己要有足够的实力被权势相中。当所依附之人大势不再之时，就要果断地将他踢开，与之划清界限，再谋出路。或再寻求权势进行依附，或成为被别人依附的势力。在宫廷之中，这样的把戏从不曾落幕。在韩侂胄之后，两朝丞相史弥远又将这一“哲理”演绎得淋漓尽致。

史弥远是宁宗和理宗两朝的宰相，独揽南宋大权26年，将皇帝作为自己的傀儡，任意摆布。在这一点上，他与韩侂胄如出一辙。虽然史弥远如此不可一世，呼风唤雨，但他的仕途刚开始却平淡无奇，并没有一帆风顺。他于淳熙六年（1179年）入宫，光宗时期，他官至太常寺主簿。后来他以奉养父亲史浩为由请辞，父亲史浩死后为其守丧。庆元二年（1196年）守孝完毕、除去丧服后，出任八品小官大理司直，郁郁不得志。到开禧元年（1205年）初的近十年时间里，他才从芝麻小官儿升至六品的司封郎中。开禧元年（1205年）七月，他生命中的贵人兼敌人韩侂胄出任平章军国事，位在宰相之上，他重用了史弥远。到开禧三年（1207年）三月的不到两年的时间里，史弥远不但已封为男爵，而且已升为礼部侍郎兼刑部侍郎的三品大员，来了个华丽转身，一步登天。

虽然史弥远受韩侂胄的提拔，平步青云，但后来两人关系却逐渐地恶化。韩侂胄在“庆元党禁”中大失人心，希望通过北伐金朝、收复失地来扳回自己的政治威望，但是史弥远秉承父亲史浩与金讲和的原则，反对韩侂胄出兵北伐。如此这样两人的矛盾便也结下了。

随着史弥远的步步高升，助长了他的政治野心。韩侂胄掌控宁宗，独揽大权，一步遮天，史弥远将一切都看在眼里，不免心生羡慕、嫉妒，而上天在此刻赐予了他一个极好的机会来取代韩侂胄。

韩侂胄是主战派，他在部署不周、战备不充分的情况下出兵北伐，因为不宣而战，一开始宋军大获全胜。但好景不长，宋军内部出现了叛徒：韩侂胄支持重用的宋军西线主帅吴曦叛变降金，致使宋军大受打击。此消息传到朝廷时，宋朝君臣皆心灰意冷，对攻打金军、收复中原失地已经不抱希望，韩侂胄的威望也日益受挫。韩侂胄便派遣使臣与金谈判，而金方则提出要以韩侂胄的脑袋为谈判的前提，这无异遭到了韩侂胄的拒绝。于是，他又开始部署新的战役与金开始作战。而这让主和派的史弥远抓住了机会，便决心设计杀死韩侂胄，既可以与金议和，又可以取而代之，正所谓一箭双雕。但是要杀死韩侂胄并不是件容易的事。当时的宁宗对韩侂胄极为信赖，百依百顺。而且当时韩侂胄在朝中的同党盘根错节，力量非常强大。若是有人帮助自己瓦解宁宗对韩侂胄的信任，能做到外朝、内宫联手，里应外合，那胜算就大多了。此时，一个重要级的人物粉墨登场了，她便是杨皇后。

自古至今，后宫皆为是非之地，宁宗的后宫自然也不平静。宁宗原配韩皇后是韩侂胄的侄孙女，她自然成了叔祖父在后宫的靠山。而杨氏出身低微，虽然宁宗对其宠爱有加，并封其为贵妃，但杨氏却深知伴君如伴虎，一个弱女子若没有娘家人的支持，极难在宫中立足。于是便早认同乡杨次为兄，让他作为自己的后台，好在后宫、朝堂之上互相帮衬。就在杨氏封贵妃的这一年，韩皇后不幸病逝。国不能一日无君，后宫皇后之位当然也不能长期空缺。为了争夺后位，后宫的嫔妃们也是使尽了浑身解数。

与此同时，韩侂胄也在后宫物色新的盟友，因为韩皇后突然去世，后宫的靠山必须重新培养。随着妃嫔们斗争的逐渐升级，最有可能成为皇后人选的人就是杨贵妃及曹美人。但杨贵妃是个颇有心机之人，而此时的韩侂胄就想扶植一个好控制的角色做自己的傀儡。于是，他便向宁宗进言立曹美人为皇后。韩侂胄的这种做法，便得罪了杨贵妃。

在当时虽然宁宗信赖韩侂胄，但皇帝也难过美人关，杨贵妃为了争得皇后之位，充分发挥她作为女人的优势，在宁宗身上做足了功夫。宁宗身体不好，她便无微不至地予以照顾，再加上她天姿国色，稍微施点媚功便讨得了宁宗的无限欢心。这一切，让宁宗从心底开始偏重杨贵妃了。终于于嘉泰二年（1202 年）末，杨氏如愿以偿地当上了皇后。

对韩侂胄曾经阻挠自己为后一事，杨氏一直怀恨在心，伺机报复。韩侂胄北伐，杨皇后从一开始便不赞同，等到北伐受挫后，宋军损失惨重时，她便想落井下石，借此机会除掉韩侂胄。但是单凭自己在后宫中的计谋不足以使宁宗杀掉韩侂胄。于是，她找到了与韩侂胄不合的史弥远。而此时的史弥远也需要找寻能够帮助自己将韩侂胄取而代之的靠山和内应，面对主动送上门来的这位盟友，史弥远欣然接受。

杨、史占尽天时、地利、人和，很快便开始着手除掉韩侂胄的阴谋。杨皇后并无子嗣，但与宋宁宗年仅 16 岁的嗣子赵曮感情极深。杨皇后一边伺机在宁宗面前说韩侂胄的坏话，一边和史弥远将赵曮拉拢到自己的阵营中来，挑唆赵曮上疏指责韩侂胄。但是此举徒劳无功，宁宗对杨后等人的建言不予理睬，对韩侂胄也并未失去信任。

朝廷的大权还是掌控在韩侂胄手中，如果此时宁宗将他们上疏的话传达给韩侂胄，那他们便也死无葬身之地了。如若这样，不如先发制人，这样或许更有胜算一些。

他们意识到，在北伐一事上宁宗是坚决站在韩侂胄一边的，想通过宁宗罢免韩侂胄是不可能的。要除掉韩侂胄，必须要另辟蹊径，既然宁宗不可用，那就直接绕过宋宁宗这一障碍，伪造御批密旨来除掉韩侂胄。他们串通好夏震等人，趁韩侂胄在上朝的时候，连哄带骗，将他截至玉津园夹墙内残忍地将他杀害。

如此一来，共同的敌人被杀死，史弥远与杨皇后的阴谋也得逞了，各取所需，解除了心头大患。韩侂胄一死，北伐大业自然是不了了之。朝廷的实际大权便落在了史弥远的手中，他积极地奉行降金乞和政策，并于嘉定元年（1208 年）与金签订了屈辱的议和条约：嘉定和议。和议中规定：金宋由叔侄之国改为伯侄之国，岁币由 20 万增为 30 万；另加“犒军银”300 万两。

对于如此残害自己国家的金军竟然要支付如此多的重金，实在是耻辱至极。“嘉定和议”也因此成了宋金议和史上最为屈辱的和议。之后，史弥远又应金人的要求派人将韩侂胄的人头割下，遣送回金朝“以示友好”。

史弥远当年受到韩侂胄的重用，从一个芝麻小官升至高位，最后竟然为了满足自己的私欲勾结后宫，恩将仇报地杀死韩侂胄。手段之卑劣，为人所不齿。虽说奸佞之臣韩侂胄也是罪有应得，但他终究未能为国捐躯，而是死在小人手中，难免使人唏嘘了。善玩权术之人，终会在权术之中被人利用，以惨淡收场。

奸臣当道，加速王朝的覆亡

每个王朝最终的灭亡，都离不开奸臣从中作乱。韩侂胄被小人史弥远处死后，朝中大权尽落史弥远之手。当然，在此全面掌权过程中，他先是除掉了朝中的对手参政知事卫泾，又设法除掉了右丞相兼枢密使钱象祖。至此，他开始掌控朝局 20 多年，其卑劣的手段也加速了南宋王朝的灭亡。

史弥远是小人一个，其得势后，大宋诸位朝臣则苦不堪言。回看史弥远为夺取权利而实行的种种手段，及时而切中要害，也可以窥见他实非等闲之辈。若是史弥远的这些才能用到治国安邦上，南宋王朝的衰颓景象说不定能有所好转。但他却没能将自己的聪明用到正道上面。史弥远走马上任，在朝中便燃起了“三把火”，以拉拢人心。由于他降金乞和，遭到南宋民众的不满，为了树立自己的良好形象，他继续为被韩侂胄谋害的“伪党”理学派人士平反，并起用黄度、楼玥、杨简等著名党人，还重用真德秀、魏了翁等知名理学人士来提高自己的威望。由于任用群贤，朝廷上一时间风气焕然一新。人们似乎看到了转机，认为南宋有了希望。但这一切只是假象而已，只是善玩权术的史弥远的阴谋而已。

史弥远独揽相权，致使皇权被削弱。他想方设法来巩固自己的势力：将提拔、贬斥、任命官员的权力全部都掌控在自己手中，如此一来，若想升官发财，官吏们就必须对他低声下气，逢迎巴结。在这样的情况下，史弥远在朝中培植了一群鹰犬，结党营私。他尽挑选任用一些便于控制的人执政，这些人对史弥远百依百顺，空有其职，实为摆设。宁宗则被视为空气，万事都由不得他自己做主，其受约束和控制的程度，比韩侂胄时期更甚。

史弥远的专政遭到有识之士的攻击，为了阻止别人对自己的恶行说三道四并且打击异己，史弥远还操纵台谏，控制舆论，严防上通下达。然而，这个做法虽然表面上控制了人们的言论，但实际上大家虽然不敢言于表面但却心知肚明，如此高压政策只会让人们的不满情绪越发高涨。

韩侂胄被诛不久，宁宗就立皇子赵曮为太子，赵曮当年曾经帮过史弥远设计杀害了韩侂胄，而如今赵曮被立为太子后，可让史弥远高兴坏了。可惜的是赵曮命太薄，还未接宁宗的班，便去世了。而此时的宁宗膝下几子全部夭折，不得不重新考虑太子的人选。

经过深思熟虑，1221 年，宁宗立太祖的十世孙贵和为皇太子，改名赵竑。由于赵竑对史弥远的专政行为极为反感，一直想除掉他。但史弥远乃是奸诈之人，岂会坐以待毙，他立即采取行动。史弥远知道赵竑喜欢弹琴，便送上一名擅长琴艺的美人，让她做自己的眼线，时刻向自己汇报赵竑的举动。但是赵竑是个愚蠢之人，他曾几度扬言要杀掉史弥远，并要将他发配到边疆苦寒之地去。他的这种做法，终于为自己招来了杀身之祸。

史弥远一方面设计谋害赵竑，另一方面私下里物色人选，要将赵竑取而代之。他将目光瞄准了赵与莒，并派自己的同乡与亲信国子学录郑清之精心培养。他还择机向宁宗提议再为无嗣的沂王立后，趁机推荐赵与莒，宁宗采纳了这一建议，将其改名为贵诚。他为赵与莒谋得“名分”之后，还在宫廷内制造舆论散布赵与莒出生时的种种吉兆，为他日后登基称帝铺路垫石。

嘉定十七年（1224 年），宋宁宗病重无法处理朝政，史弥远便加快了谋划宫廷政变的步伐。他勾结郑清之伪造宁宗遗诏，带杨皇后同意废皇子赵竑。宁宗一驾崩，就扶持贵诚登基称帝，为宋理宗。废掉赵竑为济王，赐第湖州，将其监管了起来。之后，他借发生湖州之变之机将赵竑害死。史弥远将理宗一手扶上皇位，理宗念其拥立扶持之功，再加上他在朝中要借势而为，为了韬光养晦，他一直任史弥远摆布，看史弥远的脸色行事。由于理宗与史弥远结成一荣俱荣、一损俱损的关系，史弥远也就获取了比宁宗朝更大的独揽政权的资本。史弥远在朝中掌权近 10 年时间。绍定六年（1233 年），史弥远病重，但他仍旧控制着朝政大权，在生命的最后时刻，他还不忘提拔史氏家族成员。不久，史弥远撒手人寰。

史弥远身为宁宗和理宗的两朝宰相，专政达 26 年。面对金朝的压迫，他卑躬屈膝，一味地求和，而在国内，他则是嚣张跋扈，一副唯我独尊的模样，是个十足的双面小人。南宋历经韩侂胄与史弥远两朝奸臣之患，衰颓之势已经成为必然。

中兴之梦，兴国之路步履维艰

理宗是在年轻气盛之时登上帝位的，他心中是有抱负的人，可因为他登基时在朝中毫无根基，朝政又被史弥远把持，心中很是郁闷。史弥远其独断专行的程度比宁宗朝时有过之而无不及。面对史弥远的一手遮天，不断地有正直之士上疏弹劾，但是以理宗当时的实力，根本无法与史弥远相抗衡。再者，对史弥远下手就是拆自己的后台，他不会傻到搬起石头砸自己的脚。当时的他与史弥远是绑在一起的蚂蚱，一荣俱荣，一损俱损，他必须要靠史弥远来巩固自己的皇位。对于忠义之士的指责，他选择了视而不见、听而不闻。

终于，他在做了史弥远10年的“提线木偶”后，看到了掌权的希望。1233年，史弥远病重，在弥留之际他将其党羽兼亲信郑清之升为右相兼枢密使，薛极为枢密使，乔行简与陈贵谊为参知政事，打点安排好一切事宜后，他终于咽了气，结束了他长达26年的专政生涯。理宗终于亲政了，此时的他想放开手脚大干一场。他开始实行新政，试图革除史弥远专政时期的诸多弊端，推迟了10年的新政终于开始实施了。理宗的一系列改革被称为“端平更化”，内容极广泛，涉及政治、经济、军事、文化等各个方面。

要想真正地实现亲政之路，就必须先消灭史弥远的残余势力。虽然史弥远已死，但他的党羽势力依然强大，且一直奉行史弥远的治国思想，并且还打击政敌。这给理宗的亲政造成了极大的阻碍。理宗掌权后所做的第一件事就是罢黜史弥远的旧党。自史弥远死后，他在朝中安插的诸多党羽亦失去了靠山。理宗唯恐过于直接否定史弥远，就等于否定自己，也怕有人会趁机闹事，引起政局的动荡，于是便采用双管齐下的策略：他一方面对史弥远曾犯下的蹈天大罪予以包庇，禁止朝臣们攻击他擅权专政，并以此来维护自己登基做皇帝的合法性；另一方面，对其党羽也绝不手软。理宗曾经在病危期间，在一天夜里降旨，罢免了史弥远的鹰犬——台谏官梁成大。理宗也在暗中培植了自己的力量，并暗地里下旨让自己的亲信们弹劾史弥远一党的人，并在将他们削去官职后流放。随后又将史弥远安插在宫中的眼线一一罢黜，进而使皇权得以巩固。

将史弥远一党清除干净后，理宗接下来就是要改革，改革就必须要任用贤臣，发展自己的政治势力。理宗将那些曾经在朝堂上被史弥远排斥的真德秀、魏了翁等人召回，并任用了一大批贤良之士。又为了避免宁宗嘉定以来权臣相专权的局面得以出现，谨慎选取宰相，巩固自己的皇权。史弥远在弥留之际曾将郑清之推上右相兼枢密使的重要位置，而在史弥远死后，郑清之仍任宰相，因为郑清之是理宗的老师，为人还算清廉，不专断。在郑清之之后，理宗又任命乔行简、李宗勉、史嵩之、范钟、谢方叔、吴潜等人为相。据史料记载：理宗在更化期间任用过 37 名宰执，纵观这些人，除郑清之与史嵩之因受史弥远的影响，无多大好评外，其他宰相与执政，大都是刚正之人，也是众望所归。理宗任人唯贤，一方面加强了皇权，另一方面也肃清了朝廷内部原本污浊不堪的风气，使朝廷上下出现了一股新风气。

光宗、宁宗之后，南宋王朝的吏治遭到严重的破坏，贪污贿赂之风盛行，理宗亲政之后，澄清了吏治，誓要将这种官场腐败现象清除。为了显示自己严惩贪污受贿的决心，他亲自撰写和编制了《审刑铭》《训廉铭》等规定，要求有关人员要严格执法。他还亲自利用道德宣传与法律约束双管齐下的方法，狠狠地惩办了一批贪官污吏。

当时南宋的官吏冗滥，致使行政效率极低，国家的财政遭到极大的浪费，于是理宗加大了对吏制的改革力度，他通过控制取士人数与严格的升迁制度来解决冗官冗员问题的存在。从端平元年（1234 年）开始，平均每次科考的中进士人数从以前的平均每次 600 人减为 450

人。理宗又规定无论是在京城的朝官还是在外地的地方官都不得私荐官员，没有担任过州县地方官的人不能进入朝廷做郎官，已经当上郎官的必须要外放，补上州县地方官一任。这些措施似乎可以限制通过关系入朝为官，也可提高官员的能力，但大多都是蜻蜓点水，以事论事，未深入到内部解决问题。

理宗亲政时，财政问题极不乐观：纸币的发行量大大地超过现实的需要，导致通货膨胀极为严重，物价飞涨。虽然采取了一些措施加以补救，使得情况暂时得到了好转，但不久宋蒙之间开始了战争，使得军费陡升，又极大地增加了南宋财政的压力，最终财政困顿以破产而告终。

文化方面，理宗开始重用理学之士，朱熹与理学大师周敦颐、程颢、程颐、张载等人先后入孔庙，尊崇、倡导理学，并将理学命为官方的正统官学，推动了理学的进一步发展。

以上改革措施，是理宗为实现南宋中兴而进行的，他为了一展心中的抱负，实行一系列的改革，对革除史弥远的弊政及对稳定朝局与社会经济起到了一定的积极作用，为死气沉沉的南宋王朝平添了一抹亮色。但当时的南宋王朝已经病入膏肓，无药可医，理宗所要实现的“南宋中兴”只是一场美梦罢了。他的这些措施是治标不治本，使南宋政治稍见一点起色之后，便又恢复了原样，或者是陷入了更糟糕的境地。纵使理宗有再多的热情、再大的能力，也不能使历史的车轮往后倒退。

挥师中原，收复故都终成梦

理宗亲政后，对自己的能力颇有信心，雄心勃勃，想要振兴南宋。但他却不知，当时的蒙古则犹如一颗闪耀的新星，在无形之中壮大崛起。1206年，征战多年的草原之鹰铁木真统一了蒙古草原七零八落的部落，建立了蒙古帝国。在此之后，他几近疯狂地对外扩张的步伐从未停止过。

西夏、金朝、西辽、花刺子模等多个国家都被他灭掉，或被他打得奄奄一息。

南宋理宗宝庆二年（1226 年），在外征战七年的铁木真重新回到蒙古草原。因西夏背盟，蒙古大将木华黎因此含恨而终，当时 64 岁的铁木真亲征西夏。途中围猎受伤，高烧不起，但他仍不退兵。西夏王被迫举国投降，西夏也至此亡国。然而征服西夏并没有能换来铁木真的生命。此年铁木真死于贺兰山，临终前留下遗嘱：利用宋金世仇，借道宋境，联宋灭金。

虽然铁木真在生前未曾看到他统一全国，但当时蒙古帝国的疆域已经相当辽阔，包括蒙古高原，中国西北、东北和华北的一部分以及中亚、西亚的大部分地区。铁木真死后，其子窝阔台继任蒙古大汗，遵照父亲的遗嘱，开始了他的联宋灭金的行动。

端平元年（1234 年）初，宋蒙联军，攻破了金国的蔡州，金哀宗自缢，自此数百年间置大宋王朝于羞辱之中的金国终于灭亡。此消息传到临安后，南宋民众举国欢庆，沉浸在报仇雪恨的喜悦之中。理宗将金哀宗的遗骨奉于太庙，以告慰在“靖康之难”中饱受屈辱的徽、钦二宗的在天之灵。

当时宋蒙联军时，蒙古答应灭掉金以后，要将河南归还给宋朝，但遗憾的是双方并没有就河南的归属权达成书面的协议，而只是口头上的约定。当时的南宋王朝是缺乏远见的，做出如此不成熟的政治举动让自己收复故土的愿望终究还是化成了泡影。理宗有这样的打算，在灭掉金后，要将宋曾经失去的故土一并拿下，以祭献北宋的祖宗。此时金朝的灭亡，使收复故都的念头在理宗的心中迅速升温。但是蒙古却迟迟不开口将此失地归还宋王朝。金灭亡后，依照事先的约定，宋军与蒙军必须各自撤退。因为蒙古大汗窝阔台考虑到粮草不足，天气转热，遂将军队向北撤离到黄河以北，河南成了无人占领的空白区。此时，蒙古在黄河以南的兵力只有大将速不台和塔察儿两支机动部队，其余的守备部队都是原金兵投降蒙古被改编的汉军：刘福为河南道总管，都元帅张柔屯守徐州。南宋的边疆在荆襄推进到了信阳、唐州、邓州一线，主政人是京湖制置使史嵩之（史弥远的侄子），另外两大地区川蜀、江淮一带也分别有人把守：四川制置使赵彦呐在川蜀一带据守，淮东制置使赵葵在两淮一线据守，全子才为淮西制置使，赵范为沿江制置副使。

金国亡后，宋蒙两国都知晓为了灭金而临时结成的同盟早晚会有一天瓦解，他们也会反目成仇，在战场上决一死战，但谁都不愿意捅破这层纸。宋蒙双方就这样都在暗中观察彼此的动静，谁也不敢有大的动作。

而此时年轻气盛的理宗终于沉不住气了，空虚的河南已派兵驻守，他想先发制人，以此收复故城之地。而此时南宋的朝堂上，以赵范、赵葵兄弟为代表的一些人想乘着这个大好时机抚定中原，提出了据关（潼关）、守河（黄河）、收复三京（西京洛阳、东京开封、南京商丘）的建议。而这正合理宗之意，但是多数的朝臣都未被金朝的灭亡而冲昏头脑，他们理智地指出，宋在联蒙抗金的过程中，损失极大，军民都筋疲力尽，以现在朝廷的力量根本无法与强大的蒙古相抗衡，若一旦失手，还会再次将宋卷入战争之中。所以，诸多朝臣并不愿意宋出兵去收复河南。但是此时的理宗却急于想光复祖宗基业，他根本听不进去那些清醒的朝臣的反对意见。他将南宋的实际情况抛于脑后，罢免了反对出师的大臣吴渊、吴潜和史嵩之。其实，当时要收复三京，史嵩之是最佳的将领，其领导的京湖军距三京最近，进兵极为方便。若是京湖、两淮共同进兵，保证供给，不失为收复中原的好策略，但理宗却在此时罢免了史嵩之，这为宋兵的惨败埋下了伏笔。

端平元年（1234 年）五月，理宗命全子才率一万淮西兵为先锋直攻开封，命赵葵为主帅，率五万主力军作为后继，命赵范为两淮制置大使，驻军光州、黄州间负责接应，正式下诏出兵河南。因为史嵩之认为京湖连年饥荒，无力承担这样大的进攻，而河南连年兵祸，要在当地获得补给也不现实，所以始终反对出兵。宋理宗就不起用京湖兵，只用淮西兵，但要求史嵩之负责为淮西军供应粮草。淮西军单枪匹马发起了进攻，一场毫无谋划、计划不周的军事进攻便拉开了序幕。

一个月后，全子才率领的一万兵士浩浩荡荡地进驻了中原。他们在踏上中原大地的那一刻，映入眼帘的不是繁华的街道、熙熙攘攘的人群，而是一副破败荒凉的景象。昔日里那些驻守在这里的蒙古大军早已经撤离，而曾经生活在这里的百姓又多死于连年的战火，空空荡荡，毫无生机。因为没有了阻碍，宋军很快就收复了南京商丘归德府。随后他们向汴梁进发，驻守汴梁的部分旧金国降蒙将领也因为不满蒙古的残酷统治，主动向全子才献城投降。就这样，全子才不费吹灰之力便拿下了汴梁城。此时汴梁城早已不见昔日的繁华，处处都是一幅苍凉和寂寥的图景。

收复汴梁的消息传到临安，南宋的整个朝廷都沸腾了，他们奔走相告，喜悦之情溢于言表。大宋帝国，终于在二帝被掳之后，一雪之前的耻辱了。宋理宗也沉浸在胜利的喜悦之中，迫不及待地给将士们升职。

南京、东京二都毫不费力便收复，此时只剩下西京洛阳。当时的宋军意气风发，觉得收复洛阳也只是迟早的事。但此时宋军内部却出现了分歧：史嵩之在运粮事宜上不给力，后方的粮草迟迟供给不上，贻误战机。然后使局面更为糟糕的事情发生了：半个月后，赵葵到了汴京，根本不考虑实际情况，而只是一味地指责全子才没有继续进攻取洛阳。他一心只想着建功立业，毫不顾及饿着肚子的将士们。他为了尽快拿下洛阳，兵分两路，在粮饷不继的情况下，率领一部分军队继续向洛阳进军，其余的部队留守汴京。

即便是在外行人看来，此举也实在是毫无战略性可言。本来将士们就因为粮食不足而体力下降，而兵分两路使得兵力更为分散，军队的战斗力和凝聚力也是大大地降低了。这给蒙军创造了条件。结果，宋军刚到洛阳就中了蒙军的埋伏，被蒙军打了个落花流水，惨败而归。由于赵葵的心浮气躁，使得宋军也完全丧失了在收复西京上的主动权，大势已过，宋军惨败。这次惨败也使其他地方的宋军士气一落千丈，全线败退。原本已经到手的二京又一次落入了蒙军的手中。理宗收复故都的愿望也顿时化成了泡影。

宋军此次共出动将士 6 万，结果数万的精兵都魂丧中原，而宋却未得中原的寸土。此次宋所投入的大量物资付诸东流，原本已经积贫积弱的南宋受到极为严重的影响，国力也一蹶不振。此次北进中原，使南宋损失惨重，国力更为衰微了。更为糟糕的是，此次战役也点燃了宋蒙战争的导火索，它使蒙古找到了进攻南宋的借口，蒙古由此也开始了长达半个世纪的攻宋战争，加速了南宋的灭亡。

奸佞当道，阎马丁当祸乱朝纲

北进中原战争的惨败，给理宗的心理以沉重的打击，在对外政策上，他开始由积极出兵转为消极应对。而对内则实行了一系列的改革措施，但仍旧没有挽救南宋危急的局势。在一系列改革措施实施完毕后，理宗已经是一个年过半百之人，而蒙古帝国也开始接二连三地对南宋发动进攻，这使理宗感到精疲力竭，早年励精图治的一腔热情早已烟消云散。年迈的他力不从心，逐渐地失去了改革初期时的锐气，他开始厌倦朝政，怠于政事，纵情于声色，放纵自己万般享乐，这也给朝中的奸佞之臣以可乘之机。晚年的理宗极为好色，这造成了后宫妃嫔的专宠。

理宗即位后，先朝宰相谢深甫的孙女谢道清与贾涉的女儿都入选后宫，宋理宗一眼就看中了姿色出众的贾氏，并有意立贾氏为皇后。由于谢深甫对杨太后（宋宁宗的皇后）有功，杨氏很是感激他。立后时，杨太后说："谢女端重有福，宜正中宫。"无奈之余，理宗只好立谢氏为后，而将贾氏封了妃，并对她专宠有加。无奈在淳祐七年（1247 年）专宠后宫的贾氏去世。理宗又开始专宠姿色艳丽的阎氏，并封她为妃。但是阎氏却不是普通深宫妇人，对权力有着极大的渴望，她勾结宦官、外臣，恃宠干政，搅得朝局不得安宁。

理宗为了讨得阎氏的欢心，不仅对她万般赏赐，还开始动用国库为爱妃建造功德寺，规模宏大，外观也是富丽堂皇，时人叫它"赛灵隐寺"。阎贵妃恃宠干政，宦官董宋臣巴结阎贵妃，与她在内廷相互支援。董宋臣是理宗的贴身侍臣，善于逢迎讨好，又因为和阎贵妃关系要好而深得理宗的欢心。董宋臣得宠后，就大肆地收纳贿赂，中饱私囊，无恶不作。理宗沉迷于声色的同时，也开始追求奢侈豪华，在临安大兴土木，造寺院道观问道修仙以求长寿之方。

他命董宋臣协管好修寺院之事，而董宋臣则借此大兴土木，建梅堂、芙蓉阁，改造香兰亭，擅夺民田，假公济私，搞得民怨沸腾。人们提及他都摇头叹气，称他为"董阎罗"。理宗开始纵情于声色之中，董宋臣害怕理宗察觉自己的胡作非为的行为，便引了许多的娼妓艺人入宫，讨好蛊惑理宗，使之日日淫乐，无暇顾及政事，而自己则恃宠弄权，肆无忌惮。他在内与阎贵妃勾结，在外与丁大全狼狈为奸，祸乱朝纲。

丁大全本是一个无名小卒，原本是一个小县的县尉，但是因为后来他娶了外戚家的侍婢为妻，也搭上了阎贵妃。他善于逢迎，做人八面玲珑。他托人向阎妃进献了大量的金银珠宝。阎贵妃极为爱财，内心欢喜之余，便经常在理宗面前说丁大全的好话。而丁大全不日便得到了理宗的重用，擢升为右司谏。当时除了丁大全之外，很多人也将阎贵妃当作升官发财的跳板加以利用。陈大方、胡大昌都是，加上丁大全，三人同为谏官，但他们非但对宦官、后宫的专政不闻不问，还同这些人同流合污，做出极尽卑劣下流的事情。

丁大全阴险狡诈、贪财好色，据说他给儿子聘媳妇的时候，见儿媳妇长得标致动人，竟然想据为己有，寡廉鲜耻，卑劣至极。当时的宰相董槐为人刚正不阿，为人正直，便招致了朝中这些奸佞小人的记恨。就在董槐出任宰相不久，丁大全升为侍御史兼侍讲，他想进一步加官晋爵，便派人与董槐套近乎，妄图攀附董槐来谋取高位，却遭到了董槐的拒绝。丁大全本来就心胸狭窄，对董槐的行为记恨在心。董槐将丁大全巴结逢迎他的事情告诉了理宗，指出丁大全是奸佞小人，用他只会败坏朝纲。而老眼昏花、奸忠不辨的理宗则是斥责董槐多疑。

宝祐四年（1256年），董槐被理宗罢免，此时的丁大全便露出了丑陋的面孔，还未等理宗的罢免诏书下达，便迫不及待地调用御史台牒，夜半率百余名士兵，手持利刃去抄董槐的家，最终驱逐董槐。这种小人作乱的行为惊动了当时的朝野，而此时的丁大全则是毫无惧色，意得志满。

宝祐四年（1256年），以陈宜中为首，联名其余五人上书痛斥丁大全的卑劣行径。丁大全似疯狗一般，马上在理宗面前弹劾这六人，并串通阎贵妃在理宗面前说尽六人的坏话。而此时的理宗已经昏聩到了极致，竟然听信丁大全的谗言，将这六人流放边境。

丁大全无德无才却能身居高位，但他对此还不满足，继而设计赶走了右相程元凤，自己则成功替补他当上了右相。

不久，朝中又出现了一位与丁大全同类的小人——马天骥，他也是个极善逢迎拍马的小人。理宗的爱女出嫁时，马天骥送了一件别出心裁的厚礼，自此后他官运亨通，一步登天，当上了同签书枢密院事。阎贵妃、马天骥、丁大全、董宋臣成了当时赫赫有名的祸害，他们分别控制了后宫、内廷、朝堂，狼狈为奸，坏事做尽。这引起了诸多正直之士的不满，但迫于这四人的淫威，大家都不敢当面指责他们。于是有人便悄悄地朝堂大门上写下“阎马丁当，国势将亡”八个大字，以讽刺这四人的丑行。

“阎马”是“檐马”的谐音，是当时华屋屋檐下悬挂的铃铛，一有风吹过，便会发出叮叮当当的响声。四人的名字被巧妙地用到这八个大字中，足见当时民众对这四人丑行的不齿。

面对朝野上下的非议之声，理宗纵然再昏聩不堪，也不想背负“昏君”的千古骂名。他采取措施予以补救，先后罢免了马天骥、丁大全、董宋臣，不久，阎贵妃也相继死去。很快，丁大全也在流放的途中被水淹死。唯独董宋臣后来又被加封节度使。

景定五年（1264 年），理宗病逝。理宗早年也曾信心百倍地想要“励精图治，挽救在危局中的大宋王朝”，但因为后来出兵中原惨败而归使他精神上倍受打击，为此后来出现极善溜须拍马的阎、马、丁、董四人也使他的精神上得以慰藉，也难怪理宗会对他们宠信有加了，而这四人奏响的“叮当交响曲”也成了南宋灭亡的哀歌……

度宗即位，奸臣贾似道专权

景定五年（1264 年），理宗病死，其侄子赵禥即位，也就是历史上的宋度宗。理宗统治期前 10 年，史弥远专政；亲政后，虽然实施了一系列的改革，但成效不大；后期则是沉溺于声色犬马之中，怠于政事，随后又出现了丁大全、董宋臣的乱政生涯。而理宗在罢免丁、董后，贾似道则又擅自专政。五年后，理宗去世，度宗即位，贾似道仍旧把持朝政，将度宗当作一个摆设，并对他百般地控制。

贾似道的姐姐贾氏因姿色出众曾是理宗的宠妃，后贾似道考中进士，凭借姐姐的关系被封为太常丞、军器监，受到理宗的信任和重用。随后，他又改封为湖广统领，开始统领军事。淳祐三年（1243 年）升为户部侍郎，从此他平步青云，位至知枢密院事。一年后，他又改封为两淮宣抚大使，守护边疆，抗击蒙军的侵扰，在当地他带领诸将士屯田垦地，也做出了不小的贡献。

开庆元年（1259年），蒙军渡过长江大举攻宋，当蒙军到达鄂州（今湖北武昌）时，军情紧急，边关报急的文书传到朝廷，丁大全隐而不报，以致宋军贻误了战机。理宗立即罢免了丁大全，拜吴潜与贾似道为左、右丞相兼枢密使。后来，理宗向吴潜问对敌之策，吴潜主张理宗迁都避难，而自己则会死守临安。理宗当即质问吴潜道："你想做第二个张邦昌吗？"意为指责他要另立朝廷，图谋篡位。吴潜的行为使理宗很不爽，总想找个机会将他罢免。

此时的贾似道则在同蒙古忽必烈议和，答应向蒙古割地并纳币，约定与蒙古修好，蒙军撤兵鄂州。而后来贾似道在向理宗报告时却隐瞒了答应割地和纳币的事情，向理宗报告说蒙军大败已经仓皇逃走。而昏聩的理宗对前线的事情一无所知，便听信了贾似道的话，还当众夸奖说他是"股肱之臣"，对大宋江山有"再造之功"，封贾似道为少师，卫国公。但贾似道对此并不满意，他为了获得更大的权力，又进行了一系列的阴谋活动，排除朝中的异己，以巩固和加强自己的权力。

在他得知理宗对吴潜有成见时，便设计陷害吴潜，给他安加多种罪名，使吴潜被理宗罢相，后被流放他地，不久便死去了。至此，贾似道开始了他的专权之路。

贾似道是个心胸狭窄的人，他在军队中推行"打算法"，并以清查军费为由，诬陷各地的抗战将领侵吞财物，把与自己不合的武将削官去爵，或迫害致死。贾似道还大造舆论，指使门客撰写《福华编》，为他在鄂州的行为进行大肆的颂扬，以到理宗那里邀功。

贾似道为邀功而编造的"鄂州大捷"，使理宗大为喜悦，他觉得当时的大宋军队还是十分强大的。于是，便又沉溺于荒淫无度的生活中了。此时的贾似道作为"功臣"，自然是春风得意。但是当时朝中恃宠而骄的人又不止他一人。宦官董宋臣依仗理宗对自己的宠信，干涉朝政，而当时的董宋臣又联合理宗的宠妃阎贵妃，在朝中大力地培植和壮大自己的力量。这使贾似道心中不快，他视他们为眼中钉，利用宰相的权威，赶走宦官荐用的人，勒令外戚子弟不得为监司、郡守，以此来削弱他们的力量。

当时的太学生们不满贾似道的行为，便想联名上书弹劾他。而贾似道将反对丁大全的六君子收买到自己的门下，以此来瓦解太学中的反对势力。他还派人专门监视这些太学生的言行，通过利禄引诱与政治打压相结合的办法，控制舆论，笼络太学生，排挤一切异己的力量。理宗在位的最后五年，贾似道将丁大全、董宋臣扳倒后，自己便把持朝政，肆意妄为。

理宗的侄子赵禥也是一个胸无大志之人，更无治国之才，纵情于声色之中。他无心处理朝政，将朝中大事全都委托给了贾似道，并且为了讨好贾似道，在靠近西湖的葛岭赐给他一所豪华私宅。

就这样，贾似道大权在握，每天纵情于声色犬马之中，每日要处理的公文都由专门的书吏送到他的私宅之中。实际上，贾似道从度宗手中接管大权后，就只想坐享荣华富贵，不愿再为朝政出力卖命。他将大小朝政都推给其门客处理，每天也只知在葛岭的亭台楼阁里，与姬妾花天酒地。另外，他极喜欢斗蟋蟀，经常与群妾趴在地上斗蟋蟀，为此，人们给他起外号叫“蟋蟀宰相”。

当南宋的皇帝和宰相都纵情于山水，极尽享乐的时候，北边的蒙军却没有停下攻宋的步伐，樊城、襄阳城、鄂州等军事要地被逐一攻破，形势极为严峻。而贾似道却当上了缩头乌龟，借着为母亲守丧的理头，就是不肯回京处理政事。

咸淳十年（1274 年），纵欲过度的度宗突然去世，贾似道入宫立度宗年幼的儿子赵㬎为皇帝，即为恭帝，太后谢氏临朝听政，并被尊为太皇太后。

此时元军仍在气势迅猛地攻击南宋，贾似道迫于朝臣的压力，亲自上阵，但却溃败而逃。兵败后的贾似道逃回临安，而元军的主力则顺江而下，很快逼近临安，赵宋王朝的命运危在旦夕。贾似道罪大恶极，朝野上下都要求将他正法，但谢太后因为宅心仁厚，只将他贬到循州。然而人人都恨极了贾似道，他的恶名已经远扬千里，人尽皆知，为此他在路过漳州的时候，被人杀死。

正所谓多行不义必自毙，贾似道虽然权倾一时，但却作恶多端，最终落了个被贬被人追杀的可悲下场，实在是令人可叹。他的丑行不仅将自己永远地钉在了历史的耻辱柱上，而且致使南宋王朝致此土崩瓦解，这种恶行纵使时过境迁，也会被世人所不齿和指责。

忽必烈称汗，同室操戈相煎急

当初理宗出兵河南，试图收复故都的举动，使蒙古大汗窝阔台抓住了把柄，于是频频地出兵入侵南宋。他们杀人抢劫，致使城无居民，遍地荒芜，宋蒙之间近半个世纪的战争自此也拉开了序幕。

在出兵南宋的时候，窝阔台还率领蒙军东征西战，收服高丽，控制波斯，并且还占领了波兰与匈牙利的全境，极大地扩张了蒙古帝国的版图。

1241 年末，窝阔台因为酗酒而突然暴毙。窝阔台去世后，蒙古的诸位王公贵族都卷入了激烈的汗位争夺中。因为蒙古内部推举大汗未果，在窝阔台去世之后的五年中，一直都由他的皇后乃马真专政，直到 1246 年八月窝阔台的儿子贵由继位为止。但不幸的是，贵由在继位三年后，便去世了。到了 1251 年，铁木真的孙子，窝阔台的侄子——孛儿只斤蒙哥在弟弟忽必烈的拥护下即位。这位蒙哥在即位之初，因为窝阔台强大的势力，受到了极大的阻碍。年轻气盛的蒙哥一方面打击窝阔台的残余势力，在国内实施了改革，另一方面对外实施侵略扩张的计划。

1252年，蒙哥正式开始了对南宋的进攻。他命令弟弟忽必烈率军到达云南，进攻南宋。1253年，忽必烈在哥哥的命令下又率领蒙军攻打大理，并在第二年将其灭掉，接着又一鼓作气招降了吐蕃，占领了云南和西藏。为了一举灭掉南宋，蒙哥制订了十分庞大且周密的作战计划。自此蒙古的铁骑开始南下，与南宋展开了长期的战斗。

1258年，蒙哥兵分三路，进攻南宋，他让弟弟忽必烈沿汉水攻打鄂州，又令兀良合台攻打潭州（湖南长沙），自己则是亲自率领大军指挥攻掠四川。计划由四川东进，与忽必烈、兀良合台军三路会师后，一举攻向南宋的都城临安。

蒙哥率兵进攻合州的时候，遭遇到了南宋将领王坚和全城军民的顽强抵抗。合州知事王坚是个强硬派，面对蒙军的包围，他率兵坚守合州东面的钓鱼城。蒙哥派使者前去劝王坚投降，王坚断然地拒绝了他的建议，并斩了前来劝降的使者，这也表明了他向蒙宣战的决心，誓死要守卫合州。王坚这一举动激怒了蒙哥，率领蒙军对台州的民众进行大屠杀。而王坚则坚决不降，与蒙军展开了激烈的交战，最终蒙哥在攻城时受伤，于1259年七月死去。

此时，蒙哥的弟弟忽必烈还在向鄂州进军，在得知蒙哥的死讯后，其部下劝其回去争夺汗位。蒙哥死后，有资格和能力继承汗位的人选有三个，皆为蒙哥的弟弟：忽必烈、旭烈兀和阿里不哥。忽必烈的五弟旭烈兀自1256年成为波斯汗后，不断发动对外的战争，扩张版图，由于远离蒙古高原，无法立即赶回国都，而没有要求继承大汗之位。七弟阿里不哥作为幼子留守蒙古，得到察合台汗国、窝阔台汗国蒙古族重臣和王族的支持，已经成为蒙古实际的统治者。而当时的忽必烈率军在外，要想做可汗，是件极难的事情。再加上忽必烈十分欣赏汉文化，在他成为汉地大总督后，大量地提拔和任用汉人的幕僚，以汉治汉，使得蒙古的王公贵族们很不满，所以此时的忽必烈要争夺汗位，是难上加难。

到达鄂州的忽必烈陷入了进退维谷的境地，他既想继续进军、趁早拿下鄂州，又怕不能及时赶回蒙古，错过了争取大汗之位的好机会。他举棋不定，只得向足智多谋的汉族大臣们征求意见。正所谓当局者迷旁观者清，汉族的大臣们将一切看得明明白白，真真切切，于是便劝解忽必烈少安毋躁，积蓄力量，攻下富庶的汉地，获取财富和实力更为实际一些。忽必烈觉得大臣们说得有理，听取了他们的意见。

1259 年，忽必烈突然对鄂州发起了猛烈的进攻，并扬言说要进犯临安。此时南宋理宗派出应战的权臣贾似道听到此消息后，惊恐万分。眼看着忽必烈的攻势越来越迅猛，贾似道料想自己难以应付，就秘密地派遣亲信宋京以向蒙古割地、纳银的条件前去蒙古大营要求议和。其实，蒙哥去世，蒙古军内部人心浮动，贾似道本应伺机反击，可是他竟然贪生怕死，厚颜无耻地前去求和。正在此时，忽必烈接到妻子的密报说蒙古内部的重臣们正准备立其七弟阿里不哥做大汗，这让忽必烈沉不住气了，便准备立即撤军赶回蒙古去争汗位，而刚好南宋的贾似道求和心切，便乘机答应了他的请求，订下了秘密和约。如此这般，忽必烈抽出时间去争夺汗位了，而贾似道也好回去向理宗邀功请赏，可谓各取所需。

忽必烈回到蒙古后发现蒙古内部的重臣和王公贵族都在默默地支持弟弟阿里不哥做大汗，忽必烈长年征战沙场，为蒙古立下了汗马功劳，此时却被在家里坐享其成的弟弟占了先机，忽必烈很是不服。他从南伐宋朝的战场上撤离之后，率兵北上，来到中原的开平上都府。1260 年中，他先发制人地抢在阿里不哥的前头在开平称汗，始建年号中统。然而虽然忽必烈称汗，但却有违祖制，他的可汗之位坐得名不正言不顺，未得到蒙古内部部族的支持。

此时的阿里不哥哪肯善罢甘休，在蒙古重臣的支持下，在哈剌和林称汗，成为蒙古汗国正统的继承者。

一山难容二虎。自此之后，忽必烈和弟弟阿里不哥都想尽办法要争取成为蒙古唯一的大汗，分别想尽办法争取民心，并展开了多次战争。这场亲骨肉间为争汗位而自相残杀的战争进行了整整五年，最后以弟弟的失败而告终。忽必烈深知弟弟的影响力巨大，为了笼络人心，他没有杀掉弟弟，仅将他囚禁起来。而接下来，忽必烈则对当初支持弟弟的残余势力进行了残酷的杀戮，自此，忽必烈便稳稳当当地坐上了大汗之位。从此之后，他的铁骑不断地南下攻击南宋，致使在苟延残喘中的南宋王朝最终走向灭亡。

襄樊失守，王朝灭亡尘埃落定

忽必烈在草原上称汗后，便想起了在鄂州他私下里与贾似道订立的和议，便派使者去南宋让贾似道履行协议上的内容，即南宋要向蒙进贡银、绢和岁币等。贾似道在理宗面前苦心经营的骗局眼看就要败露了，便狗急跳墙，命人将忽必烈派来的使者囚禁在真州。得知此消息的忽必烈勃然大怒，于是在他收拾完了弟弟阿里不哥及其同党后，便将蒙古的都城迁至燕京（今北京），改名大都，并在1271年正式登基称帝，改国号为元。他借南宋不履行议和的内容，大肆地派兵攻宋，贾似道的瞒天过海之计终于暴露。

贾似道与忽必烈签订了本不必要的秘密和议，哄走了蒙古军，但签订之后却又不履行议和内容，设计骗局让理宗将他奉为南宋的大恩人，而此时他的骗局终于败露，蒙军南下，给南宋民众带来了沉重的灾难。

此次蒙军南下，进攻的第一个地方便是襄阳和樊城。古人云“无襄则无淮，无淮则江南唾手可得”，可见襄樊位置的重要性，当时的南宋也视襄阳和樊城为朝廷的根本，将其视为关系国家生死存亡的重地，遂开府筑城、储粮屯军，经过多年的经营，建成了城高池深、兵精粮足的军事要地。

蒙古自崛起后，疯狂地对外扩张，先后灭掉数十国，最后将目光锁定在偏安江南一隅的南宋身上。自理宗时期，蒙古与南宋之间进行了几十场大大小小的战争。蒙古人在多次与南宋军队的较量中得知：南宋陆军不足为惧，关键是与宋军相比，自己的水上实力逊色太多。蒙古人自古以来祖祖辈辈生长在辽阔的草原上，极善陆战，而不善水战。为此，其靠铁骑征服了欧亚大陆，开拓了蒙古的疆域。而其在征服南宋的时候，却变得没那么容易了。当时南宋国力已经相当孱弱，而蒙古却迟迟灭不掉它，就在于南宋有长江这么一个天险做保障。当年金军多次南侵，也是因为长江的阻隔和自身水师的实力不济而失败。此时的蒙古如若想完成统一大业，必须要先征服长江这道天堑才行。

蒙哥为了攻打南宋，便采取了迂回战术，绕道云南，攻灭大理，等于让南宋腹背受敌。一旦蒙古南北两线同时发起进攻，那么南宋将岌岌可危。不过南宋还有一个优势，那便是其有强大的水师，极善水战。忽必烈及其大批的部队已经被长江阻碍在了江北，而绕道云南的蒙军数量极少也不足为患，此时南宋最重要的就是要整顿水师，对付即将南下的忽必烈。

此时的南宋丞相文天祥上书称，保疆的上策在于造船，兴水师。朝廷也正有此意，便加强了水军的力量。其意图就是要发挥自己擅长的水上作战能力来与强大的蒙军对抗。而此时的忽必烈也早就料到南宋会这么做。他想：若想真正征服南宋，必须要造大战船、训练出属于自己的水师来。想出对策后，忽必烈便马上行动，他命将领阿术与刘整全权负责蒙古水师的整编和训练。两位将领接到旨意后，造成了五千艘战船，并练出七万强劲的水兵，改变了蒙古水军积弱的历史。

此后，忽必烈又总结了窝阔台和蒙哥等人在攻宋过程中的策略，吸取经验教训，然后制订出了极为周详的作战计划：首先将长江上的军事重镇襄、樊两地拿下，然后顺流直下，沿着汉水到达主流长江，然后再长驱直入直逼临安。只要将长江的两个门户襄樊两地收入囊中，其他的就可以极容易地攻下。这个计划抓住了致命的两点，可见忽必烈长远的战略眼光。

当然了，南宋也知道襄、樊两地的重要性，因此也下足了力气来营建襄樊，在此招兵买马，筑城囤粮，为随时可能发生的战争做准备。经过多年的经营，襄樊已成为南宋颇为重要的军事重地，城池极坚，正可对抗外敌的入侵。

经过五年紧锣密鼓的作战准备，再加上完美的作战策略，此时的忽必烈对灭宋可谓是志在必得。南宋咸淳三年，即为蒙古至元四年（1267 年），长达六年之久的襄樊战役正式拉开了序幕：蒙古大将阿术作为襄阳大战的总指挥打响了这场持久战的第一炮。他率领精锐部队进攻襄阳的安阳滩，在这里设好埋伏，出其不意地歼灭了宋军万余人。宋将吕文焕奋起抵抗，虽然损失惨重，还是打败了阿术。随后阿术开始大力训练水兵、造战舰、增强蒙军水上实力的同时，还针对宋军长于守城隘和水战的情况采取了一系列应对措施：他率人在襄阳城外围修筑了鹿门、白河口等城堡，以此来阻断宋军的水陆联系，襄阳被长期围困。咸淳四年（1268 年），为打破蒙军的包围，吕文焕命襄阳守军进攻蒙军，但被强悍的蒙古军队打败，宋军损失惨重，以惨败告终。

此时的襄阳城孤立无援，宋廷自然不能坐视不管。在朝廷的命令下，宋将张贵、张顺等先后率领大军前去增援襄樊，但碍于蒙军的防守、包围都太过严密，因而一次次地被挫败，无功而返。困守襄樊的宋军一次次地失望，援军被阻，他们妄图自救，也多次发动反包围战斗，但由于长期被围，城内的储粮不足，将士们体力不支，士气也十分低沉，反包围战也都以失败而告终。阿术又通过虎尾洲之战、湍滩之战、柜门关之战等一系列的战争重创南宋军队，逐一拿下襄樊周边的州郡，使得襄樊彻底陷入孤立状态。

外援无法到达，自身军队的士气又不高，而此时的南宋皇帝只是在纸醉金迷中沉沦不休，他将所有的事务都推给贾似道，而贾似道本人又是个贪生怕死之辈，根本无心救援。襄樊的守军便像被抛弃了一般，独自地苦苦支撑。在不知不觉间，襄阳和樊城已被围困达五年之久，外援断绝，供饷困难，两城夹江对望，仅靠水上浮桥互相联系，彼此支援。

而与南宋的颓势大大地相反，此时，元朝皇帝忽必烈雄心勃勃，加紧对襄、樊两城进攻。蒙军制定了水陆夹攻，先破樊城，再一举拿下襄阳的作战策略。不久后，阿术果真率军攻下樊城，这年的十二月，樊城失守，襄阳彻底陷入孤立无援的状态。吕文焕在巨炮的威胁下，再也无力支撑，无奈之下便举城降元，襄阳最终被攻下。这场旷日持久之战以南宋的惨败而告终。

襄阳和樊城的失守，就如大坝被毁，洪水一泻而下，南宋没有了这两处军事重镇的守护，将自己暴露在元军的刀枪下，毫无招架之力。此时的南宋朝廷内部已经腐败不堪，灭亡也是必然的趋势。

垂死挣扎，天子皇朝尘嚣散尽

南宋王朝的灭亡不外乎几点：帝王昏聩无道，纵享于声色之中；奸佞之臣当道，正义得不到伸展，致使国力衰退。虽然南宋王朝末期，给当时的百姓带来了极大的苦厄与屈辱，但在蒙古统治全国后，旧朝的遗民还是不愿承认新势力的上台，奋起反抗，在南宋王朝的终结中留下了悲壮的一页。

德祐元年（1275 年）年末，蒙古铁骑已兵临临安城下，南宋灭亡的局势已定。谢太后有好生之德，为了保证临安城内百姓免遭元军的残忍屠城，德祐二年（1276 年）正月主动向元军请降。二月，元军攻进临安，在城内举行了受降仪式，恭帝被逼退位。谢太后为了保住赵宋王朝一室的血脉，在元军进入临安之前，急中生智，封恭帝的哥哥赵昰为益王，封赵昺为广王，并命人好好保护二王逃出了临安。三月，恭帝等一行数千人被押往大都，而益王和广王一个向南，一个向北逃走。

益王赵昰在海上一路漂泊，躲过了元军的层层围堵，终于到达了温州。当时南逃的南宋几支部队的将领也在此，于是几人会合。不久，众人便拥戴益王赵昰为天下兵马都元帅，广王赵昺为副元帅，以二王为旗帜进行抗元斗争。

后来，众人考虑到温州离临安太近，怕元军的军队杀过来，便决定起身前往远离元军威胁的福建。又经过了一番海上的颠簸，赵昰等人来到福州，并在福州即位称帝，即为端宗，改元景炎。其母亲杨淑妃被封为太后，垂帘听政，赵昺晋封为卫王。随后又分封和任命了丞相、枢密使等官职，就这样流亡的小朝廷在福州建立了自己的政权，并初具规模。

然而，小朝廷刚成立，政权基础极为脆弱。在面临元军一刻不停的追杀的时候，内部人员却各怀鬼胎，开始了争权夺利的斗争。如此一来，原本已经非常孱弱的小朝廷显得更为不堪一击了。

其实，小朝廷内部的官员全部都是奸诈的鼠类。母凭子贵，赵昰登基后，其母亲杨淑妃成了太后，虽然说垂帘听政，但政权实际上由其弟弟杨亮节掌控，并对其他大臣进行迫害。随后朝中各种势力风起云涌，各派为了争权夺利，相互猜疑算计，政权还未稳固，便被不休的内斗置于风雨飘摇之中了。

然而，这是忽必烈绝不允许的事情。当时的南宋虽然投降元朝，但有许多地区依然掌握在宋室遗民的手中。元军只顾着追杀赵昰等一批人，消灭反抗势力，还来不及将大片大片的宋朝土地归于自己辖区之中。福建、两广的大片土地仍处于流亡小朝廷的控制之下。曾拒绝向元投降的南宋将领李庭芝一直坚守在淮东、淮西地区，同元军进行了拉锯战，双方相持不下。但由于僵持时间有点长，宋军有点吃不消，再加上后援不足，不久在元军的进攻之下，淮东、淮西等地也相继失守，南宋名将李庭芝英勇战死。

元军自此也开始一路南下追讨小皇帝赵昰，1276年末，元军逼近流亡小朝廷所在的福州，试图消灭这支残余势力。此时小朝廷还有正规军17万，民兵30万，淮兵万人，拥有的兵力比元军少不了多少。此时他们若放手与元决一死战，完全也能与元军一较高下。

但当时小朝廷的政权都掌握在陈宜中和张世杰两人手中，陈宜中是个胆小如鼠的家伙，根本不敢与元军正面交锋。而张世杰也没有独当一面的魄力，于是小皇帝又开始了艰辛的流亡生涯。

小皇帝及赵室宗亲在海上一路颠沛流离，辗转于泉州、潮州、惠州等地，于景炎三年（1278年）春，逃到了冈州，因为在海上遇到飓风，小皇帝吓破了胆，竟然惊恐成疾，不久便死去了，结束了其短暂的生命。

南宋小皇帝的死亡，给南宋的旧臣以及遗民以沉重的打击，这激起了小朝廷政权左丞相陆秀夫的愤慨，他慷慨激昂地激励南宋的将士们要振作起来，这一举动果然奏效，一时间士气高涨，再次燃起了对南宋小朝廷政权的希望。

小皇帝赵昰死后，陆秀夫为了与元军对抗时“师出有名”，便拥立赵昺为帝，由杨太后垂帘听政，改元祥兴。如此一来，在陆秀夫的力挽狂澜的支持下，小朝廷才得以苟延残喘。但是正当百般欣喜的宋朝遗民重拾勇气，誓死复兴大宋王朝的时候，殊不知灾祸即将来临。此时远在大都的忽必烈得知赵昺又登基为帝后，担心不已，发誓要将赵氏宗亲斩草除根，以免除后患。他立即命令手下大将张弘范火速前去围剿。浩浩荡荡的元军来势汹汹，很快就将小朝廷置于三面包围之下，接着元军发起了猛烈的攻击，雷州失守，小朝廷危在旦夕。

对于当时的南宋小政权来说，雷州的战略位置十分重要，张世杰曾多次尝试着要将雷州夺回来，但无奈实力相差悬殊，每次都以失败告终。看夺回雷州无望，小朝廷也是当机立断，迅速将政权迁到崖山，并在此竭尽全力召集军队，为即将来临的大战作准备。

元军大将张弘范依然紧追不舍，率领大军前来崖山，誓要生擒小皇帝。在这里，元军与南宋进行了最后一场激烈的战斗，南宋王朝自此在历史的天空中彻底烟消云散……